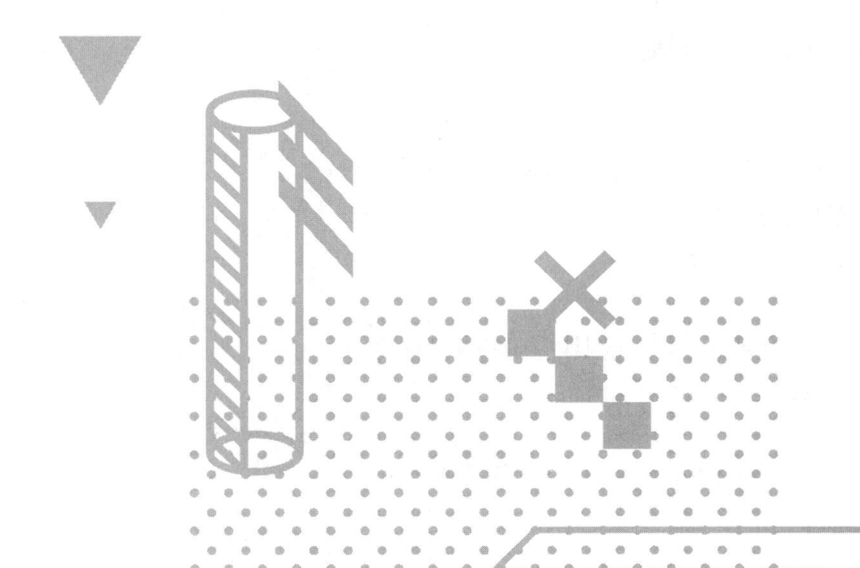

Probability and Mathematical Statistics

概率论与数理统计

主编◎许忠好　曾林蕊

华东师范大学出版社
·上海·

图书在版编目(CIP)数据

概率论与数理统计 / 许忠好, 曾林蕊主编.— 上海:
华东师范大学出版社, 2018
ISBN 978-7-5675-7570-7

I. ①概··· II. ①许··· ②曾··· III. ①概率论②数理
统计 IV. ①O21

中国版本图书馆CIP数据核字(2018)第058448号

概率论与数理统计

主　　编　许忠好　曾林蕊
策划编辑　赵建军
项目编辑　孙小帆
特约审读　石　岩
装帧设计　俞　越

出版发行　华东师范大学出版社
社　　址　上海市中山北路3663号　邮编 200062
网　　址　www.ecnupress.com.cn
电　　话　021-60821666　行政传真 021-62572105
客服电话　021-62865537　门市(邮购)电话 021-62869887
地　　址　上海市中山北路3663号华东师范大学校内先锋路口
网　　店　http://hdsdcbs.tmall.com

印 刷 者　常熟市大宏印刷有限公司
开　　本　787×1092　16开
印　　张　14
字　　数　286千字
版　　次　2018年6月第1版
印　　次　2022年1月第3次
书　　号　ISBN 978-7-5675-7570-7/O · 283
定　　价　36.00元

出 版 人　王　焰

前言

概率论与数理统计是一门研究和探索客观世界随机现象规律的数学分支, 在金融、保险、经济与企业管理、工农业生产、医学、地质学、气象与自然灾害预报等方面都起到非常重要的作用. 随着社会的进步和科学技术的发展, 特别是在当前的大数据时代, 概率论与数理统计在自然科学和社会科学的各个领域应用越来越广泛.

概率论与数理统计的内容非常丰富, 我们在编写本书时有所筛选, 注重对基本概念、基本原理和基本方法的讲解和运用; 以大量的例题和注记帮助读者轻松掌握重要知识点, 将一些稍难的证明或值得读者去了解的知识点单独放置在“补充”节，供学有余力的读者参考学习使用, 教师在教学时可以根据学生实际情况和课时数对这部分内容灵活选讲. 这样的编写安排, 旨在期望读者了解概率统计的基本思想, 掌握基本理论和方法, 感知不同于其他数学学科的魅力, 能够运用概率统计的基本原理认识、分析和解决日常生活中存在的问题.

本书前四章由许忠好编写, 后三章由曾林蕊编写, 全书由许忠好统稿. 限于编者水平, 书中内容安排和叙述方式等方面肯定有不妥之处, 敬请读者批评指正. 我们欢迎读者任何有关本书的批评或建议(可发送至电子邮箱zhxu@sfs.ecnu.edu.cn).

在本书编写过程中, 华东师范大学统计学院的领导和同事们给予了极大的支持和帮助, 特别是张日权院长、方方老师和张楠老师仔细审阅了讲义, 并在课堂上试用的同时给出了很多改进意见; 华东师范大学出版社编辑孙小帆女士为本书的编排工作付出了很多辛劳. 两位编者借此机会对以上同志为本书出版所做的工作表示诚挚的谢意.

许忠好　曾林蕊

2018年6月

编写说明

本书是编者结合长期的概率论与数理统计教学经验编写而成的, 既吸取了国内外多部概率论与数理统计教材的优点, 又具有自身独特的风格.

本书体系完整、逻辑严密, 全面、系统地介绍了初等概率论和数理统计的基本内容, 注重对基本概念、基本原理和基本方法的讲解和运用. 本书编者结合自身多年的成功教学经验, 对结构作了不同于国内外其他教材的全新安排. 为便于读者自学和掌握教学重点, 本书将重要知识点以例题或注记的形式给出, 请读者在阅读时要注意. 此外, 每章都附有“补充”一节, 供学有余力或想进一步了解一些概率统计知识的读者参考; 各章节均配有适量的习题, 供读者学习时使用.

本书适合作为高等院校理工科各专业和经济管理类专业的本科生概率论与数理统计课程的教材使用, 同时也适合具有微积分基础的自学者使用.

编写说明

目录

第一章 事件与概率

概率论起源于17世纪法国数学家帕斯卡(Pascal)和费马(Fermat)之间就赌博问题而展开的书信方式的讨论. 历史上, 概率论的发展历经三个时期. 从17 世纪中期概率论的产生到18世纪末, 概率论主要以计算各种古典概率问题为中心. 这一时期通常被称为古典概率时期; 从18 世纪末到19 世纪末, 矩母函数与特征函数的概念被概率论研究者引入, 并逐渐引进了比较成熟的分析工具, 使概率论的发展进入了一个新的时期, 即分析概率时期. 早期的概率论发展缓慢, 主要是由于对概率的定义没有达成广泛的共识, 直到1933年前苏联概率学家柯尔莫哥洛夫(Kolmogorov) 首次给出概率的公理化定义, 为现代概率论的发展奠定了基础. 当然, 概率论的表述方式还有其他不同的公理系统, 本书所采用的是柯尔莫哥洛夫建立的公理化体系.

1.1 随机事件

在介绍概率的公理化定义之前, 我们需要一些基本的概念, 这是本节的任务.

1.1.1 样本空间

自然界中有两类现象, 一类是确定性现象, 即在一定条件下必然发生某一结果的现象. 例如, 水在1个标准大气压下加热到100摄氏度就会沸腾; 太阳从东方升起等都是确定性现象. 另一类是

♣**定义1.1.1** 在一定条件下并不是总出现相同结果的现象, 称之为**随机现象**.

例如,

▶**例1.1.2** 下列现象都是随机现象:

(1) 抛一枚均匀的硬币, 正面向上还是反面向上;

(2) 掷一枚骰子出现的点数;

(3) 一天内进入某购物广场的顾客数;

(4) 某种品牌型号手机的寿命.

不难发现,

♠**注记1.1.3** 随机现象具有两个特点: 出现的结果不止一个; 事先我们并不知道哪个结果会出现.

♠**注记1.1.4** 尽管随机现象的结果事先不可预知, 但是很多随机现象的发生会表现出一定的规律性, 例如, 重复抛一枚均匀的硬币足够多的次数, 我们会发现, 出现正面向上的次数和反面向上的次数大致相当. 随机现象的这种规律性称之为**统计规律性**, 其正是概率统计的研究对象.

为研究随机现象的统计规律性, 我们需要进行随机试验.

♣**定义1.1.5** 对随机现象进行的实验和观察, 称为**随机试验**, 常用大写字母E来表示.

由定义可知,

♠**注记1.1.6** 随机试验具有两个特征: (1)结果具有随机性; (2)可以重复进行.

为了刻画随机试验的试验结果, 我们定义

♣**定义1.1.7** 随机试验的每一个可能结果, 称为**样本点**, 通常记为ω.

►**例1.1.8** 做下列随机试验:

(1) 抛一枚均匀的硬币, 观察其是正面向上还是反面向上. 我们用H表示正面向上, T表示反面向上, 则H和T都是样本点.

(2) 投掷一枚骰子, 观察其出现的点数, 则$1,2,3,4,5,6$都是样本点.

(3) 观察一天内进入某购物广场的顾客数, 则$0,1,2,\ldots$都是样本点.

(4) 记录某个品牌型号的手机寿命, 则任意非负实数都是样本点.

♣**定义1.1.9** 随机试验的所有样本点组成的集合, 称为**样本空间**, 通常记为Ω.

♠**注记1.1.10** 样本空间来自随机试验.

►**例1.1.11** 考虑下列随机试验的样本空间

(1) 抛一枚均匀的硬币, 观察其是正面向上还是反面向上.

(2) 投掷一枚骰子, 观察其出现的点数.

(3) 观察一天内进入某购物广场的顾客数.

(4) 记录某个品牌型号的手机寿命.

解 由上例, 我们不难得到样本空间分别为

(1) $\Omega_1=\{H,T\}$.

(2) $\Omega_2=\{1,2,3,4,5,6\}$.

(3) $\Omega_3=\{0,1,2,\ldots\}$.

(4) $\Omega_4=[0,\infty)$. □

♠**注记1.1.12** 根据样本空间所含样本点的个数, 我们将样本空间分为两类, 一类是离散样本空间, 如果其含有有限个或可列个样本点; 另一类是连续样本空间, 如果其含有无穷不可列个样本点. 例如, 上例中$\Omega_1, \Omega_2, \Omega_3$ 都是离散样本空间, 但Ω_4是连续样本空间.

1.1.2 随机事件

样本空间刻画了随机试验的所有可能的结果, 但是通常我们需要考虑其中部分试验结果, 为此, 我们引入随机事件的概念.

♣**定义1.1.13** 随机试验的某些可能的结果组成的集合, 即样本空间Ω中的部分元素所组成的集合, 称为**随机事件**, 简称为**事件**, 通常用大写英文字母A, B, C 等来表示.

显然,

♠**注记1.1.14** 随机事件的本质是集合, 是样本空间Ω的子集.

►**例1.1.15** 投掷一枚骰子, 观察其出现的点数, 其样本空间为$\Omega = \{1,2,3,4,5,6\}$. 于是$A = \{2\}$, $B = \{2,4,6\}$, $C = \{1,3,5\}$ 和$D = \{4,5,6\}$都是随机事件.

♠**注记1.1.16** **事件的表示**

事件除了可以用大写英文字母或者列举出样本点来表示以外, 还可以用文字语言来叙述. 例如在例1.1.15中, $A =$“掷得的点数是2”, $B =$“掷得的点数是偶数”, $C =$“掷得的点数是奇数”, $D =$“掷得的点数大于3”.

♠**注记1.1.17** 几类特殊事件:

(1) **基本事件**: 只含有一个样本点的事件.

(2) **必然事件**: 包含全部样本点的事件, 即Ω.

(3) **不可能事件**: 不含有任何样本点的事件, 用$\emptyset$来表示.

►**例1.1.18** 在例1.1.15中, A是基本事件, Ω是必然事件.

♣**定义1.1.19** 如果某次随机试验出现的结果ω包含在随机事件A中, 我们就称**事件A发生了**. 以集合论的语言来说, 即$\omega \in A$.

►**例1.1.20** 在例1.1.15中, 如果某次掷得的点数是2, 我们就说事件A发生了, B也发生了, 但是C和D都没有发生; 若掷得的点数是4, 我们就说事件B和D发生了, A和C皆未发生.

♠**注记1.1.21** 由上述定义, 读者不难理解我们为什么用样本空间Ω和空集符号$\emptyset$分别来表示必然事件和不可能事件.

从随机事件的定义可知, 随机事件从本质上说是集合, 因而可以依照集合的关系和运算来定义事件间的关系和运算.

♣**定义1.1.22** **事件间的关系**

(1) **包含**: 若事件A发生必然导致事件B也发生, 则称事件A**包含于**事件B, 事件B**包含**事件A或者事件A 是事件B 的**子事件**. 记为$A\subset B$或者$B\supset A$.

(2) **相等**: 若事件A与B使得$A\subset B$和$B\subset A$同时满足, 则称事件A与B**相等**或**等价**, 即是同一事件, 记为$A=B$.

(3) **互不相容**: 若事件A与B不能同时发生, 则称事件A与B互不相容.

▶**例1.1.23** 在例1.1.15中, $A\subset B$, A与C互不相容, B与C互不相容.

♣**定义1.1.24** **事件间的运算**

(1) 并: 由事件A与B至少有一个发生构成的事件, 称为事件A与B的并, 记为$A\cup B$.

(2) 交: 由事件A与B同时发生构成的事件, 称为事件A与B的交, 记为$A\cap B$或AB.

(3) 差: 由事件A发生而B不发生构成的事件, 称为事件A与事件B的差, 记为$A\backslash B$.

(4) 对立: 事件$\Omega\backslash A$称为事件A的对立事件, 记为$\overline{A}$.

(5) 对称差: 事件$A\backslash B$和$B\backslash A$的并称为事件A与B的对称差, 记为$A\triangle B$.

♠**注记1.1.25** 由定义,

(1) $A\cup B=B\cup A$, $AB=BA$.

(2) 一般地, $A\backslash B\neq B\backslash A$, 但$A\triangle B=B\triangle A$.

(3) 事件A与B互不相容当且仅当$AB=\emptyset$.

(4) 事件A与B对立, 则一定互不相容; 反之不真.

(5) $\overline{\overline{A}}=A$; $\overline{A}=B$当且仅当$AB=\emptyset$且$A\cup B=\Omega$ 成立.

♠**注记1.1.26** 今后为方便起见, 本书中我们约定:

(1) 当$AB=\emptyset$时, 我们将$A\cup B$ 写为$A+B$.

(2) 当$A\supset B$时, 我们将$A\backslash B$写为$A-B$.

此约定也适用于多个集合的情形.

♠**注记1.1.27** 有了上述约定后, 我们有

(1) $\overline{A}=\Omega-A$.

(2) $\overline{A}=B$当且仅当$A+B=\Omega$.

(3) $A\triangle B=(A\backslash B)+(B\backslash A)$, $A\cup B=(A\triangle B)+(AB)$.

▶**例1.1.28** 接例1.1.15, $A\cup B=B$, $AB=A$, $\overline{B}=C$, $A\backslash B=\emptyset$, $B\backslash A=\{4,6\}$.

♠**注记1.1.29** 事件间的运算实质上是集合间的运算, 因此满足交换律, 结合律和分配律等运算性质, 限于篇幅, 这里我们不再详述, 只列出今后经常用到的对偶公式; 事件间的关系和运算以及它们的性质自然地可以推广到任意有限个或可列个的情形, 我们这里也不再一一叙述.

★**定理1.1.30** 对偶公式:

$$(1)\ \overline{A\cup B}=\overline{A}\cap\overline{B},\qquad (2)\ \overline{A\cap B}=\overline{A}\cup\overline{B}$$

证明 (1)先证$\overline{A\cup B}\subset\overline{A}\cap\overline{B}$. 事实上, 若$\omega\in\overline{A\cup B}$, 则$\omega\notin A\cup B$. 于是$\omega\notin A$且$\omega\notin B$, 即$\omega\in\overline{A}$且$\omega\in\overline{B}$, 从而$\omega\in\overline{A}\cap\overline{B}$. 故$\overline{A\cup B}\subset\overline{A}\cap\overline{B}$.

再证, $\overline{A}\cap\overline{B}\subset\overline{A\cup B}$. 只需将上述证明过程逆叙即可.

(2)的证明有两种方法, 方法一, 可仿照(1)的证明过程, 这里略去; 方法二, 对事件$\overline{A}$和$\overline{B}$直接利用(1)的结论, 并注意到对立事件的对立事件是其自身这个事实, 我们有

$$\overline{A}\cup\overline{B}=\overline{\overline{\overline{A}\cup\overline{B}}}=\overline{\overline{\overline{A}}\cap\overline{\overline{B}}}=\overline{A\cap B}.$$

□

▶**例1.1.31**　设A,B,C为三个事件, 试用A,B,C表示下列事件:

(1) A发生.

(2) 仅A发生.

(3) 恰有一个发生.

(4) 至少有一个发生.

(5) 至多有一个发生.

(6) 都不发生.

(7) 不都发生.

(8) 至少有两个发生.

解　不难写出

(1) A.

(2) $A\bar{B}\bar{C}$.

(3) $A\bar{B}\bar{C}\cup\bar{A}B\bar{C}\cup\bar{A}\bar{B}C$.

(4) $A\cup B\cup C$.

(5) $\bar{A}\bar{B}\bar{C}\cup A\bar{B}\bar{C}\cup\bar{A}B\bar{C}\cup\bar{A}\bar{B}C$.

(6) $\bar{A}\bar{B}\bar{C}$.

(7) $\overline{ABC}$.

(8) $AB\cup AC\cup BC$.

□

随机事件是样本空间Ω的子集, 但是很多场合下我们并不能把样本空间Ω所有的子集都作为随机事件, 否则会给我们后面定义事件发生的概率带来不可克服的困难(关于这一点的详细解释已经超出了本书的范围); 同时, 为使得概率论的基本框架能够适用于解决更多的实际问题, 所考虑的随机事件应该足够丰富. 为此, 我们考虑样本空间Ω 的部分子集所组成的事件类, 它需要满足一定的条件, 才能使其对前面我们介绍的事件的并,交和差等运算封闭.

♣**定义1.1.32**　设Ω表示样本空间, $\mathcal{F}$是由Ω的部分子集组成的集合类, 若$\mathcal{F}$ 满足

(1) $\Omega\in\mathcal{F}$;

(2) $A\in\mathcal{F}$蕴含$\overline{A}\in\mathcal{F}$;

(3) 对任意的$n\geqslant 1$, $A_n\in\mathcal{F}$ 蕴含$\displaystyle\bigcup_{n=1}^{\infty}A_n\in\mathcal{F}$,

则称$\mathcal{F}$为样本空间Ω上的**事件域**, 简称为事件域.

▶**例1.1.33**　容易验证,

(1) $\mathcal{F}_0=\{\Omega,\emptyset\}$和$\mathcal{F}_1=\{A:A\subset\Omega\}$都是事件域.

(2) 设$\mathcal{F}$为样本空间Ω 上的任意事件域, 则必有$\mathcal{F}_0\subset\mathcal{F}\subset\mathcal{F}_1$.

(3) 设$\mathcal{F}$为样本空间Ω 上的事件域, 则$\mathcal{F}$对事件的有限并, 有限交, 可列交等运算都封闭.

▶**例1.1.34** 设$A \subset \Omega$, 且$A \neq \emptyset$, $A \neq \Omega$, 则$\{\Omega, \emptyset, A, \overline{A}\}$构成一个事件域.

♠**注记1.1.35** 今后, 我们总是假定, 样本空间Ω和事件域$\mathcal{F}$都已给定, 除非特别声明.

为研究问题的方便, 我们有时需要对样本空间进行适当的分割:

♣**定义1.1.36** 设事件$A_1, \ldots, A_n \in \mathcal{F}$满足

(1) 若$i \neq j$, 则$A_iA_j = \emptyset$;

(2) $A_1 \cup A_2 \cup \cdots \cup A_n = \Omega$.

则称事件$A_1, \ldots, A_n$是样本空间Ω 的**一组分割**.

♠**注记1.1.37** 显然, 给定样本空间Ω和事件域$\mathcal{F}$, 样本空间Ω的分割可能不是唯一的.

♠**注记1.1.38** 在结束本节之前, 我们给出概率论中事件的关系和运算与集合论中的集合的关系和运算的对照表, 见表1-1.

表1-1 概率论与集合论相关概念对照表

记号	概率论	集合论
Ω	样本空间,必然事件	全集
$\emptyset$	不可能事件	空集
$A \subset B$	A发生必然导致B发生	A是B的子集
$A \cup B$	A与B至少有一个发生	A和B的并集
AB	A与B同时发生	A和B的交集
$AB = \emptyset$	A与B互不相容	A与B无共同元素
$A \backslash B$	A发生且B不发生	A与B的差集
$\overline{A}$	A不发生	A的余集

习题1.1

1. 在$0, 1, \ldots, 9$中任取一个数, A表示事件“取到的数不超过3”, B 表示事件“取到的数不小于5”, 求下列事件

$$A \cup B, \quad AB, \quad \overline{A}, \quad \overline{B}.$$

2. 设$\Omega = (-\infty, \infty)$, $A = \{x \in \Omega : 1 \leqslant x \leqslant 5\}$, $B = \{x \in \Omega : 3 < x < 7\}$, $C = \{x \in \Omega : x < 0\}$, 求下列事件

$$\overline{A}, \quad A \cup B, \quad B\overline{C}, \quad \overline{A} \cap \overline{B} \cap \overline{C}, \quad (A \cup B)C.$$

3. 写出下列事件的对立事件:

(1) A=“掷三枚硬币, 全为正面”;

(2) $B=$“抽检一批产品, 至少有三个次品”;

(3) $C=$“射击三次, 至多命中一次”.

4. 设I是任意指标集, $\{A_i, i\in I\}$是一事件类, 证明

$$\overline{\bigcup_{i\in I} A_i}=\bigcap_{i\in I}\overline{A}_i,\quad \overline{\bigcap_{i\in I} A_i}=\bigcup_{i\in I}\overline{A}_i.$$

5. 设$\mathcal{F}$是Ω上的事件域, $A,B\in\mathcal{F}$. 证明: $A\cup B$, AB, $A\backslash B$, $A\triangle B\in\mathcal{F}$.

6. 设$\mathcal{F}$是Ω上的事件域, $A,B,C\in\mathcal{F}$. 证明事件运算的分配律:

$$A(B\cup C)=(AB)\cup(AC),\quad A\cup(BC)=(A\cup B)(A\cup C).$$

7. 设$\mathcal{F}$是Ω上的事件域, $B\in\mathcal{F}$. 证明: 集类$\mathcal{F}_B=\{AB: A\in\mathcal{F}\}$是$\Omega_B=\Omega\cap B=B$上的事件域.

1.2 概率及其性质

上一节中, 我们介绍了样本空间和随机事件. 虽然我们不能确定某次随机试验中某个试验结果是否会发生, 但是我们可以确定该结果发生的可能性有多大. 可能性的大小通常用$[0,1]$里的数来衡量, 即概率. 因此, 事件的概率直观上的含义就是其发生可能性的大小. 数学上, 我们有严格的定义:

♣定义1.2.1 概率的公理化定义

设$P(\cdot)$是定义在$\mathcal{F}$上的实值函数, 如果其满足下面三条公理:

(1) **非负性公理:** $P(A)\geqslant 0$

(2) **正则性公理:** $P(\Omega)=1$

(3) **可列可加性公理:** 若$A_1,\dots,A_n,\dots$互不相容, 则

$$P\left(\sum_{n=1}^{\infty}A_n\right)=\sum_{n=1}^{\infty}P(A_n).$$

则称$P(\cdot)$为**概率测度**或**概率**.

►例1.2.2 设$\Omega=\{H,T\}$, $\mathcal{F}=2^{\Omega}=\{\Omega,\emptyset,\{H\},\{T\}\}$, 设$p: 0<p<1$, 定义$\mathcal{F}$上的函数$P$满足

$$P(\Omega)=1,\quad P(\emptyset)=0,\quad P(\{H\})=p,\quad P(\{T\})=1-p.$$

于是由定义知, P是概率.

♠注记1.2.3 本质上, 概率是一个集函数, 即自变量是集合(事件), 取值为实数的函数.

♠注记1.2.4 称三元总体$(\Omega,\mathcal{F},P)$为**概率空间**, 其中Ω为样本空间, $\mathcal{F}$为事件域, P是定义在$\mathcal{F}$ 上的概率测度.

♠注记1.2.5 今后, 除非特别声明, 概率空间$(\Omega, \mathcal{F}, P)$总是已经给定.

下面我们来研究概率的常用性质.

★定理1.2.6 概率的性质

设$(\Omega, \mathcal{F}, P)$是给定的概率空间, $A, B, C \in \mathcal{F}$, 我们有

(1) $P(\emptyset) = 0$.

(2) **对立事件公式:** $P(\bar{A}) = 1 - P(A)$.

(3) **有限可加性:** 若$AB = \emptyset$, 则$P(A+B) = P(A) + P(B)$.

(4) **可减性:** 若$A \supset B$, 则$P(A-B) = P(A) - P(B)$. 一般地, $P(A \backslash B) = P(A) - P(AB)$.

(5) **单调性:** 若$A \supset B$, 则$P(A) \geqslant P(B)$.

(6) **有界性:** $0 \leqslant P(A) \leqslant 1$.

(7) **加法公式:** $P(A \cup B) = P(A) + P(B) - P(AB)$.

(8) **次可加性:** $P(A \cup B) \leqslant P(A) + P(B)$.

(9) $P(A \cup B \cup C) = P(A) + P(B) + P(C) - P(AB) - P(AC) - P(BC) + P(ABC)$.

证明 我们逐条来证明.

(1) 首先由$\mathcal{F}$的定义知, $\emptyset \in \mathcal{F}$.

令$A_1 = \Omega$, $A_k = \emptyset$, $k \geqslant 2$, 则$\{A_k, k \geqslant 1\}$ 是$\mathcal{F}$ 中互不相容的事件列, 且$\Omega = \sum_{k=1}^{\infty} A_k$.

由概率的正则性和可列可加性公理,

$$1 = P(\Omega) = P\left(\sum_{k=1}^{\infty} A_k\right) = \sum_{k=1}^{\infty} P(A_k) = P(\Omega) + \sum_{k=2}^{\infty} P(\emptyset) = 1 + P(\emptyset)\sum_{k=2}^{\infty} 1.$$

故$P(\emptyset) = 0$.

(2) 令$A_1 = A$, $A_2 = \overline{A}$, $A_k = \emptyset$, $k \geqslant 3$, 则$\{A_k, k \geqslant 1\}$是$\mathcal{F}$中互不相容的事件列, 且$\Omega = \sum_{k=1}^{\infty} A_k$. 由概率的正则性和可列可加性公理, 并应用(1), 有

$$1 = P(\Omega) = P\left(\sum_{k=1}^{\infty} A_k\right) = \sum_{k=1}^{\infty} P(A_k) = P(A) + P(\overline{A}),$$

移项即得.

(3) 令$A_1 = A$, $A_2 = B$, $A_k = \emptyset$, $k \geqslant 3$, 则$\{A_k, k \geqslant 1\}$是$\mathcal{F}$中互不相容的事件列, 且$A + B = \sum_{k=1}^{\infty} A_k$. 由概率的可列可加性公理, 并应用(1), 有

$$P(A+B) = P\left(\sum_{k=1}^{\infty} A_k\right) = \sum_{k=1}^{\infty} P(A_k) = P(A) + P(B).$$

(4) 因为$A \supset B$, 故$A = (A-B) + B$. 由(3)知, $P(A) = P(A-B) + P(B)$, 移项即得$P(A-B) = P(A) - P(B)$. 一般地, 因为$AB \subset A$, $A \backslash B = A - AB$, 故$P(A \backslash B) = P(A - AB) = P(A) - P(AB)$.

(5) 由(4), $P(A) - P(B) = P(A-B)$, 由概率的非负性公理, $P(A-B) \geqslant 0$. 故$P(A) - P(B) \geqslant 0$, 即$P(A) \geqslant P(B)$.

(6) 只需证明$P(A)\leqslant 1$. 由单调性和$A\subset\Omega$得, $P(A)\leqslant P(\Omega)=1$.

(7) 注意到$A\cup B=A\backslash B+B$, 由(3)和(4)即得.

(8) 由(7)并注意到$P(AB)\geqslant 0$即可.

(9) 由(7), 并注意到$A\cup B\cup C=(A\cup B)\cup C$, $(A\cup B)C=(AC)\cup(BC)$和$(AC)\cap(BC)=ABC$,

$$
\begin{aligned}
P(A\cup B\cup C)&=P((A\cup B)\cup C)=P(A\cup B)+P(C)-P((A\cup B)C)\\
&=P(A)+P(B)-P(AB)+P(C)-[P(AC)+P(BC)-P(ABC)]\\
&=P(A)+P(B)+P(C)-P(AB)-P(AC)-P(BC)+P(ABC).
\end{aligned}
$$
□

♠**注记1.2.7**　一般地, 有限可加性性质对任意有限多个互不相容的事件都成立, 即若$n\geqslant 1$, $A_1,\ldots,A_n\in\mathcal{F}$且互不相容, 则

$$P\left(\sum_{k=1}^{n}A_k\right)=\sum_{k=1}^{n}P(A_k).$$

♠**注记1.2.8**　若$P(\cdot)$是定义在$\mathcal{F}$上的实值函数, 且满足非负性、正则性公理, 则由可列可加性可以推出有限可加性, 但反之不真(反例见例1.6.2).

下面我们给出几个利用概率的性质计算随机事件发生的概率的例子.

▶**例1.2.9**　$AB=\emptyset$, $P(A)=0.6$, $P(A\cup B)=0.8$, 求$P(\bar{B})$.

解　因为$AB=\emptyset$, 所以

$$P(B)=P(A\cup B)-P(A)=0.8-0.6=0.2,$$

于是$P(\bar{B})=1-P(B)=1-0.2=0.8$. □

▶**例1.2.10**　$P(A)=0.4$, $P(B)=0.3$, $P(A\cup B)=0.6$, 求$P(A\setminus B)$.

解　由已知及概率的性质,

$$P(A\setminus B)=P(A)-P(AB)=P(A\cup B)-P(B)=0.6-0.3=0.3.$$
□

▶**例1.2.11**　$P(A)=P(B)=P(C)=\dfrac{1}{4}$, $P(AB)=0$, $P(AC)=P(BC)=\dfrac{1}{12}$, 求$A,B,C$都不发生的概率.

解　由概率的单调性和$ABC\subset AB$知, $P(ABC)\leqslant P(AB)=0$, 于是由概率的非负性知, $P(ABC)=0$.

由对立事件公式和加法公式, 所求概率为

$$
\begin{aligned}
P\left(\overline{A}\cap\overline{B}\cap\overline{C}\right)&=P\left(\overline{A\cup B\cup C}\right)=1-P(A\cup B\cup C)\\
&=1-[P(A)+P(B)+P(C)-P(AB)-P(AC)-P(BC)+P(ABC)]
\end{aligned}
$$

$$=1-\left[\frac{1}{4}+\frac{1}{4}+\frac{1}{4}-0-\frac{1}{12}-\frac{1}{12}+0\right]=\frac{5}{12}.$$ □

★定理1.2.12 多个事件的加法公式

一般地, 若$n \geqslant 1$, $A_1, \ldots, A_n \in \mathcal{F}$, 则

$$P\left(\bigcup_{k=1}^{n} A_k\right)=\sum_{k=1}^{n} P(A_k)-\sum_{i<j} P(A_i A_j)+\sum_{i<j<k} P(A_i A_j A_k)$$
$$+\cdots+(-1)^{n-1} P(A_1 A_2 \ldots A_n).$$

可以通过数学归纳法证明, 这里略去.

♠注记1.2.13 多个事件的加法公式又称为庞加莱(Poincaré)公式(参见施利亚耶夫[6]). 若记

$$S_m=\sum_{1 \leqslant i_1<\cdots<i_m \leqslant n} P(A_{i_1} \cap \cdots \cap A_{i_m}),$$

则庞加莱公式可写为

$$P\left(\bigcup_{k=1}^{n} A_k\right)=\sum_{m=1}^{n}(-1)^{m-1} S_m.$$

习题1.2

1. 设$P(A)=a, P(B)=b$, $P(A \cup B)=c$, 求概率$P(\bar{A} \cup \bar{B})$.
2. 设$P(A)=0.7$, $P(A \setminus B)=0.3$, 求概率$P(\overline{AB})$.
3. 设$A, B \in \mathcal{F}$, 证明

$$P(A)=P(AB)+P(A\bar{B}), \quad P(A \triangle B)=P(A)+P(B)-2P(AB).$$

4. 设$P(A)=0.4$, $P(B)=0.7$, 求$P(AB)$的最大值和最小值, 并分别给出取到最大值和最小值时的条件.
5. 设$A_1, \ldots, A_n$是$\mathcal{F}$中互不相容的事件, 证明$P\left(\sum_{k=1}^{n} A_k\right)=\sum_{k=1}^{n} P(A_k)$.
6. 设$\{A_n, n \geqslant 1\}$是$\mathcal{F}$中的事件列, 定义$B_1=A_1$,

$$B_n=\bigcap_{k=1}^{n-1} \bar{A}_k \cap A_n, \quad n=2,3, \ldots$$

证明事件列$\{B_n, n \geqslant 1\}$两两互不相容, 且

$$P\left(\bigcup_{k=1}^{n} A_k\right)=\sum_{k=1}^{n} P(B_k), \quad n=1,2, \ldots$$

和

$$P\left(\bigcup_{n=1}^{\infty} A_n\right)=\sum_{n=1}^{\infty} P(B_n).$$

7. 设$A_1,\dots,A_n$是$\mathcal{F}$中的事件, 证明Bonferroni不等式

$$P\left(\bigcap_{k=1}^{n}A_k\right)\geqslant 1-\sum_{k=1}^{n}P(\overline{A}_k).$$

8. 设$A_1,A_2,\dots$是一列事件, 且对任意的$k\geqslant 1$, $P(A_k)=1$, 求概率$P\left(\bigcap_{k=1}^{n}A_k\right)$.

9. 证明多个事件的加法公式:若$n\geqslant 1$, $A_1,\dots,A_n\in\mathcal{F}$, 则

$$P\left(\bigcup_{k=1}^{n}A_k\right)=\sum_{k=1}^{n}P(A_k)-\sum_{i<j}P(A_iA_j)+\sum_{i<j<k}P(A_iA_jA_k)$$
$$+\cdots+(-1)^{n-1}P(A_1A_2\dots A_n).$$

1.3 概率的计算

本节, 我们拟介绍确定概率的几种常用方法和若干概率模型.

1.3.1 确定概率的常用方法

上一节中, 我们知道了什么是概率, 并学习了其一些重要性质, 但我们并没有给出在实际中如何具体地确定事件的概率. 事实上, 在概率的公理化定义之前, 出现了很多版本定义的概率, 但各有各的优缺点. 本小节中, 我们着重介绍几种比较常用的确定概率的方法: 古典方法, 频率方法, 几何方法和主观方法.

1. 古典方法

古典方法是在17世纪概率论开始形成时就经常被使用的研究方法. 这类概率模型所研究的随机试验需具有两个特征:

- 样本空间Ω是有限集;
- 每个基本事件的发生是等可能的.

这类随机试验中的事件发生的概率与其所含的样本点的个数成正比. 用$|A|$表示事件A所含样本点的个数(下同), 定义事件A发生的概率为

$$P(A)=\frac{|A|}{|\Omega|}.$$

▶**例1.3.1** 现掷一颗骰子, 设A表示事件“掷得的点数为偶数”, 求A发生的概率.

解 设样本空间$\Omega=\{1,2,3,4,5,6\}$, 则Ω中的每个样本点出现的可能性相等, 且$A=\{2,4,6\}$. 于是, A发生的概率为

$$P(A)=\frac{|A|}{|\Omega|}=\frac{3}{6}=\frac{1}{2}.$$ □

♠**注记1.3.2** 我们在使用古典方法计算随机事件发生的概率时，除了需要注意样本空间是有限集之外，还必须要求每个基本事件的发生是等可能的. 因此，选择恰当的样本空间是值得引起注意的. 例如，用H表示正面,T表示反面，现抛一枚均匀的硬币两次，所得的样本空间我们至少有两种方式可以来记录，分别用Ω_1 和Ω_2 来表示:

$$\Omega_1=\{(HH),(HT),(TH),(TT)\},\qquad \Omega_2=\{2H,2T,1H1T\}$$

显然，Ω_1中的每个样本点的发生是等可能的. Ω_2中的样本点不是等可能的.

▶**例1.3.3** 一副标准的扑克牌有52张组成，有4种花式，13种牌型. 现从这一副牌中任取一张，求取出的是红桃的概率.

解 注意到一副标准的扑克牌有13张红桃，且52张扑克牌被抽到的可能性是相同的. 设A表示事件“取出的是红桃”，则由古典方法知，A发生的概率为

$$P(A)=\frac{|A|}{|\Omega|}=\frac{13}{52}=\frac{1}{4}.$$ □

♠**注记1.3.4** 古典方法求随机事件发生的概率时，需要计算样本空间和所考察的随机事件中样本点的个数. 通常我们不需要具体列出所有的样本点，只需要知道所含样本点的个数即可，所以计算中经常要用到排列组合工具. 为便于读者使用，我们将有关排列组合的知识补充在本章§6.

▶**例1.3.5** 口袋中有$n-1$个黑球、1个白球，每次从口袋中随机地摸出一球，并换入一只黑球. 求取第k次时取到的球是黑球的概率.

解 设A_k表示事件“取第k次时取到的球是黑球”，$k=1,2,\dots$. 显然$P(A_1)=\dfrac{n-1}{n}$, $\overline{A}_k$表示事件“取第k 次时取到的球是白球”. 因为一旦某次取到白球，之后每次取到的都是黑球，故$\overline{A}_k=A_1\dots A_{k-1}\overline{A}_k$, $k=2,3,\dots$. 由对立事件公式,

$$P(A_k)=1-P(\overline{A}_k)=1-P(A_1\dots A_{k-1}\overline{A}_k)=1-\frac{(n-1)^{k-1}\cdot 1}{n^k}=\frac{n^k-(n-1)^{k-1}}{n^k},$$

$k=2,3,\dots$. □

读者可以利用例1.3.5的结果考虑下面的思考题.

思考题: 口袋中有2个白球，每次从口袋中随机地摸出一球，并换入一只黑球. 求取第k次时取到的球是黑球的概率.

▶**例1.3.6** 一颗骰子掷4次，求至少出现一次6点的概率.

解 设A表示事件“至少出现一次6点”，则$\overline{A}$表示事件“一次6点都不出现”. 由对立事件公式,

$$P(A)=1-P(\overline{A})=1-\frac{5^4}{6^4}=0.5177.$$ □

▶**例1.3.7** 两颗骰子同时掷24次，求至少出现一次双6点的概率.

解 类似于上例,

$$P(A) = 1 - P(\bar{A}) = 1 - \frac{35^{24}}{36^{24}} = 0.4914. \qquad \square$$

▶**例1.3.8** 从$1, 2, \ldots, 9$中有返回地取n次，求取出的n个数的乘积能被10整除的概率.

解 A表示“取到过5”, B表示“取到过偶数”, 则由对立事件公式和加法公式, 所求概率为

$$P(AB) = 1 - P(\bar{A} \cup \bar{B}) = 1 - P(\bar{A}) - P(\bar{B}) + P(\bar{A}\bar{B}) = 1 - \frac{8^n}{9^n} - \frac{5^n}{9^n} + \frac{4^n}{9^n}. \qquad \square$$

有时我们需要根据实际问题的具体情况

▶**例1.3.9** 一枚均匀的硬币, 甲掷$n+1$次, 乙掷n次. 求甲掷出的正面数比乙掷出的正面数多的概率.

解 用A、B分别表示甲、乙掷得的正面数, C、D分别表示甲、乙掷得的反面数. 于是, 易知所求概率满足

$$\begin{aligned} P(A > B) =& P(n+1-C > n-D) = P(C-1 < D) \\ =& P(C \leqslant D) = 1 - P(C > D) = 1 - P(A > B), \end{aligned}$$

其中第四个等号由对立事件公式得到, 最后一个等号应用了硬币的对称性.

故$P(A > B) = 0.5$. $\square$

2. 频率方法

频率方法是指在大量重复试验中用频率的稳定值去替代概率的方法, 在日常生活中被经常使用. 基本思想是:

- 随机试验可大量重复进行.
- $n(A)$表示n次重复试验中事件A发生的次数, 称$f_n(A) = \dfrac{n(A)}{n}$为事件A发生的频率.
- 频率$f_n(A)$会稳定于某一常数(稳定值).
- 用频率的稳定值作为事件A发生的概率.

表1-2 历史上硬币试验结果

实验者	抛掷次数	正面次数	频率
De Morgan	2048	1061	0.5181
Buffon	4040	2048	0.5069
Feller	10000	4979	0.4979
Pearson	12000	6019	0.5016
Pearson	24000	12012	0.5005

►**例1.3.10** 概率的古典方法告诉我们, 抛一枚均匀的硬币正面向上的概率是$\frac{1}{2}$. 为验证一枚新的硬币是否均匀, 我们可以重复抛掷n次, 记录正面向上的次数为m次, 则正面向上的频率为$\frac{m}{n}$. 如果我们发现随着n的增大, $\frac{m}{n}$稳定在0.5附近, 我们就认为该硬币是均匀的; 如果发现$\frac{m}{n}$稳定在0.8附近, 我们完全可以认为该硬币是不均匀的. 历史上, 有许多人作了硬币抛掷试验, 结果如表1-2所示.

3. 几何方法

几何方法是指借助于几何度量(长度, 面积或体积等)来计算随机事件的概率的方法. 使用几何方法, 需要满足两个条件:

(1) 样本空间Ω是n维空间中的有界区域, $L(\Omega)>0$. 我们用$L(A)$表示A的度量.

(2) 每个样本点落在某个子区域的概率与该区域的度量大小成正比, 与区域的形状和位置无关.

有了上面两个条件后, Ω的那些可求度量的子集A都可以作为我们感兴趣的事件, 其概率定义为

$$P(A)=\frac{L(A)}{L(\Omega)}.$$

♠**注记1.3.11** 几何方法是古典方法的推广.

►**例1.3.12** 已知某路公交车经过某公交车站的时刻差为5分钟, 求乘客在此站台等候该路公交车的时间不超过3分钟的概率.

解 设ω表示从前一辆公交车开出开始计算时间, 乘客到达车站的时刻. 于是, 样本空间可以表示为$\Omega=\{\omega:\omega\in[0,5)\}$. 令$A$表示事件“乘客候车不超过3分钟”, 则$A=\{\omega\in\Omega: 2\leqslant\omega<5\}$. 故事件$A$发生的概率为

$$P(A)=\frac{L(A)}{L(\Omega)}=\frac{3}{5}.$$

□

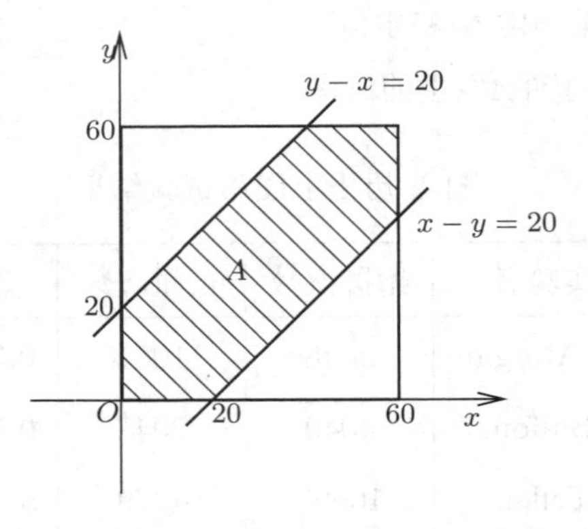

图1-1 会面问题中事件Ω与A的图示

►**例1.3.13** 会面问题

甲乙二人相约于8点至9点之间在某地会面, 先到者等候20分钟即可离去. 求甲乙二人成功会面的概率.

解 从8点开始计时, 设甲乙二人分别到达约会地的时刻分别为x和y, 则(x,y)可能取值于

$$\Omega=\{(x,y):0\leqslant x\leqslant 60, 0\leqslant y\leqslant 60\}.$$

设A表示事件“二人成功会面”, 则

$$A=\{(x,y)\in\Omega:|x-y|\leqslant 20\}.$$

如图1-1所示, 计算面积可得事件A发生的概率为

$$P(A)=\frac{L(A)}{L(\Omega)}=\frac{60^2-40^2}{60^2}=\frac{5}{9}.$$ □

由例1.3.13, 我们不难得出

♠**注记1.3.14 零概率事件未必是不可能事件.** 事实上, 在例1.3.13中, 记$B=\{(x,y)\in\Omega:x-y=20\}$, 则由于$B$的面积$L(B)=0$, 故$P(B)=0$, 但是显然$B\neq\emptyset$.

▶**例1.3.15 投针问题**

向画有距离为d的一组平行线的平面任意投一长为$l(l<d)$的针, 求针与任一平行线相交的概率.

解 设x表示针的中点到最近的平行线的距离, θ表示针与此平行线的交角, 如图1-2所示.

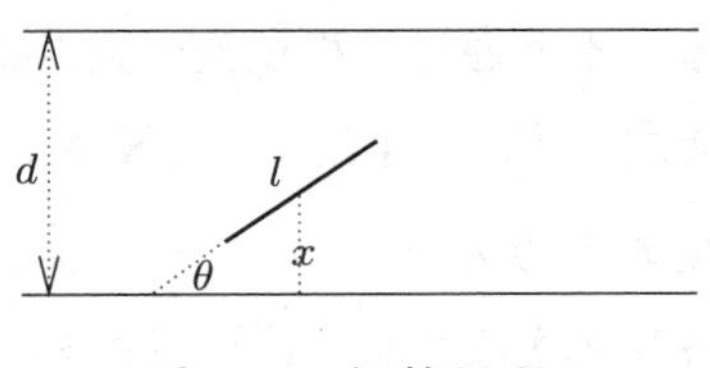

图1-2 投针问题

于是, 针的位置可表示为

$$\Omega=\left\{(x,\theta):0\leqslant x\leqslant\frac{d}{2}, 0\leqslant\theta<\pi\right\}.$$

令A表示事件“针与任一平行线相交”, 则

$$A=\left\{(x,\theta):0\leqslant x\leqslant\frac{l}{2}\sin\theta, 0\leqslant\theta<\pi\right\}.$$

计算Ω和A的面积可得事件A发生的概率为

$$P(A)=\frac{L(A)}{L(\Omega)}=\frac{\int_0^\pi\frac{l}{2}\sin\theta\mathrm{d}\theta}{\frac{d}{2}\pi}=\frac{2l}{\pi d}.$$ □

♠**注记1.3.16** 投针问题是由法国数学家蒲丰(Buffon)于1777年提出的著名问题, 可以用来计算π的近似值.

由确定概率的频率方法, 当投针次数n足够大时, 概率$P(A)$可以用频率$\frac{m}{n}$替代, 于是由$\frac{m}{n} \approx \frac{2l}{\pi d}$计算得

$$\pi \approx \frac{2nl}{dm}.$$

因此, 只要知道了d和l, 就可以计算π的近似值. 历史上, 为了估计π的近似值, 有许多人做了这样的投针试验, 结果如表1-3所示. 这种由构建概率模型来做近似计算的方法通常称为蒙特卡洛(Monte-Carlo)方法.

表1-3 历史上投针试验结果

实验者	时间	投针次数	相交次数	π的近似值
Wolf	1850年	5000	2532	3.1596
Smith	1855年	3204	1218.5	3.1554
De Morgan	1860年	600	382.5	3.137
Fox	1884年	1030	489	3.1595
Lazzerini	1901年	3408	1808	3.1415929
Reina	1925年	2520	859	3.1795

4. 主观方法

实际生活中, 很多随机现象是不能通过随机试验或大量重复的随机试验进行观察或记录的, 例如某地下一年地震是否会发生等. 这时有关事件发生的概率就要通过主观方法来确定.

▶**例1.3.17** 主观方法确定概率的例子.

(1) 某普通股民认为下个交易日某支股票价格上涨的概率为0.9, 这是其根据对该股票历史数据的分析和公司的运营状况的了解所给出的主观概率.

(2) 某数学老师断定某学生通过期末考试的概率为0.3, 这是该老师通过对学生平时学习情况的了解而作出的判断.

(3) 某房产中介人员认为短期内某板块商品房价格下跌的概率为0.1, 这是基于其对该板块商品房供需行情的掌握而给出的结论.

♠**注记1.3.18** 主观方法确定概率不同于主观臆断. 主观方法确定概率是当事人基于手头掌握的资料和经验而作出的判断, 是对随机事件发生的概率的一种推断和估计, 在统计学意义上是有价值的. 主观方法确定的概率需要符合概率的公理化定义.

1.3.2 常见的概率模型

下面我们介绍几种常见的概率模型, 许多实际问题可归结为这几类模型来考虑.

1. 不返回抽样

设有N个产品，其中M个不合格, $N-M$个合格. 从中不返回任取n个, 则此n个中有m个不合格的概率为

$$\frac{C_M^m \cdot C_{N-M}^{n-m}}{C_N^n}, \qquad n \leqslant N, m \leqslant M, n-m \leqslant N-M$$

这个模型又被称为超几何模型.

▶**例1.3.19** 口袋中有5 个白球、7个黑球和4个红球. 从中不返回任取3 个. 求取出的3个球颜色各不相同的概率.

解 由不返回抽样模型易知所求的概率为$\dfrac{C_5^1C_7^1C_4^1}{C_{16}^3}=\dfrac{1}{4}$. □

2. 返回抽样

设有N个产品，其中M个不合格, $N-M$个合格. 从中有返回地任取n个, 则此n个中有m个不合格的概率为

$$C_n^m \frac{M^m(N-M)^{n-m}}{N^n} = C_n^m \left(\frac{M}{N}\right)^m \left(\frac{N-M}{N}\right)^{n-m},$$

$m=0,1,\ldots,n$.

▶**例1.3.20** 从装有7个白球和3个黑球的袋子中有返回地取出3个, 求这3个球中有2个为黑球的概率.

解 这显然是一个返回抽样问题. 所求的概率应为$C_3^2 \cdot \dfrac{3^2 7^1}{10^3}=0.189$. □

3. 盒子模型

n个不同的球放入N个不同的盒子中, 每个盒子放球数不限, 则恰有n个盒子各有一球的概率为

$$\frac{P_N^n}{N^n} = \frac{N!}{N^n(N-n)!}.$$

▶**例1.3.21 生日问题**

求$n(n<365)$个人中至少有两人生日相同的概率p_n.

解 令A表示事件“至少有两人生日相同”, 记$p_n=P(A)$. 考虑对立事件$\overline{A}$, 令$N=365$, 由盒子模型可知,

$$P(\overline{A}) = \frac{365!}{365^n(365-n)!}.$$

故由对立事件公式,

$$p_n = P(A) = 1 - P(\overline{A}) = 1 - \frac{365!}{365^n(365-n)!}.$$

可以进一步计算得, $p_{20}=0.4058, p_{30}=0.6963, p_{50}=0.9651, p_{60}=0.9922$. □

4. 配对模型

▶**例1.3.22** 考虑n个人、n顶帽子, 每人任取1顶, 至少一个人拿对自己帽子的概率.

解 对每个$k=1,\ldots,n$, 记$A_k=$"第k个人拿对自己的帽子", 则所求概率为$P\left(\bigcup_{k=1}^{n} A_k\right)$. 易知,

$$P(A_k)=\frac{1}{n},\ k=1,\ldots,n$$

$$P(A_iA_j)=\frac{1}{n(n-1)},\ i\neq j,$$

$$P(A_iA_jA_k)=\frac{1}{n(n-1)(n-2)},\ i\neq j\neq k,$$

$$\cdots$$

$$P(A_1A_2\ldots A_n)=\frac{1}{n!}.$$

于是, 由加法公式,

$$\begin{aligned}P\left(\bigcup_{k=1}^{n} A_k\right)=&\sum_{k=1}^{n}P(A_k)-\sum_{i<j}P(A_iA_j)+\sum_{i<j<k}P(A_iA_jA_k)\\&+\cdots+(-1)^{n-1}P(A_1A_2\ldots A_n)\\=&n\cdot\frac{1}{n}-C_n^2\cdot\frac{1}{n(n-1)}+C_n^3\cdot\frac{1}{n(n-1)(n-2)}+\cdots+(-1)^{n-1}\frac{1}{n!}\\=&\sum_{k=1}^{n}(-1)^{k-1}\frac{1}{k!}.\end{aligned}$$ □

习题1.3

1. 现从有15名男生和30名女生的班级中随机挑选10名同学参加某项课外活动, 求在被挑选的同学中恰好有3名男生的概率.
2. 一副标准的扑克牌52张, 一张一张地轮流分给4名游戏者, 每人13张, 求每人恰好有一张A的概率.
3. 一副标准的扑克牌52张, 一张一张地轮流分给4名游戏者, 每人13张, 求4张A恰好全被一人得到的概率.
4. 从装有10双不同尺码或不同样式的皮鞋的箱子中, 任取4只, 求其中能成$k(0\leqslant k\leqslant 2)$双的概率.
5. 求一个有20人的班级中有且仅有2人生日相同的概率.

6. 一副标准的扑克牌52张, 一张一张地轮流分给4名游戏者甲乙丙丁, 每人13张, 求事件"甲得到6张红桃, 乙得到4张红桃, 丙得到2 张红桃, 丁得到1张红桃"的概率.
7. 同时抛4枚硬币, 求至少出现一个正面的概率.
8. 同时掷6颗骰子, 求每个骰子的点数各不相同的概率.
9. 同时掷7颗骰子, 求每种点数至少都出现一次的概率.

1.4 条件概率

我们先从一个例子开始.

▶**例1.4.1** 考虑随机试验掷骰子, 样本空间$\Omega = \{1, 2, 3, 4, 5, 6\}$. 令$A$表示事件"掷得的点数是2", 在只知道样本空间$\Omega$而不知其他额外的信息情况下, 掷得的点数可能是$1, 2, 3, 4, 5, 6$中一种, 由古典方法知, 事件$A$发生的概率是$1/6$. 若已经知道掷得的点数是偶数, 掷得的点数只能是$2, 4, 6$ 中的一种情形, 由古典方法知, A发生的概率是$1/3$.

在上例中, 除了样本空间Ω外, 已经知道随机试验的一部分信息或某事件已经发生, 利用这一新条件所计算的概率称为条件概率. 一般地, 我们有

♣**定义1.4.2** 设$(\Omega, \mathcal{F}, P)$是给定的概率空间, $B \in \mathcal{F}$且满足$P(B) > 0$. 对任意的事件$A \in \mathcal{F}$, 令

$$P(A|B) \triangleq \frac{P(AB)}{P(B)}.$$

称$P(A|B)$为在事件B发生的条件下, 事件A 发生的**条件概率**.

♠**注记1.4.3** 若$P(B) = 0$, 则$P(A|B)$没有意义.

♠**注记1.4.4** 相对应地, 我们称$P(A)$为事件A的**无条件概率**. 令$B = \Omega$, 我们可以将无条件概率视为条件概率, 即$P(A) = P(A|\Omega)$.

★**定理1.4.5** 条件概率是概率. 详细地, 在概率空间$(\Omega, \mathcal{F}, P)$中, $B \in \mathcal{F}$, 且$P(B) > 0$. 定义集函数

$$P_B(A) = P(A|B), \quad \forall A \in \mathcal{F}.$$

则P_B也是定义在$\mathcal{F}$上的概率.

证明 显然, P_B是$\mathcal{F}$到$\mathbb{R}$上的函数, 由概率的定义, 只需证明P_B满足非负性, 正则性和可列可加性公理.

(1) 非负性: 对任意的$A \in \mathcal{F}$, $P_B(A) = P(A|B) = \dfrac{P(AB)}{P(B)} \geqslant 0$.

(2) 正则性: $P_B(\Omega) = \dfrac{P(\Omega B)}{P(B)} = 1$.

(3) 可列可加性: 若$A_1, A_2, \cdots \in \mathcal{F}$, 且对任意的$i \neq j$, $A_iA_j = \emptyset$, 则由P的可列可加性,

$$\begin{aligned} P_B\left(\sum_{k=1}^{\infty} A_k\right) &= P\left(\sum_{k=1}^{\infty} A_k \Big| B\right) = \frac{P\left(B\sum_{k=1}^{\infty} A_k\right)}{P(B)} \\ &= \frac{P\left(\sum_{k=1}^{\infty} A_kB\right)}{P(B)} = \frac{\sum_{k=1}^{\infty} P(A_kB)}{P(B)} \\ &= \sum_{k=1}^{\infty} \frac{P(A_kB)}{P(B)} = \sum_{k=1}^{\infty} P(A_k|B) = \sum_{k=1}^{\infty} P_B(A_k). \end{aligned}$$ □

♠**注记1.4.6** 既然条件概率是概率, 因而必满足概率的性质, 例如

(1) $P(\overline{A}|B) = 1 - P(A|B)$;

(2) $P(A \cup C|B) = P(A|B) + P(C|B) - P(AC|B)$;

(3) $P(A \backslash C|B) = P(A|B) - P(AC|B)$

等, 证明略去.

►**例1.4.7** 在例1.4.1中, A表示事件“掷得的点数是2”, B表示事件“掷得的点数是偶数”. 于是, $A = \{2\}$, $B = \{2, 4, 6\}$, $AB = \{2\}$, 从而

$$P(A) = \frac{1}{6}, \quad P(B) = \frac{1}{2}, \quad P(AB) = \frac{1}{6}.$$

故由条件概率的定义知, 若已经知道掷得的点数是偶数, 掷得的点数是偶数的条件概率为

$$P(A|B) = \frac{P(AB)}{P(B)} = \frac{1/6}{1/2} = \frac{1}{3}.$$

显见, 这里$P(A) \neq P(A|B)$.

►**例1.4.8** 已知$P(A) = 0.6$, $P(A \cup B) = 0.84$, $P(\overline{B}|A) = 0.4$, 求$P(B)$.

解 由概率和条件概率的性质,

$$\begin{aligned} P(B) &= P(A \cup B) + P(AB) - P(A) = P(A \cup B) + P(B|A)P(A) - P(A) \\ &= P(A \cup B) - P(A)(1 - P(B|A)) = P(A \cup B) - P(A)P(\overline{B}|A) \\ &= 0.84 - 0.6 \cdot 0.4 = 0.6. \end{aligned}$$ □

♠**注记1.4.9** 条件概率除了满足概率的性质以外, 还有一些特殊的性质. 设$(\Omega, \mathcal{F}, P)$是给定的概率空间, $B \in \mathcal{F}$, $P(B) > 0$, 则我们有

(1) $P(B|B) = 1$;

(2) 若$P(B) = 1$, 则$P(A|B) = P(A)$;

(3) 若$AB = \emptyset$, 则$P(A|B) = 0$;

(4) 若$A \subset B$, 则$P(A|B) = \dfrac{P(A)}{P(B)}$;

以及乘法公式, 全概率公式和**Bayes**公式等.

★**定理1.4.10** 乘法公式

设$(\Omega, \mathcal{F}, P)$是给定的概率空间,

(1) 若$A, B \in \mathcal{F}$, 且$P(A)>0, P(B)>0$, 则

$$P(AB)=P(A)P(B|A)=P(B)P(A|B).$$

(2) 若$n>1$, $A_1, \ldots, A_n \in \mathcal{F}$, 且$P(A_1 \ldots A_{n-1})>0$, 则

$$P(A_1 \ldots A_n)=P(A_1)P(A_2|A_1) \ldots P(A_n|A_1 \ldots A_{n-1}).$$

证明 (1)因为$P(A)>0, P(B)>0$, 故$P(B|A)$ 和$P(A|B)$都有意义. 等式由条件概率的定义立得.

(2)由概率的单调性,

$$P(A_1) \geqslant P(A_1A_2) \geqslant \cdots \geqslant P(A_1 \ldots A_{n-1})>0,$$

于是等式右边的条件概率都有意义. 注意到$A_1 \ldots A_n=(A_1 \ldots A_{n-1})A_n$及

$$P(A_1 \ldots A_n)=P(A_1 \ldots A_{n-1})P(A_n|A_1 \ldots A_{n-1}),$$

等式由归纳法立得. □

►**例1.4.11** 一批零件共有100个, 其中10个不合格品. 从中一个一个不返回取出, 求第三次才取出不合格品的概率.

解 记$A_i=$"第i 次取出的是合格品", $i=1,2,3$. 由乘法公式, 所求概率为
$P(A_1A_2\overline{A_3})=P(A_1)P(A_2|A_1)P(\overline{A_3}|A_1A_2)=\dfrac{90}{100} \cdot \dfrac{89}{99} \cdot \dfrac{10}{98}=\dfrac{89}{1078}$. □

♠**注记1.4.12** 乘法公式通常用于求多个事件同时发生的概率, 它将无条件概率化为多个条件概率的乘积来计算.

♠**注记1.4.13 乘法公式的条件概率版本**

若$B, A_1, \ldots, A_n \in \mathcal{F}$, 且$P(A_1 \ldots A_{n-1}B)>0$, 则

$$P(A_1 \ldots A_n|B)=P(A_1|B)P(A_2|A_1B) \ldots P(A_n|A_1 \ldots A_{n-1}B).$$

证明 留给读者思考. □

★**定理1.4.14 全概率公式**

设$(\Omega, \mathcal{F}, P)$是给定的概率空间,

(1) 对于任意事件A和B, 若$0<P(B)<1$, 则

$$P(A)=P(A|B)P(B)+P(A|\overline{B})P(\overline{B}).$$

(2) 设$B_1, \ldots, B_n$是样本空间Ω的一组分割, 且$P(B_k)>0$, $k=1,2\ldots,n$, 则对任意的事件$A \in \mathcal{F}$, 有

$$P(A)=\sum_{k=1}^{n} P(B_k)P(A|B_k).$$

证明 (1)是(2)的特例, 只需证(2).

注意到$A = A\Omega = A\sum_{k=1}^n B_k = \sum_{k=1}^n AB_k$, 由概率的有限可加性和乘法公式, 得

$$P(A) = P\left(\sum_{k=1}^n AB_k\right) = \sum_{k=1}^n P(AB_k) = \sum_{k=1}^n P(B_k)P(A|B_k). \qquad \square$$

♠**注记1.4.15** 全概率公式可用于求复杂事件的概率, 其关键在于寻找另一组事件来"分割"样本空间.

▶**例1.4.16** 设10件产品中有3件不合格品, 从中不返回地取两次, 每次一件, 求取出的第二件为不合格品的概率.

解 设$A =$"第一次取得不合格品", $B =$"第二次取得不合格品". 由全概率公式, 所求概率为

$$P(B) = P(A)P(B|A) + P(\bar{A})P(B|\bar{A}) = \frac{3}{10}\cdot\frac{2}{9} + \frac{7}{10}\cdot\frac{3}{9} = \frac{3}{10}. \qquad \square$$

▶**例1.4.17 抽签原理**

假定现有n支签, 其中有k支是好签. 让n个人不返回地依次抽取一支. 求第$m(1 \leqslant m \leqslant n)$个人抽到好签的概率.

解 设A_m表示事件"第m个人抽到好签", $m = 1, \ldots, n$. 于是显然有$P(A_1) = \dfrac{k}{n}$. 由全概率公式, 当$n \geqslant 2$ 时,

$$\begin{aligned} P(A_2) =& P(A_1)P(A_2|A_1) + P(\overline{A}_1)P(A_2|\overline{A}_1) \\ =& \frac{k}{n}\cdot\frac{k-1}{n-1} + \frac{n-k}{n}\cdot\frac{k}{n-1} = \frac{k}{n}; \end{aligned}$$

当$n \geqslant 3$时,

$$\begin{aligned} P(A_3) =& P(A_1A_2)P(A_3|A_1A_2) + P(\overline{A}_1A_2)P(A_3|\overline{A}_1A_2) \\ &+ P(A_1\overline{A}_2)P(A_3|A_1\overline{A}_2) + P(\overline{A}_1\overline{A}_2)P(A_3|\overline{A}_1\overline{A}_2) \\ =& \frac{k(k-1)}{n(n-1)}\cdot\frac{k-2}{n-2} + \frac{k(n-k)}{n(n-1)}\cdot\frac{k-1}{n-2} \\ &+ \frac{(n-k)k}{n(n-1)}\cdot\frac{k-1}{n-2} + \frac{(n-k)(n-k-1)}{n(n-1)}\cdot\frac{k}{n-2} = \frac{k}{n}. \end{aligned}$$

由此我们猜测$P(A_m) = k/n$, 接下来归纳证明之. 由全概率公式,

$$\begin{aligned} P(A_{m+1}) =& P(A_1)P(A_{m+1}|A_1) + P(\overline{A}_1)P(A_{m+1}|\overline{A}_1) \\ =& \frac{k}{n}\cdot\frac{k-1}{n-1} + \frac{n-k}{n}\cdot\frac{k}{n-1} = \frac{k}{n}, \end{aligned}$$

这里$P(A_{m+1}|A_1) = \dfrac{k-1}{n-1}$是因为在$A_1$发生后, $n-1$支签中有$k-1$支好签, 第$m+1$个人抽签实际是以此为初始状态的第m次抽取, 从而由归纳假设立得; $P(A_{m+1}|\overline{A}_1) = \dfrac{k}{n-1}$ 同理.

综上, 第$m(1 \leqslant m \leqslant n)$个人抽到好签的概率为$k/n$, 即与$m$ 的大小无关. $\square$

♠**注记1.4.18** 抽签原理与日常生活经验是一致的. 我们经常看到在一些体育赛事中采用抽签的方式来选择场地或出场次序, 这对参赛各方都是公平的.

▶**例1.4.19** 甲口袋有a只白球b只黑球, 乙口袋有n只白球m只黑球. 从甲口袋任取一球放入乙口袋, 然后从乙口袋中任取一球, 求从乙口袋中取出的是白球的概率.

解 设A表示事件“从甲口袋中取出的球是白球”, B表示事件“从乙口袋中取出的球是白球”, 则易知

$$P(A)=\frac{a}{a+b},\quad P(\overline{A})=\frac{b}{a+b},$$

$$P(B|A)=\frac{n+1}{m+n+1},\quad P(B|\overline{A})=\frac{n}{m+n+1},$$

所求概率为$P(B)$. 由全概率公式,

$$\begin{aligned}P(B)&=P(A)P(B|A)+P(\overline{A})P(B|\overline{A})\\&=\frac{a}{a+b}\cdot\frac{n+1}{m+n+1}+\frac{b}{a+b}\cdot\frac{n}{m+n+1}=\frac{(a+b)n+a}{(a+b)(m+n+1)}.\end{aligned}$$

□

▶**例1.4.20 敏感性问题的调查**

假设现在需要在某校发放问卷调查学生考试作弊的比例. 作弊对学生而言是不光彩的事情, 因此为获取更加真实的数据, 在调查问卷中, 给出两个问题: (1)你的生日在7月1日之前? (2)你是否曾经作弊过? 要求被调查者通过摸球决定回答哪个问题, 假设从装有a个白球和b个黑球的袋子中随机取一球, 若取得白球回答问题(1), 否则回答问题(2). 只有被调查者知道自己回答哪个问题, 且答卷只需填写“是”或“否”的答案. 假定现在收集到有效问卷n张, 回答“是”的问卷m张. 现在要求据此估计该校学生作弊的比例.

解 令A表示事件“答案为‘是’”, B表示事件“回答问题(2)”, 则由已知, 我们所要估计的是概率$p=P(A|B)$. 易知$P(B)=\dfrac{b}{a+b}$, $P(\overline{B})=\dfrac{a}{a+b}$. 一般认为, 生日在7月1日之前和在7月1日之后是等可能的, 故$P(A|\overline{B})=\dfrac{1}{2}$.

由概率的频率方法, A发生的概率$P(A)$可近似认为是$\dfrac{m}{n}$. 于是, 由全概率公式$P(A)=P(B)P(A|B)+P(\overline{B})P(A|\overline{B})$ 得

$$\frac{m}{n}=\frac{b}{a+b}\cdot p+\frac{a}{a+b}\cdot\frac{1}{2},$$

解得

$$p=\frac{2m(a+b)-na}{2nb}.$$

这样我们就估计出了该校学生作弊的比例. 譬如$a=40$, $b=60$, $n=1000$, $m=250$, 计算得到

$$p=\frac{2\cdot 250(40+60)-1000\cdot 40}{2\cdot 1000\cdot 60}=0.083,$$

即该校大约有8.3%的学生曾经作弊过. □

♠注记1.4.21　全概率公式的条件概率版本

设$B_1,\ldots,B_n$是样本空间Ω的一组分割, $A,C\in\mathcal{F}$且$P(B_kC)>0$, $k=1,2\ldots,n$, 则

$$P(A|C)=\sum_{k=1}^{n}P(B_k|C)P(A|B_kC).$$

证明 留给读者思考. □

由条件概率的定义、乘法公式和全概率公式, 我们可以得出

★定理1.4.22　贝叶斯(Bayes)公式

设$B_1,\ldots,B_n$是样本空间Ω的一组分割, 且$P(B_k)>0$, $k=1,2\ldots,n$, 又有$A\in\mathcal{F}$, 且$P(A)>0$, 则对每个$j=1,2\ldots,n$, 我们有

$$P(B_j|A)=\frac{P(B_j)P(A|B_j)}{\sum_{k=1}^{n}P(B_k)P(A|B_k)},\ j=1,2,\ldots,n.$$

证明 由乘法公式, $P(AB_j)=P(B_j)P(A|B_j)$; 由全概率公式, $P(A)=\sum\limits_{k=1}^{n}P(B_k)P(A|B_k)$. 故由条件概率的定义,

$$P(B_j|A)=\frac{P(AB_j)}{P(A)}=\frac{P(B_j)P(A|B_j)}{\sum_{k=1}^{n}P(B_k)P(A|B_k)},$$

对任意的$j=1,2,\ldots,n$都成立. □

♠注记1.4.23　$B_1,\ldots,B_n$可以看作是导致A发生的原因; 通常称$P(B_k)$为先验概率, $P(B_k|A)$是在事件A发生的条件下, 某个原因B_k发生的概率, 称为“后验概率”. 乘法公式是求“几个事件同时发生”的概率; 全概率公式是求“最后结果”的概率; 贝叶斯公式是已知“最后结果”, 求“原因”的概率. 因此贝叶斯公式又称“后验概率公式”或“逆概公式”.

►例1.4.24　某商品由三个厂家供应, 其供应量为: 甲厂家是乙厂家的2倍; 乙、丙两厂相等. 各厂产品的次品率为2%, 2%, 4%. 若从市场上随机抽取一件此种商品, 发现是次品, 求它是甲厂生产的概率?

解 设A表示事件“随机抽取的一件是次品”, B_1表示事件“随机抽取的一件是甲厂生产的”, B_2表示事件“随机抽取的一件是乙厂生产的”, B_3表示事件“随机抽取的一件是丙厂生产的”. 由题设, 易知$P(B_1)=1/2$, $P(B_2)=P(B_3)=1/4$, $P(A|B_1)=P(A|B_2)=2\%$, $P(A|B_3)=4\%$. 由贝叶斯公式, 所求的概率为

$$P(B_1|A)=\frac{P(B_1)P(A|B_1)}{\sum_{i=1}^{3}P(B_i)P(A|B_i)}=\frac{1/2\cdot 2\%}{1/2\cdot 2\%+1/4\cdot 2\%+1/4\cdot 4\%}=\frac{2}{5}.$$ □

►例1.4.25　一道选择题有m个备选答案, 只有1个是正确答案. 假定考生不知道正确答案时, 会等可能地从m个备选答案中选一个. 设某考生知道正确答案的概率为p, 求该考生答对该题的概率. 若已知该考生答对了该题, 求其确实知道正确答案的概率.

解 设A表示事件“考生答对了该题”, B表示事件“考生知道正确答案”. 由题设,

$$P(B)=p,\ P(\overline{B})=1-p,\ P(A|B)=1,\ P(A|\overline{B})=\frac{1}{m}.$$

由全概率公式知, 考生答对该题的概率为

$$P(A)=P(B)P(A|B)+P(\overline{B})P(A|\overline{B})=p\cdot 1+(1-p)\cdot\frac{1}{m}=\frac{1+(m-1)p}{m}.$$

若已知该考生答对了该题, 由贝叶斯公式, 其确实知道正确答案的概率为

$$P(B|A)=\frac{P(B)P(A|B)}{P(B)P(A|B)+P(\overline{B})P(A|\overline{B})}=\frac{p\cdot 1}{\frac{1+(m-1)p}{m}}=\frac{mp}{1+(m-1)p}.$$ □

♠注记1.4.26 贝叶斯公式的条件概率版本

设$B_1,\ldots,B_n$是样本空间Ω的一组分割, $A,C\in\mathcal{F}$, 且$P(AC)>0$, $P(B_kC)>0$, $k=1,2\ldots,n$, 则对每个$j=1,2\ldots,n$, 我们有

$$P(B_j|AC)=\frac{P(B_j|C)P(A|B_jC)}{\sum_{k=1}^{n}P(B_k|C)P(A|B_kC)},\ j=1,2,\ldots,n.$$

证明 留给读者思考. □

习题1.4

1. 设掷2颗骰子, 掷得的点数之和记为X, 已知X为奇数, 求$X<8$的概率.
2. 已知$P(A)=\frac{1}{4}$, $P(B|A)=\frac{1}{3}$, $P(A|B)=\frac{1}{2}$, 求概率$P(A\cup B)$.
3. 设$P(A)=P(B)=\frac{1}{3}$, $P(A|B)=\frac{1}{6}$, 求概率$P(\overline{A}|\overline{B})$.
4. 从装有r个红球和w个白球的盒子中不返回地取出两只, 求事件“第一只为红球, 第二只为白球”的概率.
5. 甲袋中装有2个白球和4个黑球, 乙袋中装有3个白球和2个黑球, 现随机地从乙袋中取出一球放入甲袋, 然后从甲袋中随机取出一球, 试求从甲袋中取得的球是白球的概率.
6. 已知12个乒乓球都是全新的. 每次比赛时随机取出3个, 用完再放回. 求第三次比赛时取出的3个球都是新球的概率.
7. 设有三张卡片, 第一张两面皆为红色, 第二张两面皆为黄色, 第三张一面是红色一面是黄色. 随机地选择一张卡片并随机地选择其中一面. 如果已知此面是红色, 求另一面也是红色的概率.
8. 设n只罐子的每一只中装有4个白球和6个黑球, 另有一只罐子中装有5个白球和5个黑球.从这$n+1$个罐子中随机地选择一只罐子, 从中任取两个球, 结果发现两个都是黑球. 已知在此条件下, 有5个白球和3个黑球留在选出的罐子中的条件概率是$\frac{1}{7}$, 求n 的值.
9. 有N把钥匙, 只有一把能开房门, 随机不放回地抽取钥匙开门, 求恰好第$n(n\leqslant N)$次打开房门的概率.

1.5 独立性

独立性是概率论中特有的概念, 无论是在理论上还是实际应用中都有着特别重要的地位.

1.5.1 两个事件的独立

设$(\Omega,\mathcal{F},P)$是给定的概率空间, $A,B\in\mathcal{F}$, 当$P(B)>0$时, 条件概率$P(A|B)$ 有意义. 一般来说, $P(A|B)\neq P(A)$, 即事件A发生的可能性受到了事件B发生的影响. 当$P(A|B)=P(A)$ 时, 我们称A,B独立. 但是这种定义需要条件$P(B)>0$成立. 为此, 由乘法公式, 我们有下面的定义:

♣定义1.5.1 两个事件间的相互独立

若$A,B\in\mathcal{F}$满足

$$P(AB)=P(A)P(B),$$

则称事件A与B**相互独立**, 简称A,B**独立**.

►例1.5.2 甲乙两射手独立地向同一目标射击一次, 其命中率分别为0.9 和0.8, 求目标被击中的概率.

解 设A表示事件"甲击中目标", B表示事件"乙击中目标", 于是事件A和B相互独立, $P(A)=0.9$, $P(B)=0.8$, 且$A\cup B=$"目标被击中". 由加法公式和A、B的独立性, 目标被击中的概率为

$$\begin{aligned}P(A\cup B)=&P(A)+P(B)-P(AB)=P(A)+P(B)-P(A)P(B)\\=&0.9+0.8-0.9\cdot 0.8=0.98.\end{aligned}$$

□

►例1.5.3 两名实习工人各自加工一零件, 加工为正品的概率分别为0.6和0.7, 假设两个零件是否加工为正品相互独立, 求这两个零件都是次品的概率.

解 设A表示事件"第一件是正品", B表示事件"第二件是正品", 于是事件A和B相互独立, $P(A)=0.6$, $P(B)=0.7$. 由A 与B的独立性和概率的性质知, 所求概率为

$$\begin{aligned}P(\bar{A}\bar{B})=&1-P(A\cup B)=1-[P(A)+P(B)-P(AB)]=1-P(A)-P(B)+P(A)P(B)\\=&1-0.6-0.7+0.6\cdot 0.7=0.12.\end{aligned}$$

□

♠注记1.5.4 如果事件A,B独立, 且$P(A)P(B)>0$, 则$P(A|B)=P(A)$和$P(B|A)=P(B)$成立, 即A和B的发生互不影响.

♠**注记1.5.5** 由独立性的定义和事件的单调性, 若事件A是零概率事件, 即$P(A)=0$, 则A与任何事件B都独立. 特别地, 不可能事件$\emptyset$与任何事件独立.

♠**注记1.5.6 0-1律** 若事件A与其自身独立, 则$P(A)=0$或1.

证明 由定义, $P(A\cap A)=P(A)\cdot P(A)$. 即$P(A)=P(A)^2$, 故$P(A)=0$或1. □

►**例1.5.7** 考虑掷一枚均匀的硬币两次的随机试验, 用A表示事件“第一次掷得的是正面”, B表示事件“第二次掷得的是反面”. 易知样本空间$\Omega=\{(H,H),(H,T),(T,H),(T,T)\}$, $A=\{(H,H),(H,T)\}$, $B=\{(H,T),(T,T)\}$, $AB=\{(H,T)\}$, 于是

$$P(A)=P(B)=\frac{1}{2},\ P(AB)=\frac{1}{4},\ P(AB)=P(A)P(B),$$

故A与B独立.

★**定理1.5.8** 下列表述相互等价:

(1)事件A与B独立.

(2)事件$\overline{A}$与B独立.

(3)事件A与$\overline{B}$独立.

(4)事件$\overline{A}$与$\overline{B}$独立.

证明 我们只证明(1) ⇒ (2)和(4) ⇒ (1). (3) ⇒ (4)可以仿(1) ⇒ (2)证得, 只需将B替换为$\overline{B}$. (2) ⇒ (3)可以仿(4) ⇒ (1)证得, 只需将$\overline{B}$替换为B.

<u>(1) ⇒ (2)</u> 由概率的性质和$P(AB)=P(A)P(B)$,

$$\begin{aligned}P(\overline{A}B)&=P(B-AB)=P(B)-P(AB)=P(B)-P(A)P(B)\\&=(1-P(A))P(B)=P(\overline{A})P(B).\end{aligned}$$

<u>(4) ⇒ (1)</u> 由概率的性质和$P(\overline{A}\,\overline{B})=P(\overline{A})P(\overline{B})$,

$$\begin{aligned}P(AB)&=P(\overline{\overline{A}\cup\overline{B}})=1-P(\overline{A}\cup\overline{B})\\&=1-\left[P(\overline{A})+P(\overline{B})-P(\overline{A}\,\overline{B})\right]=1-\left[P(\overline{A})+P(\overline{B})-P(\overline{A})P(\overline{B})\right]\\&=1-\{1-P(A)+1-P(B)-[1-P(A)]\,[1-P(B)]\}=P(A)P(B).\end{aligned}$$ □

♠**注记1.5.9** 不难验证, 在例1.5.7中, 定理1.5.8的结论成立.

♠**注记1.5.10** 若$P(A)=0$或1, 则A与任一事件都独立(证明留作习题).

♠**注记1.5.11** 设有随机事件A、B和C, 满足$P(BC)>0$. 事件A和B相互独立推不出$P(A|BC)=P(A|C)$.

证明 考虑如下的反例: 设样本空间$\Omega=\{1,2,3,4,5,6,7,8\}$, 每个样本点出现的可能性相等. 记$A=\{1,2,3,4\}$, $B=\{1,2,5,6\}$, $C=\{3,5,7\}$. 剩下的留给读者验证. □

♠注记1.5.12 设有随机事件A、B和C, 满足$P(C)>0$. 若$P(AB|C)=P(A|C)P(B|C)$, 称A和B在C发生时条件独立. 显然, 若$P(BC)>0$, A 和B在C发生时条件独立, 则有$P(A|BC)=P(A|C)$.

1.5.2 多个事件的独立

♣**定义1.5.13 多个事件间的相互独立**

称$n(\geqslant 2)$个事件$A_1,A_2,\ldots,A_n\in\mathcal{F}$ **相互独立**, 若对任意的整数$m:2\leqslant m\leqslant n$及任意的$1\leqslant i_1<\cdots<i_m\leqslant n$,

$$P(A_{i_1}\cap\cdots\cap A_{i_m})=P(A_{i_1})\ldots P(A_{i_m})$$

都成立.

♣**定义1.5.14 两两独立**

称$n(\geqslant 2)$个事件$A_1,A_2,\ldots,A_n\in\mathcal{F}$ **两两独立**, 若对任意的$1\leqslant i<j\leqslant n$,

$$P(A_iA_j)=P(A_i)\cdot P(A_j)$$

都成立, 即任意两个不同的事件同时发生的概率等于各自发生的概率的乘积.

♣**定义1.5.15 三三独立**

称$n(\geqslant 3)$个事件$A_1,A_2,\ldots,A_n\in\mathcal{F}$ **三三独立**, 若对任意的$1\leqslant i<j<k\leqslant n$,

$$P(A_iA_jA_k)=P(A_i)\cdot P(A_j)\cdot P(A_k)$$

都成立, 即任意三个互异的事件同时发生的概率等于各自发生的概率的乘积.

类似地, 对于足够多的事件, 我们可以定义n个事件的四四独立, $\ldots$, nn独立.

♠注记1.5.16 $n(\geqslant 2)$个事件$A_1,A_2,\ldots,A_n\in\mathcal{F}$相互独立当且仅当这$n$个事件两两独立, 三三独立, $\ldots$, nn独立.

♠注记1.5.17 $n(\geqslant 2)$个事件$A_1,A_2,\ldots,A_n\in\mathcal{F}$相互独立当且仅当对任意的整数$m:2\leqslant m\leqslant n$, 其中的任意$m$个互异的事件都相互独立.

特别地,

♣**定义1.5.18 三个事件间的相互独立**

称事件A、B和C**相互独立**, 简称A、B和C**独立**, 如果它们两两独立和三三独立, 即满足

$$P(AB)=P(A)P(B),\ P(AC)=P(A)P(C),\ P(BC)=P(B)P(C)$$

和

$$P(ABC)=P(A)P(B)P(C).$$

▶**例1.5.19** 设样本空间$\Omega=\{1,2,3,4,5,6,7,8\}$, 每个样本点出现的可能性相等. 记$A=\{1,2,3,4\}$, $B=\{1,2,5,6\}$, $C=\{1,3,5,7\}$. 于是$AB=\{1,2\}$, $AC=\{1,3\}$,

$BC=\{1,5\}$, $ABC=\{1\}$. 故

$$P(A)=P(B)=P(C)=\frac{1}{2},\quad P(AB)=P(AC)=P(BC)=\frac{1}{4},\quad P(ABC)=\frac{1}{8},$$

从而事件A、B和C 相互独立.

♠**注记1.5.20**　若事件A、B和C 相互独立, 则$A\cup B$与C独立, $A\cap B$与C独立, $A-B$与C独立. 注意此处相互独立不能替换为两两独立.

♠**注记1.5.21**　两两独立未必三三独立, 三三独立未必两两独立.

►**例1.5.22**　考虑掷一枚均匀的硬币两次的随机试验, 用A表示事件“第一次掷得的是正面”, B表示事件“第二次掷得的是正面”, C表示事件“两次掷得的结果是相同的”. 易知样本空间$\Omega=\{(H,H),(H,T),(T,H),(T,T)\}$, $A=\{(H,H),(H,T)\}$, $B=\{(H,H),(T,H)\}$, $C=\{(H,H),(T,T)\}$, $AB=AC=BC=ABC=\{(H,H)\}$, $A\cup B=\{(H,H),(H,T),(T,H)\}$, $(A\cup B)C=\{(H,H)\}$, $A\backslash B=\{(H,T)\}$. 于是

$$P(A)=P(B)=P(C)=\frac{1}{2},\quad P(A\cup B)=\frac{3}{4},\quad P(A\backslash B)=\frac{1}{4}$$

且

$$P(AB)=P(AC)=P(BC)=P(ABC)=P((A\cup B)C)=\frac{1}{4}.$$

故事件A、B和C两两独立, 但非三三独立. 尽管A与B独立, B 与C 独立, 但$A\cup B$与C不独立, $A\cap B$ 与C不独立, $A\backslash B$与C 不独立.

►**例1.5.23**　设样本空间$\Omega=\{1,2,3,4,5,6,7,8\}$, 每个样本点出现的可能性相等. 记$A=\{1,2,3,4\}$, $B=\{1,5,6,7\}$, $C=\{1,6,7,8\}$. 于是$AB=AC=ABC=\{1\}$, $BC=\{1,6,7\}$. 故

$$P(A)=P(B)=P(C)=\frac{1}{2},\quad P(BC)=\frac{3}{8};\quad P(AB)=P(AC)=P(ABC)=\frac{1}{8},$$

从而事件A、B和C三三独立, 但不两两独立.

相互独立时, 多个事件的加法公式即庞加莱(Poincaré)公式有着简单的表现形式:

★**定理1.5.24**　若事件$A_1,\ldots,A_n(n\geqslant 2)$相互独立, 则

$$P\left(\bigcup_{k=1}^{n}A_k\right)=1-\prod_{k=1}^{n}(1-P(A_k)).$$

证明　因为$A_1,\ldots,A_n$相互独立, 不难推出$\overline{A}_1,\ldots,\overline{A}_n$也相互独立, 于是

$$\begin{aligned}P\left(\bigcup_{k=1}^{n}A_k\right)&=1-P\left(\overline{\bigcup_{k=1}^{n}A_k}\right)=1-P\left(\bigcap_{k=1}^{n}\overline{A}_k\right)\\&=1-\prod_{k=1}^{n}P(\overline{A}_k)=1-\prod_{k=1}^{n}(1-P(A_k)).\end{aligned}$$

□

1.5.3 试验的独立

有些时候, 我们可能需要研究来自不同随机试验的随机事件. 我们有下面的定义.

♣**定义1.5.25** 若试验E_1的任一结果与试验E_2的任一结果都是相互独立的事件, 则称这两个试验相互独立, 或称独立试验.

♣**定义1.5.26** 若某种试验只有两个结果(例如: 成功、失败; 黑球、白球; 正面、反面), 则称这个试验为**贝努里(Bernoulli)试验**.

▶**例1.5.27** 掷一枚均匀的硬币观察"正面朝上"或"反面朝上"的试验; 抛一颗骰子观察"出现的点数是偶数还是奇数"的试验, 都是贝努里试验.

♠**注记1.5.28** 在贝努里试验中，一般记"成功"的概率为p; n重贝努里试验, 即n次独立重复的贝努里试验.

♠**注记1.5.29** 由定理1.5.24知, 若$A_1, \ldots, A_n$相互独立, 且发生的概率相同皆为$\delta : 0 < \delta < 1$, 则$A_1, \ldots, A_n$至少有一个发生的概率随着n的增大趋向于1. 特别地, 虽然在一次试验中事件A是小概率事件(即$P(A)$非常小但是大于0), 然而只要试验次数足够多, 事件A几乎必然发生.

习题1.5

1. 两个随机事件的相互独立和互不相容有何区别?
2. 若$P(A) = 0$或1, 证明A与任一事件都独立.
3. 证明当$P(B) > 0$时, 事件A与B独立的充要条件是$P(A|B) = P(A)$.
4. 10件产品中有3件不合格品, 现从中随机抽取2件, A_1表示事件"第一件是不合格品", A_2 表示事件"第二件是不合格品". 问:
   (1)若抽取是有返回的, A_1与A_2是否独立?
   (2)若抽取是不返回的, A_1与A_2是否独立?
5. 制作某个产品有两个关键工序, 第一道和第二道工序的不合格品的概率分别为3%和5%, 假定两道工序互不影响, 试问该产品为不合格品的概率.
6. 三人独立地对同一目标进行射击, 各人击中的概率分别为0.7, 0.8, 0.6. 求目标被击中的概率.
7. 甲乙丙三个同学同时独立参加考试, 不及格的概率分别为: 0.2, 0.3, 0.4,
   (1) 求恰有2位同学不及格的概率;
   (2) 若已知3位同学中有2位不及格,求其中1位是同学乙的概率.
8. 一袋中有10个球, 3个黑球7个白球, 每次有返回地从中随机取出一球. 若共取10次, 求10 次中能取到黑球的概率及10次中恰好取到3次黑球的概率.

*1.6 补充

本节我们首先补充给出利用古典方法计算概率所需的排列组合知识, 再给出概率的连续性定理.

1.6.1 排列组合

排列组合知识在中学数学中已经学过, 这里我们主要从应用古典方法计算概率的角度, 对排列组合知识进行简单的回顾. 我们借助两个模型来说明. 首先来看袋子模型.

1. 袋子模型

设袋子中装有标号为$1,2,\ldots,n$的n个球, 从中按照以下方式任取r个球, 分别计算每种情形下可能的样本点总数.

(1) 取球有放回, 讲究取球的次序;

(2) 取球不放回, 讲究取球的次序;

(3) 取球不放回, 不讲究取球的次序;

(4) 取球有放回, 不讲究取球的次序.

易知, 对应于四种情形的样本空间可以表述为

(1) $\Omega_1=\{(i_1,\ldots,i_r):1\leqslant i_j\leqslant n, j=1,\ldots,n\}$;

(2) $\Omega_2=\{(i_1,\ldots,i_r):1\leqslant i_j\leqslant n, j=1,\ldots,n,$ 且i_j互异$\}$;

(3) $\Omega_3=\big\{\{i_1,\ldots,i_r\}:1\leqslant i_j\leqslant n, j=1,\ldots,n\big\}$, 这里每个样本点都是一个集合, 由集合元素的互异性知, i_j是互异的;

(4) $\Omega_4=\{(x_1,\ldots,x_n):\sum_{k=1}^n x_k=r, x_k$都取非负整数$\}$, 这里$x_k$表示标号为$k$的球被取到的次数.

由排列组合的加法原理和乘法原理知, 计算上述四个样本空间所含的样本点数分别对应于

(1) **重复排列** $|\Omega_1|=n^r$;

(2) **选排列** $|\Omega_2|=P_n^r=\dfrac{n!}{(n-r)!}=n(n-1)\cdots(n-r+1)$;

(3) **组合** $|\Omega_3|=C_n^r=\dfrac{P_n^r}{r!}=\dfrac{n!}{r!(n-r)!}$;

(4) **重复组合** $|\Omega_4|=C_{n+r-1}^r=\dfrac{(n+r-1)!}{r!(n-1)!}$.

2. 占位模型

考虑将r个球放到标号为$1,\ldots,n$的n 个盒子中, 分别计算每种情形下可能的样本点总数.

(1) 球有区别, 每盒所装球数不限;

(2) 球有区别, 每盒至多装一球;

(3) 球无区别, 每盒至多装一球;

(4) 球无区别, 每盒所装球数不限.

表1-4 常见的排列组合模型

名称	袋子模型	占位模型	可能结果数
重复排列	有放回, 讲究次序	球有区别, 盒子不限制球数	n^r
选排列	不放回, 讲究次序	球有区别, 每盒至多一球	P_n^r
组合	不放回, 不讲次序	球无区别, 每盒至多一球	C_n^r
重复组合	有放回, 不讲次序	球无区别, 盒子不限制球数	C_{n+r-1}^r

因为袋子模型中“取到标号为i的球”对应于占位模型中“标号为i的盒子被占用”, 故占位模型与袋子模型是等价的, 只是同一问题的不同描述而已. 我们把这两个模型相对应的情形及可能样本点数列表如表1-4所示.

▶**例1.6.1　抽签原理**

设有n支签, 其中k支是好签, n个人依次不返回地随机抽取一支. 求第$m(1 \leqslant m \leqslant n)$ 个人抽到好签的概率.

解 前面我们已经利用全概率公式给出了解答(见例1.4.17), 这里我们利用占位模型和古典方法来计算概率.

n个人依次抽签可视为将n支不同的签放到n 个格子中, 每格一支. 这是全排列问题, 故$|\Omega| = n!$. 设A_m表示事件“第m个人抽到好签”, $m = 1, \ldots, n$. 事件A_m发生, 等价于第m个格子可以放k支好签中的任一支, 因而有k 种放法; 接着将剩下的$n-1$支不同的签放到$n-1$个格子中, 每格一支, 有$(n-1)!$ 种放法. 于是由乘法原理, $|A_m| = k \cdot (n-1)!$. 故

$$P(A_m) = \frac{k \cdot (n-1)!}{n!} = \frac{k}{n}.$$ □

1.6.2　概率的连续性

概率的性质表明, 概率具有有限可加性: 若$A_1, \ldots, A_n \in \mathcal{F}$, 且对任意的$i \neq j$, $A_iA_j = \emptyset$, 则

$$P\left(\sum_{k=1}^{n} A_k\right) = \sum_{k=1}^{n} P(A_k).$$

即有限个互不相容的事件的和发生的概率等于这有限个事件发生的概率的和. 但是我们不能在概率的定义中将可列可加性公理替换为有限可加性性质, 因为对于满足非负性和正则性公理的集函数, 有限可加性不能推出可列可加性.

▶**例1.6.2**　设$\Omega = [0,1] \cap \mathbb{Q}$, 即$\Omega$是$[0,1]$中的全体有理数构成的集合. 定义

$$\mathcal{C} = \{A_{a,b} : A_{a,b} = [a,b] \cap \Omega, \text{其中} 0 \leqslant a \leqslant b \leqslant 1, a, b \in \Omega\},$$

$\mathcal{F}$是包含$\mathcal{C}$的最小事件域. 定义$\mathcal{F}$上的集函数, 满足$\mu(A_{a,b}) = b - a$.

易知μ满足有限可加性但不满足可列可加性. 事实上, 既然Ω是可列集, 记$\Omega = \{r_1, r_2, \ldots\}$, $A_n = \{r_n\}$, 则$\mu\left(\sum\limits_{n=1}^{\infty} A_n\right) = \mu(\Omega) = 1$, 但$\mu(A_n) = \mu(\{r_n\}) = 0$, 因而不满足可列可加性.

为讨论有限可加性和可列可加性之间的关系, 我们需要定义

♣**定义1.6.3** 设$\{A_n, n \geqslant 1\}$是$\mathcal{F}$中的事件列,

(1) 若$A_1 \subset A_2 \subset \cdots \subset A_n \subset \ldots$, 即$\{A_n, n \geqslant 1\}$是单调不减的, 记$\lim\limits_{n\to\infty} A_n = \bigcup\limits_{n=1}^{\infty} A_n$;

(2) 若$A_1 \supset A_2 \supset \cdots \supset A_n \supset \ldots$, 即$\{A_n, n \geqslant 1\}$是单调不增的, 记$\lim\limits_{n\to\infty} A_n = \bigcap\limits_{n=1}^{\infty} A_n$.

称$\lim\limits_{n\to\infty} A_n$为事件列$\{A_n, n \geqslant 1\}$的**极限事件**.

♣**定义1.6.4** 称定义在$\mathcal{F}$上的集函数$\mu(\cdot)$ 是

(1)**下连续的**, 若对单调不减的事件列$\{A_n, n \geqslant 1\}$满足$\mu\left(\lim\limits_{n\to\infty} A_n\right) = \lim\limits_{n\to\infty} \mu(A_n)$;

(2)**上连续的**, 若对单调不增的事件列$\{A_n, n \geqslant 1\}$满足$\mu\left(\lim\limits_{n\to\infty} A_n\right) = \lim\limits_{n\to\infty} \mu(A_n)$.

★**定理1.6.5 概率的连续性**

设P是定义在$\mathcal{F}$上的概率, 即是满足非负性、正则性和可列可加性三条公理的集函数, 则P是下连续的和上连续的.

证明 先证下连续性. 设$A_1 \subset A_2 \subset \cdots \subset A_n \subset \ldots$, 记$B_1 = A_1$, $B_n = A_n \backslash A_{n-1}$, $n = 2, 3, \ldots$, 则$\{B_n, n \geqslant 1\}$是$\mathcal{F}$ 中的互不相容的事件列, 且

$$\lim_{n\to\infty} A_n = \bigcup_{n=1}^{\infty} A_n = \sum_{n=1}^{\infty} B_n, \qquad \bigcup_{k=1}^{n} A_k = \sum_{k=1}^{n} B_k, n \geqslant 1.$$

于是, 由概率的定义及性质知,

$$\begin{aligned} P\left(\lim_{n\to\infty} A_n\right) &= P\left(\sum_{n=1}^{\infty} B_n\right) = \sum_{n=1}^{\infty} P(B_n) \\ &= \lim_{n\to\infty} \sum_{k=1}^{n} P(B_k) = \lim_{n\to\infty} P\left(\sum_{k=1}^{n} B_k\right) = \lim_{n\to\infty} P(A_n), \end{aligned}$$

其中第二个等号是因为概率的可列可加性, 第三个等号是将无穷可列项求和写为部分和的极限, 第四个等号是因为概率的有限可加性.

再证上连续性. 设$A_1 \supset A_2 \supset \cdots \supset A_n \supset \ldots$, 则$\overline{A}_1 \subset \overline{A}_2 \subset \cdots \subset \overline{A}_n \subset \ldots$. 于是, 对事件列$\{\overline{A}_n, n \geqslant 1\}$应用概率的下连续性,

$$\begin{aligned} P\left(\lim_{n\to\infty} A_n\right) &= P\left(\bigcap_{n=1}^{\infty} A_n\right) = 1 - P\left(\bigcup_{n=1}^{\infty} \overline{A}_n\right) \\ &= 1 - \lim_{n\to\infty} P\left(\overline{A}_n\right) = 1 - \lim_{n\to\infty} (1 - P(A_n)) = \lim_{n\to\infty} P(A_n), \end{aligned}$$

其中第二个等号应用了对偶公式和概率的对立事件公式, 第三个等号应用了概率的下连续

性, 第四个等号也是应用了概率的对立事件公式. □

★定理1.6.6 若$\mu(\cdot)$是定义在$\mathcal{F}$上的非负集函数, 且$\mu(\Omega)=1$, 则μ满足可列可加性当且仅当μ满足有限可加性和下连续性.

证明 必要性可仿照概率P的有限可加性和下连续性的证明立得. 只需证明充分性. 设$\{A_n, n\geqslant 1\}$是$\mathcal{F}$中的互不相容的事件列, 下证

$$\mu\left(\sum_{n=1}^{\infty} A_n\right)=\sum_{n=1}^{\infty}\mu(A_n).$$

事实上, 记$B_n=\sum_{k=1}^{n} A_k$, $n\geqslant 1$, 则容易验证$\{B_n, n\geqslant 1\}$是$\mathcal{F}$中的单调不减的事件列, 且$\sum\limits_{n=1}^{\infty} A_n=\bigcup\limits_{n=1}^{\infty} B_n$. 于是

$$\begin{aligned}\mu\left(\sum_{n=1}^{\infty} A_n\right)&=\mu\left(\bigcup_{n=1}^{\infty} B_n\right)=\lim_{n\to\infty}\mu(B_n)\\&=\lim_{n\to\infty}\mu\left(\sum_{k=1}^{n} A_k\right)=\lim_{n\to\infty}\sum_{k=1}^{n}\mu(A_k)=\sum_{n=1}^{\infty}\mu(A_n),\end{aligned}$$

其中第二个等号利用了μ的下连续性, 第四个等号利用了μ的有限可加性. □

♠注记1.6.7 概率P的等价定义

设P是定义在$\mathcal{F}$上的集函数, 称P是**概率测度或概率**, 若其满足

(1) **非负性公理** 对任意的$A\in\mathcal{F}$, $P(A)\geqslant 0$;

(2) **正则性公理** $P(\Omega)=1$;

(3) **有限可加性公理** 若$A_1,\ldots,A_n\in\mathcal{F}$, 且对任意的$i\neq j$, $A_iA_j=\emptyset$, 则

$$P\left(\sum_{k=1}^{n} A_k\right)=\sum_{k=1}^{n} P(A_k);$$

(4) **下连续性公理** 若$\{A_n, n\geqslant 1\}$是$\mathcal{F}$中的事件列, 则

$$P\left(\lim_{n\to\infty} A_n\right)=\lim_{n\to\infty} P(A_n).$$

第二章　一维随机变量

本章我们将要研究随机变量, 它是定义在样本空间上的实值函数, 随机变量反映了样本点的某种数量指标. 我们可以借助随机变量来刻画随机事件, 使得我们可以使用经典分析工具去研究概率论. 本章仅研究一维随机变量及其分布.

2.1　随机变量的定义及其分布

上一章中我们所研究的随机现象的试验结果称之为样本点ω. 通常, 一个随机试验的样本点可以是数量指标, 譬如观察掷一颗骰子出现的点数; 记录某购物广场一天内光顾的顾客数和某种品牌型号的手机寿命等试验的结果都与一个数量相联系. 但并非所有随机试验的样本点都涉及数字, 譬如抛一枚硬币, 正面向上或反面向上的基本结果都与数量无关, 这就给进一步进行数理研究带来了麻烦. 为此, 我们在概率空间$(\Omega,\mathcal{F},P)$中引入了随机变量.

2.1.1　随机变量

♣**定义2.1.1**　设$(\Omega,\mathcal{F},P)$为某随机现象的概率空间, 称定义在Ω上的实值函数$X=X(\omega)$为**随机变量**(简记为$r.v.$), 如果对任意的实数x, $\{\omega\in\Omega:X(\omega)\leqslant x\}\in\mathcal{F}$.

▶**例2.1.2**　设$(\Omega,\mathcal{F},P)$是给定的概率空间, c是给定的实数. 对任意的$\omega\in\Omega$, 定义$X(\omega)=c$, 则X是一个(常数值)随机变量, 这是因为对任意的实数x,

$$\{\omega\in\Omega:X(\omega)\leqslant x\}=\begin{cases}\emptyset, & x<c,\\ \Omega, & x\geqslant c\end{cases}\in\mathcal{F}.$$

▶**例2.1.3**　抛掷一枚均匀的硬币, $\Omega=\{H,T\}$, $\mathcal{F}=\{\Omega,\emptyset,\{H\},\{T\}\}$. 定义

$$X(\omega)=\begin{cases}1, & 若\omega=H;\\ 0, & 若\omega=T.\end{cases}$$

则由$\{\omega \in \Omega : X(\omega) \leqslant x\} = \begin{cases} \emptyset, & x < 0, \\ \{T\}, & 0 \leqslant x < 1, \\ \Omega, & x \geqslant 1 \end{cases} \in \mathcal{F}$ 知X亦为随机变量. 称只有两个取值的随机变量为**Bernoulli**随机变量.

▶**例2.1.4** 设$(\Omega, \mathcal{F}, P)$是给定的概率空间, $A \in \mathcal{F}$. 定义

$$1_A(\omega) = \begin{cases} 1, & 若\omega \in A; \\ 0, & 若\omega \in \overline{A}. \end{cases}$$

则1_A是一个Bernoulli随机变量(通常称1_A为事件A的示性函数). 注意到$A = \{\omega \in \Omega : 1_A(\omega) = 1\}$, 故**任一随机事件都可以用随机变量来刻画.**

♠**注记2.1.5** 由随机变量的定义, 我们立知

(1) 随机变量是函数, 定义域为Ω, 值域为$(-\infty, \infty)$;

(2) 对于任意的实数k, a和b, $\{X = k\} = \{\omega \in \Omega : X(\omega) = k\}$ 和$\{a < X \leqslant b\} = \{\omega \in \Omega : a < X(\omega) \leqslant b\}$为随机事件;

(3) $\{X = k\} = \{X \leqslant k\} - \{X < k\}$, $\{a < X \leqslant b\} = \{X \leqslant b\} - \{X \leqslant a\}$, $\{X \leqslant a\} = \Omega - \{X > a\}, \ldots$

(4) 同一样本空间可以定义不同的随机变量.

▶**例2.1.6** 掷硬币$\Omega = \{H, T\}$, $\mathcal{F} = \{\Omega, \emptyset, \{H\}, \{T\}\}$, 则$Y(\omega) = \begin{cases} 0, & 若\omega = H, \\ 1, & 若\omega = T. \end{cases}$ 也是一个随机变量.

▶**例2.1.7** 设$\Omega = \{a, b, c\}$为样本空间, $\mathcal{F} = \{\Omega, \emptyset, \{b\}, \{a, c\}\}$为事件域. 定义

$$X(\omega) = \begin{cases} 0, & 若\omega = a, \\ 1, & 若\omega = b, \\ 2, & 若\omega = c. \end{cases}$$

因为$\{X \leqslant 0\} = \{a\} \notin \mathcal{F}$, 故$X$不是随机变量.

♠**注记2.1.8** 特别地, 若事件域$\mathcal{F} = 2^{\Omega}$(即为Ω的幂集, $2^{\Omega} = \{A : A \subset \Omega\}$), 则定义在$\Omega$上的任意实值函数都是随机变量.

2.1.2 分布函数

尽管随机变量取值为实数, 但其定义域是样本空间, 可以是很抽象的集合. 故对于随机变量仍不便于进行数学上的处理. 为此我们引入分布函数的概念.

♣**定义2.1.9**　设X为随机变量, 对任意的实数x, 称函数$F(x) = P(X \leqslant x)$为X的**累积分布函数**, 简称为**分布函数**(简记为$d.f.$).

♠**注记2.1.10**　分布函数F是$\mathbb{R} \longrightarrow [0,1]$的映射.

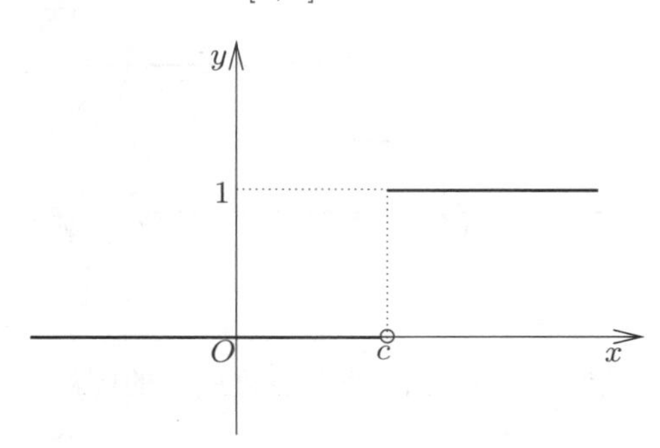

图2-1　退化分布函数$F(x)$的图像

►**例2.1.11**　设$(\Omega, \mathcal{F}, P)$是给定的概率空间, c是给定的实数. 随机变量

$$X(\omega) = c, \quad \omega \in \Omega.$$

的分布函数为

$$F(x) = P(X \leqslant x) = \begin{cases} 0, & x < c; \\ 1, & c \leqslant x. \end{cases}$$

如图2-1所示. 这里, 我们称F为一个**退化分布**(函数).

►**例2.1.12**　抛掷一枚均匀的硬币, $\Omega = \{H, T\}$, $\mathcal{F} = \{\Omega, \emptyset, \{H\}, \{T\}\}$, 定义概率$P$满足$P(\{H\}) = 1/2$. 对于Bernoulli随机变量

$$X(\omega) = \begin{cases} 1, & \text{若}\omega = H; \\ 0, & \text{若}\omega = T. \end{cases}$$

及任意的实数x,

$$\{X \leqslant x\} = \begin{cases} \emptyset, & x < 0; \\ \{T\}, & 0 \leqslant x < 1; \\ \Omega, & 1 \leqslant x. \end{cases}$$

于是, X的分布函数为

$$F(x) = P(X \leqslant x) = \begin{cases} 0, & x < 0; \\ 1/2, & 0 \leqslant x < 1; \\ 1, & 1 \leqslant x. \end{cases}$$

如图2-2所示.

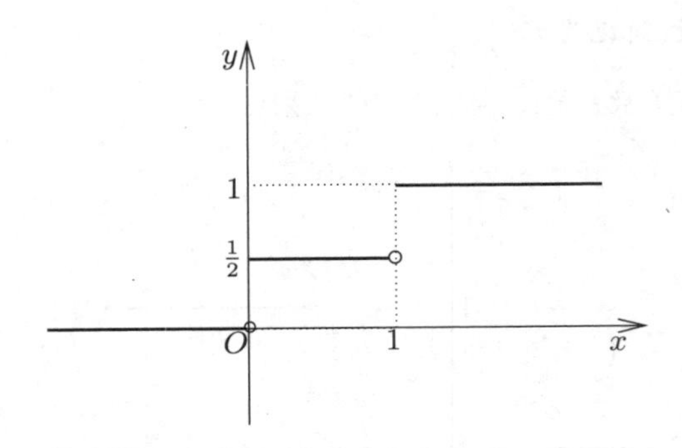

图2-2 Bernoulli分布函数$F(x)$的图像

▶例2.1.13 抛掷一枚均匀的硬币, $\Omega=\{H,T\}$, $\mathcal{F}=\{\Omega,\emptyset,\{H\},\{T\}\}$, 定义概率$P$满足$P(\{H\})=1/2$. 对于随机变量

$$Y(\omega)=\begin{cases}1, & 若\omega=T;\\ 0, & 若\omega=H.\end{cases}$$

及任意的实数y,

$$\{Y\leqslant y\}=\begin{cases}\emptyset, & y<0;\\ \{H\}, & 0\leqslant y<1;\\ \Omega, & 1\leqslant y.\end{cases}$$

于是, Y的分布函数为

$$F(y)=P(Y\leqslant y)=\begin{cases}0, & y<0;\\ 1/2, & 0\leqslant y<1;\\ 1, & 1\leqslant y.\end{cases}$$

♠注记2.1.14 同一概率空间中, 不同的随机变量可以有相同的分布函数.

★定理2.1.15 分布函数的性质

设$F(x)$是某随机变量X的分布函数, 则$F(x)$ 具有以下性质:

(1) **单调性**: 若$x<y$, 则$F(x)\leqslant F(y)$.

(2) **有界性**: 对任意的实数x, $0\leqslant F(x)\leqslant 1$, $F(+\infty)=1$, $F(-\infty)=0$, 其中$F(+\infty)\triangleq\lim\limits_{x\to+\infty}F(x)$, $F(-\infty)\triangleq\lim\limits_{x\to-\infty}F(x)$.

(3) **右连续性**: 对任意的实数x, $F(x+0)=F(x)$, 其中$F(x+0)\triangleq\lim\limits_{y\to x+}F(y)$.

证明 见本章§6. □

利用分布函数的性质, 我们可以求一些待定参数, 如

►例2.1.16 已知随机变量X的分布函数为

$$F(x)=\begin{cases}A+Be^{-\frac{x^2}{2}}, & x>0;\\ 0, & x\leqslant 0.\end{cases}$$

求常数A和B.

解 由$F(0)=0$和$F(x)$在0点处的右连续性知, $A+B=0$; 又由$F(+\infty)=1$知$A=1$, 故$B=-1$. □

★定理2.1.17 设F是随机变量X的分布函数, 则

(1) $P(X>x)=1-F(x)$;

(2) $P(X<x)=F(x-0)\triangleq\lim\limits_{y\to x-}F(y)$;

(3) $P(X=x)=F(x)-F(x-0)$;

(4) $P(X\geqslant x)=1-F(x-0)$;

(5) $P(a<X\leqslant b)=F(b)-F(a)$;

(6) $P(a<X<b)=F(b-0)-F(a)$;

(7) $P(a\leqslant X<b)=F(b-0)-F(a-0)$;

(8) $P(a\leqslant X\leqslant b)=F(b)-F(a-0)$.

证明 只需证明(2). 由F的单调性知, 对任意的$x\in\mathbb{R}$, $F(x-0)$存在. 于是,

$$F(x-0)=\lim_{n\to\infty}F\left(x-\frac{1}{n}\right).$$

设$x\in\mathbb{R}$, 记$A_1=\{X\leqslant x-1\}$,

$$A_n=\left\{x-\frac{1}{n-1}<X\leqslant x-\frac{1}{n}\right\},\quad n=2,3,\dots$$

容易证明, $\{A_n,n\geqslant 1\}$是互不相容的事件列, $\{X<x\}=\sum\limits_{n=1}^{\infty}A_n$, 且

$$P(A_1)=F(x-1),\quad P(A_n)=F\left(x-\frac{1}{n}\right)-F\left(x-\frac{1}{n-1}\right),\quad n=2,3,\dots$$

于是由概率的可列可加性,

$$\begin{aligned}P(X<x)=&P\left(\sum_{n=1}^{\infty}A_n\right)=\sum_{n=1}^{\infty}P(A_n)=\lim_{n\to\infty}\sum_{k=1}^{n}P(A_k)\\ &=\lim_{n\to\infty}\left\{F(x-1)+\sum_{k=2}^{n}\left[F\left(x-\frac{1}{k}\right)-F\left(x-\frac{1}{k-1}\right)\right]\right\}\\ &=\lim_{n\to\infty}F\left(x-\frac{1}{n}\right)=F(x-0).\end{aligned}$$

□

♠注记2.1.18 分布函数与随机变量的关系

在给定的概率空间$(\Omega,\mathcal{F},P)$中，如果随机变量X已经有了定义，则就会有与X相对应的分布函数$F(x)$. 反之，若一个定义在$(-\infty,\infty)$上的实函数F满足上述三条性质，可以证明存在一个随机变量X，使得F是X的分布函数(证明已经超出了本书的范围，有兴趣的读者可以参阅Durrett[10]). 前面的例子已经说明，不同的随机变量可以有相同的分布函数.

习题2.1

1. 设随机变量X的分布函数为$F(x)$，用$F(x)$表示下列事件发生的概率:

$$\{X<1\},\quad \{|X-1|\leqslant 2\},\quad \{X^2>3\},\quad \{\sqrt{1+X}\geqslant 2\}.$$

2. 设随机变量X的分布函数为

$$F(x)=\begin{cases}0, & x<0;\\ \dfrac{x}{2}, & 0\leqslant x<1;\\ \dfrac{2}{3}, & 1\leqslant x<2;\\ \dfrac{11}{12}, & 2\leqslant x<3;\\ 1, & x\geqslant 3.\end{cases}$$

求概率

$$(1)P(X<3);\quad (2)P(1\leqslant X<3);\quad (3)P(X>1/2);\quad (4)P(X=3).$$

3. 设随机变量X的分布函数为$F_X(x)$，分别求随机变量

$$X^+=\max(X,0),\qquad X^-=-\min(X,0),\qquad |X|,\qquad aX+b(a,b\text{为常数})$$

的分布函数.

4. 设随机变量X等可能地取值0和1，求X的分布函数.

5. 判断函数$F(x)=1-e^{-e^x}$是否为分布函数.

6. 设X是概率空间$(\Omega,\mathcal{F},P)$中的随机变量，定义$G(x)=P(X<x)$，证明函数$G(x)$满足

   (1) 单调性: 若$x<y$，则$G(x)\leqslant G(y)$.

   (2) 有界性: 对任意的实数x，$0\leqslant G(x)\leqslant 1$，$G(+\infty)\triangleq \lim\limits_{x\to+\infty}G(x)=1$，$G(-\infty)\triangleq \lim\limits_{x\to-\infty}G(x)=0$.

   (3) 左连续性: 对任意的实数x，$G(x-0)\triangleq \lim\limits_{y\to x-}G(y)=G(x)$.

7. 设$F(x)$和$G(x)$都是分布函数，证明对任意的实数$a:0\leqslant a\leqslant 1$，$aF(x)+(1-a)G(x)$也是分布函数.

8. 设$F(x)$是分布函数，k是正整数，证明函数$(F(x))^k$，$1-(1-F(x))^k$，$e(F(x)-1)+e^{1-F(x)}$(这里e是自然常数，下同)都是分布函数.

2.2　离散型随机变量

有一类随机变量, 其取值仅可能为有限个或可列个, 这类随机变量就是这一节将要介绍的离散型随机变量.

♣**定义2.2.1**　设随机变量X的可能取值为有限个或可列个, 记为$x_1, x_2, \ldots$, 则称X是**离散型随机变量**或X具有**离散型分布**, 并称

$$p_k = P(X = x_k), \quad k = 1, 2 \ldots$$

为X的**分布列**或**概率函数**(简记为$p.f.$).

♠**注记2.2.2**　分布列通常可以用表格来表示:

X	x_1	x_2	$\ldots$	x_n	$\ldots$
P	p_1	p_2	$\ldots$	p_n	$\ldots$

表格中第一行数字代表随机变量X所有可能的取值, 第二行数字表示X取相应数值的概率.

►**例2.2.3**　**单点分布**

若随机变量X满足$P(X = c) = 1$, 即X的分布函数F是一个退化分布函数, 则称X服从**单点分布**, 记为$X \sim \delta_c$, 其分布列为

X	c
P	1

.

►**例2.2.4**　抛掷一枚均匀的硬币, $\Omega = \{H, T\}$, $\mathcal{F} = \{\Omega, \emptyset, \{H\}, \{T\}\}$, 定义概率$P$满足$P(\{H\}) = 1/3$. 于是随机变量

$$X(\omega) = \begin{cases} 1, & \text{若}\omega = H; \\ 0, & \text{若}\omega = T. \end{cases}$$

的分布列为

X	0	1
P	2/3	1/3

.

给定某离散随机变量的分布列, 我们可以求相关随机事件发生的概率, 例如

►**例2.2.5**　已知随机变量X的分布列为$P(X = k) = \frac{2}{3}\left(\frac{1}{3}\right)^{k-1}$, $k = 1, 2, \ldots$, 求概率$P(X \geqslant 2)$.

解　由对立事件公式和X的分布列知,

$$P(X \geqslant 2) = 1 - P(X < 2) = 1 - P(X = 1) = 1 - \frac{2}{3}\left(\frac{1}{3}\right)^{1-1} = \frac{1}{3}.$$

□

▲命题2.2.6 分布列的性质

设$p_k, k \geqslant 1$是某随机变量X的分布列, 则其满足下面两个性质:

(1)非负性: $p_k \geqslant 0, k = 1, 2, \dots$

(2)正则性: $\sum_{k=1}^{\infty} p_k = 1.$

证明 由概率的非负性知p_k是非负的. 正则性只需注意到$\Omega = \sum_{k=1}^{\infty}\{X = x_k\}$, 由概率的正则性和可列可加性公理立得. □

这里需要指出的是, 非负性和正则性是分布列的特征性质: 即若有一数列满足非负性和正则性, 则其必为某离散型随机变量的分布列.

►例2.2.7 设随机变量X的分布列为

X	-1	0	1	2
P	$1/4$	a	$1/2$	$1/8$

. 求常数a的值.

解 由分布列的正则性, 即

$$1 = \sum_i p_i = \frac{1}{4} + a + \frac{1}{2} + \frac{1}{8},$$

解得$a = 1/8$. □

已知离散随机变量的分布列, 我们可以很快得到其分布函数:

★定理2.2.8 设离散型随机变量X具有分布列

$$p_k = P(X = x_k), \quad k = 1, 2 \dots$$

则X的分布函数

$$F(x) = \sum_{k: x_k \leqslant x} p_k,$$

这里我们约定$\sum_{k \in \emptyset} p_k = 0$.

证明 只需注意到$\Omega = \sum_k \{X = x_k\}$, 因而对任意的$x$,

$$\{X \leqslant x\} = \{X \leqslant x\} \cap \Omega = \sum_{k: x_k \leqslant x} \{X = x_k\},$$

由分布函数的定义和概率的可列可加性即得. □

类似于定理2.2.8的证明, 我们易得

★定理2.2.9 设$D \subset \mathbb{R}$, 随机变量X具有分布列$\{p_k : k \geqslant 1\}$, 则

$$P(X \in D) = \sum_{k: x_k \in D} p_k.$$

►例2.2.10 已知随机变量X的分布列为

X	0	1	2
P	$1/2$	$1/3$	$1/6$

, 求X的分布函数和概率$P(0 < X < 5/2)$.

解 由定理2.2.8知, X的分布函数为

$$F(x)=\sum_{k:x_k\le x}p_k=\begin{cases}0, & x<0;\\ \dfrac{1}{2}, & 0\leqslant x<1;\\ \dfrac{5}{6}, & 1\leqslant x<2;\\ 1, & 2\leqslant x.\end{cases}$$

所求概率为

$$P\left(0<X<\frac{5}{2}\right)=\sum_{k:x_k\in(0,5/2)}p_k=P(X=1)+P(X=2)=\frac{1}{3}+\frac{1}{6}=\frac{1}{2}. \qquad \square$$

由定理2.2.8知, 我们不难得出

♠注记2.2.11 离散型随机变量的分布函数的特征

设$F(x)$是离散型随机变量X的分布函数, 则$F(x)$

(1) 是单调不降的阶梯函数;

(2) 在其间断点处均为右连续的;

(3) 间断点即为X的可能取值点;

(4) 在其间断点处的跳跃高度是对应的概率值.

已知分布函数, 由离散随机变量的分布函数的特征, 我们可以求出其分布列:

★定理2.2.12 设$F(x)$是离散型随机变量X的分布函数, 则X的可能取值点为F的所有间断点$x_1,x_2,\dots$, 分布列为

$$P(X=x_k)=F(x_k)-F(x_k-0),\quad k=1,2,\dots$$

►例2.2.13 已知X的分布函数为$F(x)=\begin{cases}0, & x<0;\\ 0.4, & 0\leqslant x<1;\\ 0.8, & 1\leqslant x<2;\\ 1, & 2\leqslant x.\end{cases}$ 求X的分布列.

解 易知X的可能取值点为F的间断点, 即$0,1,2$.

$$P(X=0)=F(0)-F(0-0)=0.4-0=0.4;$$

$$P(X=1)=F(1)-F(1-0)=0.8-0.4=0.4;$$

$$P(X=2)=F(2)-F(2-0)=1-0.8=0.2$$

或者

$$P(X=2)=1-P(X=0)-P(X=1)=1-0.4-0.4=0.2.$$

故X的分布列为

X	0	1	2
P	0.4	0.4	0.2

. □

习题2.2

1. 袋子中装有编号分别为1, 2, 3, 4, 5的5个球, 从该袋子中任取3个, 用X表示取出的3个球中的最大号码, 写出X的分布列.
2. 设离散型随机变量X的分布列为
$$P(X=k)=\frac{c}{2^k},\qquad k=0,1,2,\dots$$
求常数c的值.
3. 设a和b为整数, 随机变量X具有分布列
$$P(X=k)=\frac{1}{b-a+1},\qquad k=a,\dots,b.$$
求X的分布函数.
4. 设随机变量X的分布列为
$$P(X=k)=c\cdot 2^{-k},\qquad k=1,2,\dots$$
求常数c的值.
5. 在上一题中求X取值为偶数的概率.
6. 已知随机变量X的分布律为$P(X=i)=\dfrac{5-i}{10}, i=1,2,3,4$. 求$X$的分布函数$F(x)$.
7. 已知随机变量X的分布函数为
$$F(x)=\begin{cases}0, & x<-1;\\ 0.2, & -1\leqslant x<0;\\ 0.6, & 0\leqslant x<1;\\ 0.9, & 1\leqslant x<3;\\ 1, & x\geqslant 3.\end{cases}$$
求X的分布列.
8. 离散型随机变量的分布函数一定是不连续的, 对不对?

2.3 特殊的离散分布

本节我们将介绍几种常见的离散分布. 先来看跟贝努利试验有关的三个分布. 我们假定每次贝努利试验中成功的概率为p.

2.3.1 二项分布

设X表示n重贝努利试验中成功的次数, 则X具有分布列

$$P(X=k)=C_n^k p^k(1-p)^{n-k},\quad k=0,1,\ldots,n.$$

称X服从参数(n,p)的**二项分布**, 记为$X\sim b(n,p)$.

特别地, 当$n=1$时, 称$b(1,p)$为两点分布或0-1分布.

▶**例2.3.1** 设某射手每次射击命中目标的概率为0.8, 求射击10次命中2次的概率.

解 设X表示射击10次命中的次数, 则由题意知, $X\sim b(10,0.8)$. 故所求概率为

$$P(X=2)=C_{10}^2 0.8^2(1-0.8)^{10-2}=7.4\times 10^{-5}. \qquad \square$$

▶**例2.3.2** 设随机变量$X\sim b(2,p)$, $Y\sim b(4,p)$, 已知$P(X\geqslant 1)=\frac{8}{9}$, 求概率$P(Y\geqslant 1)$.

解 由题意知, $P(X=0)=(1-p)^2$, $P(Y=0)=(1-p)^4$. 于是

$$\begin{aligned}P(Y\geqslant 1)=&1-P(Y=0)=1-(P(X=0))^2\\=&1-(1-P(X\geqslant 1))^2=1-\left(1-\frac{8}{9}\right)^2=\frac{80}{81}.\end{aligned} \qquad \square$$

2.3.2 几何分布

设X表示做贝努利试验中首次成功时的总试验次数, 则X具有分布列

$$P(X=k)=p(1-p)^{k-1},\quad k=1,2,\ldots$$

称X服从参数为p的**几何分布**, 记为$X\sim Ge(p)$.

▶**例2.3.3** 设某射手每次射击命中目标的概率为0.8, 现连续对目标进行射击, 求首次命中时至少射击了10次的概率.

解 设X表示首次命中目标时的射击次数, 则由题意$X\sim Ge(0.8)$. 于是, 所求概率

$$\begin{aligned}P(X\geqslant 10)=&1-P(X\leqslant 9)=1-\sum_{k=1}^{9}P(X=k)\\=&1-\sum_{k=1}^{9}0.8\cdot(1-0.8)^{k-1}=0.2^9.\end{aligned} \qquad \square$$

由条件概率的定义, 不难证明

♠**注记2.3.4** **几何分布具有无记忆性**: 设$X\sim Ge(p)$, 则

$$P(X>m+n|X>m)=P(X>n)$$

对任意的非负整数m,n都成立. 由高等数学知识可知, 具有无记忆性的离散分布必是几何分布.

♠**注记2.3.5** 无记忆性表明: 在一系列贝努利试验中, 已知在前m次未成功的条件下, 接下去的n次试验中仍未成功的概率与已经失败的次数m无关.

2.3.3 负二项分布

设X表示做贝努利试验中第r次成功时的总试验次数, 则X具有分布列

$$P(X=k)=C_{k-1}^{r-1}p^r(1-p)^{k-r},\quad k=r,r+1,\dots$$

称X服从参数为(r,p)的**负二项分布或帕斯卡**(Pascal)**分布**, 记为$X\sim Nb(r,p)$.

♠**注记2.3.6** 显然, 当$r=1$时, 负二项分布即为几何分布, 即$Nb(1,p)=Ge(p)$.

►**例2.3.7 巴拉赫火柴问题**(Banach's match problem)

波兰数学家巴拉赫(Banach)喜欢抽烟, 每天出门时随身携带两盒火柴, 每盒共有n根火柴分别放在左右两个衣袋里. 每次使用时, 便随机地从其中一盒中取出一根. 试求他首次发现其中一盒火柴已用完, 而另一盒中剩下$k(0\leqslant k\leqslant n)$根火柴的概率.

解 将取一次火柴盒看作做一次随机试验, 设A表示事件"取左边口袋中的火柴盒", 则$P(A)=1/2$. 记X表示A 发生$n+1$次时的试验次数, 则$X\sim Nb(n+1,1/2)$. 记B表示事件"首次发现左边口袋火柴盒已空, 右边口袋火柴盒尚余k根", 则$B=\{X=n+1+n-k=2n-k+1\}$. 故

$$\begin{aligned}P(B)=&P(X=2n-k+1)\\=&C_{2n-k+1-1}^{n+1-1}\left(\frac{1}{2}\right)^{n+1}\left(1-\frac{1}{2}\right)^{2n-k+1-(n+1)}\\=&C_{2n-k}^{n}\left(\frac{1}{2}\right)^{2n-k+1}.\end{aligned}$$

由对称性知, "首次发现右边口袋火柴盒已空, 左边口袋火柴盒尚余k根"的概率亦为

$$C_{2n-k}^{n}\left(\frac{1}{2}\right)^{2n-k+1}.$$

故首次发现其中一盒火柴已用完, 而另一盒中剩下k 根火柴的概率为

$$2\cdot C_{2n-k}^{n}\left(\frac{1}{2}\right)^{2n-k+1}=C_{2n-k}^{n}\left(\frac{1}{2}\right)^{2n-k},\quad k=0,1\dots,n.$$ □

2.3.4 泊松分布

设$\lambda>0$, 随机变量X具有分布列

$$P(X=k)=\frac{\lambda^k}{k!}e^{-\lambda},\quad k=0,1,2,\dots$$

则称X服从参数为λ的**泊松分布**(Poisson分布), 记为$X\sim P(\lambda)$.

♠**注记2.3.8** 泊松分布是法国数学家泊松(Poisson)于1837年首次引入的(见李少甫[2]). 泊松分布通常用来刻画稀有事件发生的次数或个数, 例如某块稻田的害虫数, 放射性物质在一定时间内放射出的粒子数, 一本辞典中的错字个数等都服从泊松分布; 还经常用来刻画社会生活中各种服务的需求量, 譬如一段时间内进入某家便利店的顾客数, 某地铁站到来的乘客数等可以认为服从泊松分布.

▶**例2.3.9** 某种棉布平均每米有疵点3个(假定t米布上的疵点数服从参数为$3t$的泊松分布). 试求3米布上疵点数的概率分布列.

解 设X表示3米布上疵点数, 则$X \sim P(9)$, 于是X的分布列为

$$P(X=k)=\frac{9^k}{k!}e^{-9}, \qquad k=0,1,2,\ldots$$ □

泊松分布可认为是二项分布的极限分布.

★**定理2.3.10** ***泊松定理*** 设$\lim\limits_{n\to\infty} np_n=\lambda$, 则对固定的正整数$k$,

$$\lim_{n\to\infty} C_n^k p_n^k(1-p_n)^{n-k}=\frac{\lambda^k}{k!}e^{-\lambda}.$$

证明 对固定的正整数k, 注意到

$$C_n^k p_n^k(1-p_n)^{n-k}=\frac{(np_n)^k}{k!}\cdot\frac{n}{n}\cdot\frac{n-1}{n}\cdots\frac{n-k+1}{n}\cdot\left(1-\frac{np_n}{n}\right)^{n\cdot\frac{n-k}{n}}$$

由$\left(1+\frac{1}{n}\right)^n \to e$即得. □

♠**注记2.3.11** 由泊松定理, 当n充分大而p很小且np适中(通常要求$0.1 \leqslant np \leqslant 10$)时, 可作近似计算:

$$P(X=k)=C_n^k p^k(1-p)^{n-k}\approx\frac{(np)^k}{k!}e^{-np}, \quad k=0,1,\ldots,n.$$

▶**例2.3.12** 设每颗炮弹命中目标的概率为0.01, 求500发炮弹中命中5发的概率.

解 设X表示命中的炮弹数, 则$X \sim b(500,0.01)$, 这里$np=5$适中, 由泊松定理, 所求概率为

$$P(X=5)\approx\frac{5^5}{5!}e^{-5}=0.175.$$ □

2.3.5 超几何分布

若随机变量X有分布列

$$P(X=k)=\frac{C_M^k\cdot C_{N-M}^{n-k}}{C_N^n}, \quad k=0,1,\ldots,\min\{n,M\},$$

其中$n\leqslant N$, $M\leqslant N$,则称X服从参数为(n,N,M) 的**超几何分布**, 记为$X\sim h(n,N,M)$.

♠**注记2.3.13** 超几何分布对应于**不返回抽样**模型: N个产品中有M个不合格品, 从抽取n个, X表示其中不合格品的个数.

♠**注记2.3.14** 超几何分布的极限分布是二项分布, 即若固定n和k, 当$N \to \infty$, 且$M/N \to p$时,

$$\frac{C_M^k \cdot C_{N-M}^{n-k}}{C_N^n} \to C_n^k p^k (1-p)^{n-k}.$$

故超几何分布可以用二项分布来作近似计算.

习题2.3

1. 设随机变量X服从二项分布$b(15, 0.5)$, 求概率$P(X < 6)$.
2. 设$X \sim b(2, p)$, $Y \sim b(3, p)$, 已知$P(X > 0) = \dfrac{15}{16}$, 求概率$P(Y > 0)$.
3. 抛掷一枚均匀的硬币5次, 求正面出现偶数次的概率.
4. 证明几何分布具有无记忆性: 设$X \sim Ge(p)$, 则对任意的正整数m, n, $P(X > m+n|X > m) = P(X > n)$.
5. 设随机变量X服从泊松分布$P(\lambda)$, 求概率$P\left(X < \dfrac{2020}{2021}\right)$.

2.4 连续型随机变量

前面我们介绍了离散型随机变量, 概率论中还有一类随机变量, 其取值可能充满某个区间, 这是本节中要介绍的连续型随机变量.

♣**定义2.4.1** 设随机变量X的分布函数为$F(x)$, 若存在非负函数$p(x)$, 使得对任意的实数x,

$$F(x) = \int_{-\infty}^{x} p(t)\mathrm{d}t,$$

则称X为**连续型随机变量**或具有**连续型分布**; 称$p(x)$为**概率密度函数**, 简称为密度函数(记为p.d.f.).

►**例2.4.2** 设随机变量X服从柯西分布, 即其分布函数为

$$F(x) = \frac{1}{\pi}\left(\arctan x + \frac{\pi}{2}\right), \quad -\infty < x < \infty.$$

易知X为连续型随机变量, 概率密度函数为

$$p(x) = \frac{1}{\pi(1+x^2)}, \quad -\infty < x < \infty.$$

♠**注记2.4.3** 由定义2.4.1,

(1) 连续随机变量的分布函数$F(x)$为连续函数;

(2) 对任意的实数a, $P(X = a) = F(a) - F(a-0) = 0$;

(3) 由连续型随机变量的定义可知, 若x是分布函数F的可导点, 则$p(x)=\dfrac{\mathrm{d}F}{\mathrm{d}x}(x)$. 若$x$是分布函数$F$的不可导点, $p(x)$理论上可以是任意实数, 但是通常为了方便, 我们定义$p(x)=0$. 故概率密度函数不是唯一的.

由定义2.4.1和分布函数的性质(即$F(\infty)=1$), 我们易知

▲命题2.4.4　概率密度函数的性质

设$p(x)$是连续型随机变量X的概率密度函数, 则其具有性质:

(1)非负性, 即对任意的实数x, $p(x)\geqslant 0$;

(2)正则性, 即

$$\int_{-\infty}^{\infty} p(x)\mathrm{d}x=1.$$

同离散情形一样, 非负性和正则性是概率密度函数的特征性质: 即若有一函数满足非负性和正则性, 则其必为某连续型随机变量的概率密度函数.

▶例2.4.5　设随机变量X具有概率密度函数$p(x)=\begin{cases} ke^{-3x}, & x>0, \\ 0, & x\leqslant 0.\end{cases}$ 求

(1)常数k;

(2)分布函数$F(x)$.

解 (1)由概率密度函数的正则性,

$$1=\int_{-\infty}^{\infty} p(x)\mathrm{d}x=\int_{0}^{\infty} ke^{-3x}\mathrm{d}x=\frac{k}{3},$$

解得$k=3$.

(2)由(1)知, X的概率密度函数为

$$p(x)=\begin{cases} 3e^{-3x}, & x>0, \\ 0, & x\leqslant 0.\end{cases}$$

由连续型随机变量的分布函数的定义,

$$F(x)=\int_{-\infty}^{x} p(t)\mathrm{d}t=\begin{cases} \int_0^x 3e^{-3t}\mathrm{d}t, & x>0, \\ 0, & x\leqslant 0\end{cases}=\begin{cases} 1-e^{-3x}, & x>0, \\ 0, & x\leqslant 0.\end{cases}$$ □

类似于离散情形(定理2.2.9), 我们不加证明地给出下面的结论:

★定理2.4.6　已知随机变量X具有概率密度函数$p(x)$, $D\subset\mathbb{R}$, 则

$$P(X\in D)=\int_D p(x)\mathrm{d}x.$$

▶例2.4.7　设随机变量X具有概率密度函数

$$p(x)=\begin{cases} 3e^{-3x}, & x>0, \\ 0, & x\leqslant 0.\end{cases}$$

求概率$P(|X|<1)$.

解 记$D=(-1,1)$, 所求概率为

$$P(|X|<1)=\int_D p(x)\mathrm{d}x=\int_0^1 3e^{-3x}\mathrm{d}x=1-e^{-3}.$$ □

♠**注记2.4.8** **概率密度函数不是概率.** 若连续型随机变量$X\sim p(x)$, 因为

$$P\left(X\in(x-\Delta x/2,x+\Delta x/2)\right)=\int_{x-\Delta x/2}^{x+\Delta x/2}p(t)\mathrm{d}t\approx p(x)\Delta x,$$

故$p(x)$在x处的取值反映X在x附近取值可能性的大小, 但本身不是概率. 然而对于离散型随机变量X, 若其具有分布列$\{p_k,k\geqslant 1\}$, p_k表示X取值x_k的概率.

★**定理2.4.9** 设随机变量X的概率密度函数为$p(x)$, 其为偶函数, 即对任意的实数x, $p(x)=p(-x)$. 于是, 对任意的实数$a>0$, 分布函数F满足

$$F(-a)=\frac{1}{2}-\int_0^a p(x)\mathrm{d}x,\qquad F(a)+F(-a)=1.$$

特别地, $F(0)=1/2$, $P(|X|\leqslant a)=2F(a)-1$, $P(|X|\geqslant a)=2(1-F(a))$.

证明 因为$p(x)$是偶函数, 故由概率密度函数的正则性知,

$$1=\int_{-\infty}^{\infty}p(y)\mathrm{d}y=2\int_0^{\infty}p(y)\mathrm{d}y=2\int_{-\infty}^0 p(y)\mathrm{d}y=2F(0).$$

故$F(0)=1/2$, 且$\int_0^{\infty}p(y)\mathrm{d}y=1/2$.

由连续型随机变量的定义, 对任意的实数a,

$$\begin{aligned}F(-a)&=\int_{-\infty}^{-a}p(x)\mathrm{d}x=\int_{-\infty}^{-a}p(-x)\mathrm{d}x=\int_{\infty}^{a}p(y)\mathrm{d}(-y)=\int_a^{\infty}p(y)\mathrm{d}y\\&=\int_0^{\infty}p(y)\mathrm{d}y-\int_0^a p(y)\mathrm{d}y=\frac{1}{2}-\int_0^a p(x)\mathrm{d}x.\end{aligned}$$

又由

$$\int_a^{\infty}p(y)\mathrm{d}y=\int_{-\infty}^{\infty}p(y)\mathrm{d}y-\int_{-\infty}^{a}p(y)\mathrm{d}y=1-F(a),$$

得$F(a)+F(-a)=1$. 于是

$$P(|X|\leqslant a)=P(X\leqslant a)-P(X<-a)=F(a)-F(-a)=2F(a)-1,$$

和

$$P(|X|\geqslant a)=1-P(|X|<a)=1-(2F(a)-1)=2(1-F(a)).$$ □

习题2.4

1. 求常数c的值, 使得下列函数为概率密度函数:

(1)$p(x)=c\cdot e^{-|x|}$;

(2)$p(x)=c\exp(-x-e^{-x})$;

$$(3)p(x)=\begin{cases}\dfrac{c}{\sqrt{x(1-x)}}, & 0<x<1,\\ 0, & 其他.\end{cases}$$

2. 设随机变量X的概率密度函数为

$$p(x)=\begin{cases}ce^{-\sqrt{x}}, & x>0,\\ 0, & x\leqslant 0.\end{cases}$$

求常数c和概率$P(X>2)$.

3. 已知随机变量X的概率密度函数为$p(x)=\dfrac{1}{2}\cdot e^{-|x|}$, 求$X$的分布函数.

4. 设随机变量X服从三角形分布, 其概率密度函数为

$$p(x)=\begin{cases}x, & 0<x\leqslant 1,\\ 2-x, & 1<x<2,\\ 0, & 其他.\end{cases}$$

求X的分布函数和概率$P(1/2<X<3/2)$.

5. 已知随机变量X的概率密度函数为

$$p(x)=\begin{cases}3e^{-3x}, & x>0,\\ 0, & x\leqslant 0.\end{cases}$$

求概率$P(X\leqslant 3)$ 和$P(X>1)$.

2.5 特殊的连续分布

本节我们来介绍几类特殊的连续型分布.

2.5.1 正态分布

设随机变量X具有概率密度函数

$$p(x)=\frac{1}{\sqrt{2\pi}\sigma}\exp\left\{-\frac{(x-\mu)^2}{2\sigma^2}\right\},\quad -\infty<x<\infty$$

其中μ, $\sigma>0$为参数, 称X服从**正态分布**, 记为$X\sim N(\mu,\sigma^2)$.

特别地, 当$\mu=0,\sigma=1$时, 称X服从**标准正态分布**, 记为$X\sim N(0,1)$. 习惯上, 将标准正态分布的概率密度函数记为

$$\varphi(x)=\frac{1}{\sqrt{2\pi}}e^{-x^2/2},\quad -\infty<x<\infty$$

分布函数记为$\Phi(x)$. 注意到$\varphi(x)$是偶函数, 因此对任意的x, $\Phi(x)+\Phi(-x)=1$(参见定理2.4.9).

♠注记2.5.1 无论在实际应用还是在概率统计理论研究中, 正态分布占有非常重要的地位, 相当广泛的一类随机现象可以用正态分布或者近似地用正态分布来刻画. 例如, 某校一年级同学的身高, 某地4月份的平均气温, 测量甲乙两地之间的距离等, 都服从或近似服从正态分布.

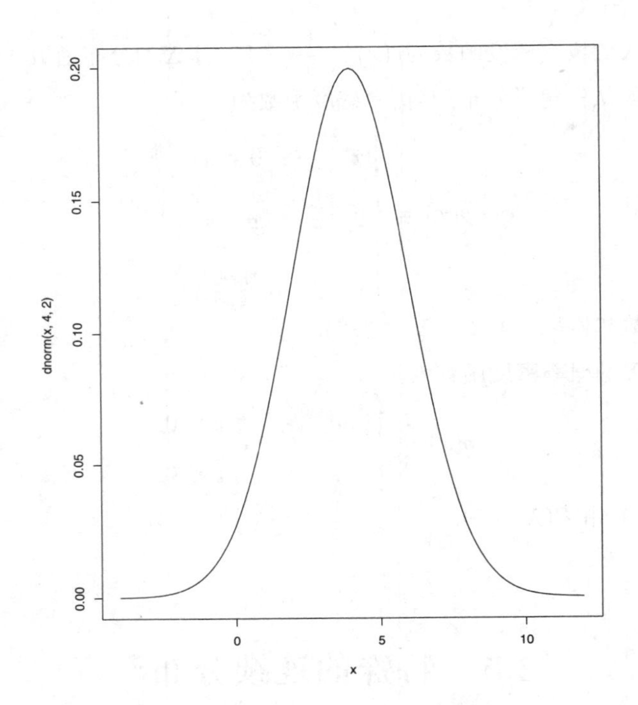

图2-3 正态分布$N(4,2)$的概率密度函数图像示意图

正态分布的概率密度函数$p(x)$图像如图2-3所示, 由图像不难看出

♠注记2.5.2 正态分布概率密度函数的性质

(1) $p(x)$关于直线$x=\mu$对称, 且在μ处取得最大值;

(2) 若σ不变, μ改变, 则$p(x)$图像沿x轴左右移动, 但形状保持不变;

(3) 若μ不变, σ改变, 则$p(x)$图像对称轴位置不变, 但陡峭程度发生改变.

♠注记2.5.3 通常称μ为位置参数, σ为尺度参数.

注意到标准正态分布的分布函数$\Phi(x)=\int_{-\infty}^{x}\frac{1}{\sqrt{2\pi}}e^{-t^2/2}\mathrm{d}t$ 不能用初等函数表示出来, 为求出$\Phi(x)$的值, 我们可以借助附表2的标准正态分布函数表. 具体地说,

♠注记2.5.4 已知x,

(1) 若$x\geqslant 0$, 直接查表可得$\Phi(x)$的值;

(2) 若$x<0$, 则$-x>0$, 先查表得$\Phi(-x)$的值, 再由$\Phi(x)=1-\Phi(-x)$计算得到$\Phi(x)$的值.

►**例2.5.5** 设$X\sim N(0,1)$. 求概率$P(X>-1.96)$及$P(|X|<1.96)$.

解 查标准正态分布函数表, 可得$\Phi(1.96)=0.9750$, 故所求概率为

$$P(X>-1.96)=1-P(X\leqslant -1.96)=1-\Phi(-1.96)=\Phi(1.96)=0.9750,$$

$$P(|X|<1.96)=\Phi(1.96)-\Phi(-1.96)=2\Phi(1.96)-1=0.95.$$ □

同样, 已知$\Phi(x)$的值, 可以通过反查标准正态分布函数表或再利用关系式$\Phi(x)=1-\Phi(-x)$, 可以求出x的值.

♠**注记2.5.6** 已知$\Phi(x)$,

(1) 若$\Phi(x)\geqslant\frac{1}{2}$, 直接反查表可得$x$的值;

(2) 若$\Phi(x)<\frac{1}{2}$, 则$\Phi(-x)=1-\Phi(x)>\frac{1}{2}$, 反查表可得$-x$的值, 进而得到$x$的值.

►**例2.5.7** 设$X\sim N(0,1)$, $P(X\leqslant b)=0.9515$, $P(X\leqslant a)=0.0505$. 求a,b.

解 因为$\Phi(b)=0.9515$, 反查标准正态分布函数表, 可知$b=1.66$. 因为$\Phi(a)=0.0505<1/2$, 于是由$\Phi(-a)=1-\Phi(a)=1-0.0505=0.9495$, 反查标准正态分布函数表, 可得$-a=1.64$, 故$a=-1.64$. □

对一般情形的正态分布$N(\mu,\sigma^2)$, 我们可以通过其与标准正态分布$N(0,1)$之间的关系, 来求分布函数值.

★**定理2.5.8** 设X服从正态分布$N(\mu,\sigma^2)$, $Y=\frac{X-\mu}{\sigma}$, 则Y服从标准正态分布$\sim N(0,1)$.

证明 显然X的概率密度函数为

$$p_X(x)=\frac{1}{\sqrt{2\pi}\sigma}\exp\left\{-\frac{(x-\mu)^2}{2\sigma^2}\right\},\quad -\infty<x<\infty.$$

设Y的分布函数为$F_Y(y)$, 则

$$\begin{aligned}F_Y(y)=&P(Y\leqslant y)=P\left(\frac{X-\mu}{\sigma}\leqslant y\right)=P(X\leqslant\mu+\sigma y)\\=&\int_{-\infty}^{\mu+\sigma y}p_X(x)\mathrm{d}x=\int_{-\infty}^{y}p_X(\mu+\sigma t)\cdot\sigma\mathrm{d}t,\end{aligned}$$

其中最后一个等号是因为作了积分变量替换$x=\mu+\sigma t$.

于是, Y的概率密度函数

$$p_Y(y)=\frac{\mathrm{d}F_Y(y)}{\mathrm{d}y}=\frac{\mathrm{d}}{\mathrm{d}y}\left(\int_{-\infty}^{y}p_X(\mu+\sigma t)\cdot\sigma\mathrm{d}t\right)=\sigma\cdot p_X(\mu+\sigma y)=\frac{1}{\sqrt{2\pi}}e^{-y^2/2}.$$

即$p_Y(y)=\varphi(y)$为标准正态分布$N(0,1)$ 的概率密度函数, 故$Y\sim N(0,1)$. □

♠**注记2.5.9** 定理2.5.8的证明思路是由分布函数的定义来求随机变量函数的分布, 这个思想在第三章中我们还将继续使用, 请读者注意.

由定理2.5.8, 我们不难得出

♦**推论2.5.10** 设X服从正态分布$N(\mu,\sigma^2)$, 则X的分布函数为$F(x)=\Phi\left(\frac{x-\mu}{\sigma}\right)$.

证明 由题设和定理2.5.8知, $\frac{x-\mu}{\sigma}\sim N(0,1)$. 故由分布函数的定义知, X的分布函数为

$$F(x)=P(X\leqslant x)=P\left(\frac{X-\mu}{\sigma}\leqslant\frac{x-\mu}{\sigma}\right)=P\left(Y\leqslant\frac{x-\mu}{\sigma}\right)=\Phi\left(\frac{x-\mu}{\sigma}\right).\qquad\square$$

有了定理2.5.8和推论2.5.10, 我们可以对一般的正态分布$N(\mu,\sigma^2)$, 求其分布函数的值.

►**例2.5.11** 设X服从正态分布$N(10,4)$, 求概率$P(10<X<13)$和$P(|X-10|<2)$.

解 由推论2.5.10知, 所求概率为

$$\begin{aligned}P(10<X<13)=&\Phi\left(\frac{13-10}{2}\right)-\Phi\left(\frac{10-10}{2}\right)\\=&\Phi(1.5)-0.5=0.9332-0.5=0.4332,\end{aligned}$$

$$\begin{aligned}P(|X-10|<2)=&P(8<X<12)=\Phi\left(\frac{12-10}{2}\right)-\Phi\left(\frac{8-10}{2}\right)\\=&\Phi(1)-\Phi(-1)=2\Phi(1)-1=2\cdot 0.8413-1=0.6826.\end{aligned}$$

也可直接应用定理2.5.8,

$$\begin{aligned}P(|X-10|<2)=&P\left(\left|\frac{X-10}{2}\right|<1\right)\\=&\Phi(1)-\Phi(-1)=2\Phi(1)-1=2\cdot 0.8413-1=0.6826.\qquad\square\end{aligned}$$

►**例2.5.12** 设X服从正态分布$N(\mu,\sigma^2)$, 已知$P(X\leqslant -5)=0.063$和$P(X\leqslant 3)=0.6179$. 求μ, σ及$P(|X-\mu|<\sigma)$.

解 由题意和推论2.5.10知,

$$\begin{cases}\Phi\left(\frac{-5-\mu}{\sigma}\right)=F(-5)=0.063,\\\Phi\left(\frac{3-\mu}{\sigma}\right)=F(3)=0.6179.\end{cases}$$

注意到$\Phi(x)+\Phi(-x)=1$, 并查表得, $\begin{cases}\frac{5+\mu}{\sigma}=1.53,\\\frac{3-\mu}{\sigma}=0.3.\end{cases}$ 解得$\mu=1.69,\sigma=4.37$.

由定理2.5.8知,

$$P(|X-\mu|<\sigma)=P\left(\left|\frac{X-\mu}{\sigma}\right|\leqslant 1\right)=2\Phi(1)-1=0.6826.\qquad\square$$

♠**注记2.5.13 正态分布的3σ准则**

设$X\sim N(\mu,\sigma^2)$, 则

(1) $P(|X-\mu|<\sigma)=2\Phi(1)-1=0.6826$;

(2) $P(|X-\mu|<2\sigma)=2\Phi(2)-1=0.9545$;

(3) $P(|X-\mu|<3\sigma)=2\Phi(3)-1=0.9973$.

这表明, X几乎总是在$(\mu-3\sigma,\mu+3\sigma)$内取值, 这就是**正态分布的$3\sigma$准则**. 这个准则被广泛地应用到企业质量管理中, 那里通常习惯于称之为6σ管理准则.

2.5.2 均匀分布

若随机变量X具有概率密度函数

$$p(x)=\begin{cases}\dfrac{1}{b-a}, & a\leqslant x\leqslant b,\\ 0, & x<a\text{或}x>b.\end{cases}$$

称X服从区间$[a,b]$上的**均匀分布**, 记为$X\sim U[a,b]$.

显然, 由分布函数的定义知, X的分布函数为

$$F(x)=\int_{-\infty}^{x}p(t)\mathrm{d}t=\begin{cases}0, & x\leqslant a,\\ \dfrac{x-a}{b-a}, & a<x\leqslant b,\\ 1, & x>b.\end{cases}$$

♠**注记2.5.14** 粗略地说, 若$X\sim U[a,b]$, 则X表示从区间$[a,b]$中随机地取出的点的位置. 均匀分布在误差分析和模拟计算时被广泛应用.

♠**注记2.5.15** 特别地, 若$X\sim U[0,1/2]$, 则其概率密度函数为

$$p(x)=\begin{cases}2, & 0\leqslant x\leqslant 1/2;\\ 0, & x<0\text{或}x>1/2.\end{cases}$$

显然, 当$x\in[0,1/2]$时, $p(x)=2>1$. 这也表明**概率密度函数不是概率**.

►**例2.5.16** 设随机变量X服从均匀分布$U(2,5)$. 现在对X进行三次独立观测, 试求至少有两次观测值大于3 的概率.

解 由于X在$[2,5]$上服从均匀分布, 概率密度函数为$p(x)=\begin{cases}\dfrac{1}{3}, & 2<x<5,\\ 0, & \text{其他情形}.\end{cases}$ 故观测值大于3的概率为

$$p=P(X>3)=\int_{3}^{\infty}p(x)\mathrm{d}x=\int_{3}^{5}\frac{1}{3}\mathrm{d}x=\frac{2}{3}.$$

设Y表示对X进行三次独立观测, 观测值大于3的次数, 则$Y\sim b\left(3,\dfrac{2}{3}\right)$, 即$Y$服从参数为3和2/3的二项分布. 于是

$$P(Y\geqslant 2)=1-P(Y=0)-P(Y=1)$$

$$=1-\left(1-\frac{2}{3}\right)^{3}-3\left(\frac{2}{3}\right)^{1}\left(1-\frac{2}{3}\right)^{2}=\frac{20}{27}$$

即为所求概率. □

2.5.3 Gamma分布

随机变量X具有概率密度函数

$$p(x)=\begin{cases}\dfrac{\lambda^{\alpha}}{\Gamma(\alpha)}x^{\alpha-1}e^{-\lambda x}, & x>0,\\ 0, & x\leqslant 0.\end{cases}$$

其中$\Gamma(\alpha)$为Gamma函数(其定义和相关性质参见本章§6节), 称X服从参数为$\alpha>0$和$\lambda>0$的**Gamma分布或伽玛分布**, 记为$X\sim Ga(\alpha,\lambda)$.

特别地, 若$\alpha=1$, 称X服从参数为λ的**指数分布**, 记为$Exp(\lambda)$, 其概率密度函数为

$$p(x)=\begin{cases}\lambda e^{-\lambda x}, & x>0,\\ 0, & x\leqslant 0.\end{cases}$$

称参数$\alpha=n/2,\lambda=1/2$的Gamma分布为自由度为n的**卡方分布**, 记为$\chi^2(n)$. 卡方分布是统计推断中三大抽样分布之一, 在第五章我们会做详细的介绍, 这里我们不再赘述.

♠**注记2.5.17** 指数分布应用广泛, 日常生活中一些耐用品的寿命, 一些服务设施(例如超市收银台、修理店等)在接连服务两个服务对象时的等待时间都服从指数分布.

▲**命题2.5.18 指数分布的无记忆性** 设$X\sim Exp(\lambda)$, 则对任意的$s,t>0$, 有

$$P(X>s+t|X>s)=P(X>t).$$

证明 易知X的分布函数为

$$F(x)=\int_{-\infty}^{x}p(t)\mathrm{d}t=\begin{cases}\displaystyle\int_0^x\lambda e^{-\lambda t}\mathrm{d}t, & x>0,\\ 0, & x\leqslant 0\end{cases}=\begin{cases}1-e^{-\lambda x}, & x>0,\\ 0, & x\leqslant 0.\end{cases}$$

于是, 当$s,t>0$时,

$$\begin{aligned}P(X>s+t|X>s)=&\frac{P(X>s+t,X>s)}{P(X>s)}=\frac{1-F(s+t)}{1-F(s)}\\=&\frac{1-(1-e^{-\lambda(s+t)})}{1-(1-e^{-\lambda s})}=e^{-\lambda t}=1-F(t)=P(X>t).\end{aligned}$$ □

♠**注记2.5.19** Gamma分布也有着很深刻的应用背景. 例如, 一个公交车站在时间$[0,t)$内来排队候车的乘客数$N(t)$通常被认为服从参数为λt的泊松分布, 可以证明第n个乘客到来的时刻S_n服从Gamma分布$Ga(n,\lambda)$(参见茆诗松等[4]例2.5.6).

2.5.4　柯西分布

随机变量X具有概率密度函数$p(x)=\dfrac{1}{\pi(1+x^2)}$,　$-\infty<x<\infty$, 称X服从**柯西分布**.
柯西分布的分布函数为

$$F(x)=\int_{-\infty}^{x}p(t)\mathrm{d}t=\int_{-\infty}^{x}\frac{1}{\pi(1+t^2)}\mathrm{d}t=\frac{1}{\pi}\left(\arctan x+\frac{\pi}{2}\right).$$

♠**注记2.5.20**　两个相互独立的标准正态随机变量的商服从柯西分布, 参见第三章§5节.

2.5.5　幂律分布

随机变量X具有概率密度函数

$$p(x)=\begin{cases}(\gamma-1)x^{-\gamma}, & x>1,\\ 0, & x\leqslant 1.\end{cases}$$

称X服从参数为γ的**幂律分布**(power law distribution), 其中参数$\gamma>1$为幂律指数.

幂律分布一个重要的应用领域是复杂网络. 现实世界中的很多网络的度分布服从幂律分布, 且大多数幂律指数满足$2<\gamma<3$. 例如, 演员合作网络和蛋白质网络的幂律指数分别为$\gamma=2.3$和$\gamma=2.4$, 参见Boccaletti等[10].

2.5.6　混合型分布

前面我们介绍了常见的离散分布和连续分布, 这两类分布还有很多, 我们不可能一一介绍. 特别需要注意的是, 除了离散分布和连续分布之外, 还有既非离散又非连续的分布. 这里我们只简单介绍一下由离散分布和连续分布所组成的混合型分布, 见丁万鼎等[1].

♣**定义2.5.21**　设$F_1(x)$是某离散型随机变量的分布函数, $F_2(x)$是某连续性随机变量的分布函数, 容易证明对任意的$\alpha:0<\alpha<1$, $F(x)=\alpha F_1(x)+(1-\alpha)F_2(x)$是一个分布函数, 称其对应的分布为混合型分布.

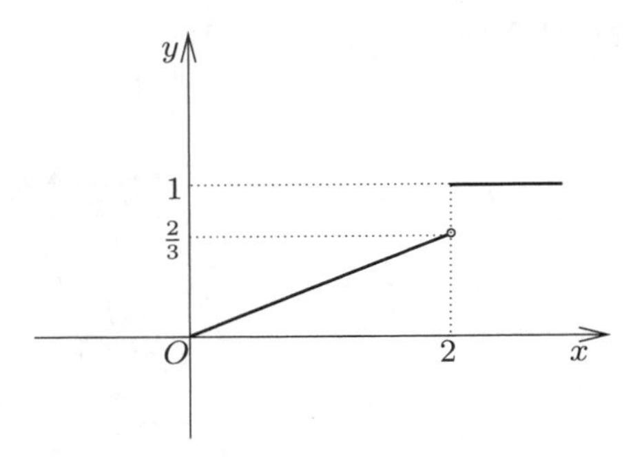

图2-4　随机变量Y的分布函数图像

▶**例2.5.22** 设汇入某蓄水池的总水量X服从均匀分布$U[0,3]$，该水池最大蓄水量为2个单位，即超过2个单位后要溢出. 求该水池蓄水量Y的分布函数.

解 易知，$Y=\begin{cases}X, & X\leqslant 2,\\ 2, & X>2.\end{cases}$，因为$X\sim U[0,3]$，故$Y$的分布函数为

$$F(x)=P(Y\leqslant x)=\begin{cases}P(X\leqslant x), & x<2,\\ 1, & x\geqslant 2.\end{cases}=\begin{cases}0, & x<0,\\ \dfrac{x}{3}, & 0\leqslant x<2,\\ 1, & x\geqslant 2.\end{cases}$$

如图2-4所示.

显然$F(x)=\dfrac{1}{3}F_1(x)+\dfrac{2}{3}F_2(x)$，其中$F_1(x)=\begin{cases}0, & x<2,\\ 1, & x\geqslant 2.\end{cases}$是一个离散分布($x=2$ 处的单点分布)的分布函数，而$F_2(x)=\begin{cases}0, & x<0,\\ \dfrac{x}{2}, & 0\leqslant x<2,\\ 1, & x\geqslant 2.\end{cases}$是均匀分布$U[0,2]$的分布函数. □

♠**注记2.5.23** 本书中今后我们仅研究离散分布和连续分布.

习题2.5

1. 设随机变量X的概率密度函数为$p(x)=\dfrac{1}{\sqrt{\pi}}\exp\{-x^2+2x-1\}$，求概率$P(0\leqslant X\leqslant 2)$.
2. 设$X\sim N(10,4)$，求概率$P(6<X\leqslant 9)$和$P(7\leqslant X<12)$ 并求常数c使得$P(X>c)=P(X\leqslant c)$.
3. 设$X\sim N(1,2)$，求x使得$P(X\leqslant x)=0.1$.
4. 设$X\sim N(1,\sigma^2)$，求σ使得$P(-1<X<3)=0.5$.
5. 设$X\sim Exp(\lambda)$，求λ使得$P(X>1)=2P(X>2)$.
6. 验证$F(x)=\begin{cases}0, & x<0,\\ \dfrac{1+2x}{3}, & 0\leqslant x\leqslant 1,\\ 1, & x>1.\end{cases}$是分布函数，且是一个离散分布和一个连续分布的线性组合.

*2.6　补充

本节我们补充三个方面的内容: 一是证明分布函数的性质; 二是给出Γ-函数的定义和性质; 三是补充给出几个常见分布的正则性的证明.

2.6.1　分布函数的性质的证明

★定理2.6.1　分布函数的性质

设$F(x)$是某随机变量X的分布函数, 则$F(x)$ 具有以下性质:

(1) **单调性**: 若$x<y$, 则$F(x)\leqslant F(y)$.

(2) **有界性**:对任意的实数x, $0\leqslant F(x)\leqslant 1$, $F(+\infty)=1$, $F(-\infty)=0$, 其中$F(+\infty)\triangleq\lim\limits_{x\to+\infty}F(x)$, $F(-\infty)\triangleq\lim\limits_{x\to-\infty}F(x)$.

(3) **右连续性**: 对任意的实数x, $F(x+0)=F(x)$, 其中$F(x+0)\triangleq\lim\limits_{y\to x+}F(y)$.

证明 (1) 若$x<y$, 则$\{X\leqslant x\}\subset\{X\leqslant y\}$. 由概率的单调性知, $P(X\leqslant x)\leqslant P(X\leqslant y)$, 即$F(x)\leqslant F(y)$.

(2) 因为对任意的x, $F(x)$是事件$\{X\leqslant x\}$发生的概率, 故$0\leqslant F(x)\leqslant 1$.

由$F(x)$的单调性知, $F(+\infty)$和$F(-\infty)$都存在, 特别地,

$$F(+\infty)=\lim_{n\to\infty}F(n),\quad F(-\infty)=\lim_{n\to\infty}F(-n).$$

记$A_k=\{\omega\in\Omega:k-1<X(\omega)\leqslant k\}$, $k=0,\pm1,\pm2,\ldots$, 于是

$$\Omega=\{-\infty<X<\infty\}=\sum_{k=-\infty}^{\infty}A_k.$$

由概率的定义,

$$\begin{aligned}1=&P(\Omega)=P\left(\sum_{k=-\infty}^{\infty}A_k\right)=\sum_{k=-\infty}^{\infty}P(A_k)=\lim_{n\to\infty}\sum_{k=-n+1}^{n}P(A_k)\\ &=\lim_{n\to\infty}(F(n)-F(-n))=F(+\infty)-F(-\infty).\end{aligned}$$

又因为$0\leqslant F(x)\leqslant 1$, 故$F(+\infty),F(-\infty)\in[0,1]$, 从而必有$F(+\infty)=1$, $F(-\infty)=0$.

(3) 对任意的实数x, 由F的单调性知, $F(x+0)$存在且

$$F(x+0)=\lim_{n\to\infty}F\left(x+\frac{1}{n}\right).$$

记$B_k=\left\{x+\dfrac{1}{k+1}<X\leqslant x+\dfrac{1}{k}\right\}$, $k=1,2,\ldots$. 于是

$$\{x<X\leqslant x+1\}=\sum_{k=1}^{\infty}B_k,\quad \left\{x+\frac{1}{n+1}<X\leqslant x+1\right\}=\sum_{k=1}^{n}B_k, n=1,2,\ldots$$

由概率的可列可加性公理和有限可加性知,

$$F(x+1)-F(x)=P(x<X\leqslant x+1)=P\left(\sum_{k=1}^{\infty}B_k\right)$$

$$
\begin{aligned}
&=\sum_{k=1}^{\infty} P(B_k)=\lim_{n\to\infty}\sum_{k=1}^{n} P(B_k)=\lim_{n\to\infty} P\left(\sum_{k=1}^{n} B_k\right)\\
&=\lim_{n\to\infty} P\left(x+\frac{1}{n+1}<X\leqslant x+1\right)\\
&=\lim_{n\to\infty}\left(F(x+1)-F\left(x+\frac{1}{n+1}\right)\right)\\
&=F(x+1)-\lim_{n\to\infty} F\left(x+\frac{1}{n}\right)=F(x+1)-F(x+0).
\end{aligned}
$$

故对任意的实数x, $F(x+0)=F(x)$, 即F在x处右连续. □

2.6.2 Γ−函数

♣**定义2.6.2** 称含参数$\alpha(\alpha>0)$的积分$\Gamma(\alpha)=\int_0^{\infty} x^{\alpha-1}e^{-x}\mathrm{d}x$ 为**Γ−函数或伽玛函数**. 读者可以自行验证上述定义中广义积分是收敛的, 即Γ−函数有意义.

▲**命题2.6.3** Γ−函数的性质:

(1) $\Gamma(1)=1, \Gamma(\alpha+1)=\alpha\Gamma(\alpha)$;

(2) $\Gamma\left(\frac{1}{2}\right)=\sqrt{\pi}$;

(3) 设$a>0$, $b>0$, 记$B(a,b)=\int_0^1 t^{a-1}(1-t)^{b-1}\mathrm{d}t$, 则$B(a,b)=\frac{\Gamma(a)\Gamma(b)}{\Gamma(a+b)}$.

证明 (1) 直接求得$\Gamma(1)=\int_0^{\infty} e^{-x}\mathrm{d}x=1$.

由分部积分公式,

$$
\begin{aligned}
\Gamma(\alpha+1)&=\int_0^{\infty} x^{\alpha+1-1}e^{-x}\mathrm{d}x=-\int_0^{\infty} x^{\alpha}\mathrm{d}\left(e^{-x}\right)\\
&=\int_0^{\infty} e^{-x}\mathrm{d}\left(x^{\alpha}\right)=\alpha\int_0^{\infty} x^{\alpha-1}e^{-x}\mathrm{d}x=\alpha\Gamma(\alpha).
\end{aligned}
$$

(2) 记$I=\int_0^{\infty} e^{-t^2}\mathrm{d}t$, 则由极坐标变换可知,

$$
\begin{aligned}
(2I)^2&=\left(\int_{-\infty}^{\infty} e^{-t^2}\mathrm{d}t\right)^2=\int_{-\infty}^{\infty} e^{-x^2}\mathrm{d}x\int_{-\infty}^{\infty} e^{-y^2}\mathrm{d}y\\
&=\iint_{\mathbb{R}^2} e^{-(x^2+y^2)}\mathrm{d}x\mathrm{d}y=\int_0^{2\pi}\mathrm{d}\theta\int_0^{\infty} e^{-r^2}r\mathrm{d}r=\pi.
\end{aligned}
$$

于是$I=\frac{\sqrt{\pi}}{2}$. 故

$$
\Gamma\left(\frac{1}{2}\right)=\int_0^{\infty} x^{-1/2}e^{-x}\mathrm{d}x=\int_0^{\infty} t^{-1}e^{-t^2}\cdot 2t\mathrm{d}t=2I=\sqrt{\pi}.
$$

(3) 由Γ−函数的定义,

$$
\begin{aligned}
\Gamma(a)\Gamma(b)&=\int_0^{\infty} x^{a-1}e^{-x}\mathrm{d}x\cdot\int_0^{\infty} y^{b-1}e^{-y}\mathrm{d}y=\int_0^{\infty}\int_0^{\infty} e^{-(x+y)}x^{a-1}y^{b-1}\mathrm{d}x\mathrm{d}y\\
&=\int_0^{\infty} s^{a+b-1}e^{-s}\mathrm{d}s\int_0^1 t^{a-1}(1-t)^{b-1}\mathrm{d}t=\Gamma(a+b)\cdot B(a,b).
\end{aligned}
$$

第三个等号是因为作了积分变量代换 $\begin{cases} s = x + y, \\ t = \dfrac{x}{x+y}. \end{cases}$ □

2.6.3 常见分布的正则性的验证

要验证一个函数是概率函数或概率密度函数, 需要验证其满足非负性和正则性. 非负性一般来说都是比较容易验证的, 因此这里我们仅验证满足正则性.

1. 二项分布的正则性

随机变量$X \sim b(n,p)$, 则其概率函数为

$$p_k = P(X=k) = C_n^k p^k (1-p)^{n-k}, \quad k = 0, 1, \ldots, n.$$

由二项式定理, 我们有

$$\sum_{k=0}^{n} p_k = \sum_{k=0}^{n} C_n^k p^k (1-p)^{n-k} = (p + 1 - p)^n = 1.$$

2. 几何分布的正则性

随机变量$X \sim Ge(p)$, 则其概率函数为

$$p_k = P(X=k) = p(1-p)^{k-1}, \quad k = 1, 2, \ldots$$

由无穷等比数列求和公式, 我们立得

$$\sum_{k=1}^{\infty} p_k = p \sum_{k=1}^{\infty} (1-p)^{k-1} = p \cdot \frac{1}{1-(1-p)} = 1.$$

3. 负二项分布的正则性

随机变量$X \sim Nb(r,p)$, 则其概率函数为

$$p_k = P(X=k) = p^r C_{k-1}^{r-1} (1-p)^{k-r}, \quad k = r, r+1, \ldots$$

由二项式的级数展开式,

$$(1-x)^{-r} = \sum_{j=0}^{\infty} \frac{(-r)(-r-1)\cdots(-r-j+1)}{j!} (-x)^j = \sum_{j=0}^{\infty} C_{j+r-1}^{j} x^j,$$

令$x = 1 - p$得,

$$\begin{aligned} \sum_{k=r}^{\infty} p_k =& p^r \sum_{j=0}^{\infty} C_{j+r-1}^{r-1} (1-p)^j \\ =& p^r \sum_{j=0}^{\infty} C_{j+r-1}^{j} (1-p)^j = p^r (1-(1-p))^{-r} = 1. \end{aligned}$$

4. 泊松分布的正则性

随机变量$X \sim P(\lambda)$, 则其概率函数为

$$p_k = P(X=k) = \frac{\lambda^k}{k!} e^{-\lambda}, \quad k = 0, 1, \ldots$$

在函数$f(x)=e^x$的级数展开式$e^x=\sum_{k=0}^{\infty}\frac{x^k}{k!}$中令$x=\lambda$, 得

$$\sum_{k=0}^{\infty}p_k=e^{-\lambda}\sum_{k=0}^{\infty}\frac{\lambda^k}{k!}=e^{-\lambda}\cdot e^{\lambda}=1.$$

5. 超几何分布的正则性

随机变量$X\sim h(n,N,M)$, 则其概率函数为

$$P(X=k)=\frac{C_M^k\cdot C_{N-M}^{n-k}}{C_N^n},\quad k=0,1,\ldots,\min\{n,M\},$$

其中$n\leqslant N$, $M\leqslant N$.

正则性由组合数性质

$$C_M^0C_{N-M}^n+C_M^1C_{N-M}^{n-1}+\cdots+C_M^nC_{N-M}^0=C_N^n$$

即得.

6. 均匀分布的正则性

随机变量$X\sim U(a,b)$, 则其概率密度函数为

$$p(x)=\begin{cases}\frac{1}{b-a}, & a<x<b,\\ 0, & x\leqslant a或x\geqslant b.\end{cases}$$

由积分的性质, $\int_{-\infty}^{\infty}p(x)\mathrm{d}x=\int_a^b\frac{1}{b-a}\mathrm{d}x=1.$

7. 标准正态分布的正则性

随机变量$X\sim N(0,1)$, 则其概率密度函数为

$$\varphi(x)=\frac{1}{\sqrt{2\pi}}\exp\left(-\frac{x^2}{2}\right).$$

作积分变换$x=\sqrt{2t}$,

$$\begin{aligned}\int_{-\infty}^{\infty}\varphi(x)\mathrm{d}x=&\frac{2}{\sqrt{2\pi}}\int_0^{\infty}\exp\left(-\frac{x^2}{2}\right)\mathrm{d}x\\ =&\frac{2}{\sqrt{2\pi}}\int_0^{\infty}e^{-t}\cdot\frac{\sqrt{2}}{2}t^{-1/2}\mathrm{d}t=\frac{1}{\sqrt{\pi}}\Gamma\left(\frac{1}{2}\right)=1.\end{aligned}$$

8. Gamma分布的正则性

随机变量$X\sim Ga(\alpha,\lambda)$, 则其概率密度函数为

$$p(x)=\begin{cases}\frac{\lambda^{\alpha}}{\Gamma(\alpha)}x^{\alpha-1}e^{-\lambda x}, & x>0,\\ 0, & x\leqslant 0.\end{cases}$$

由$\Gamma-$函数的定义,

$$\int_{-\infty}^{\infty}p(x)\mathrm{d}x=\frac{1}{\Gamma(\alpha)}\int_0^{\infty}(\lambda x)^{\alpha-1}e^{-\lambda x}\mathrm{d}(\lambda x)=\frac{1}{\Gamma(\alpha)}\cdot\Gamma(\alpha)=1.$$

第三章　多维随机变量

从上一章中我们知道, 在同一概率空间可以定义多个不同的随机变量, 我们可以逐一研究它们的概率性质, 但是有时候我们需要研究它们的联合性质. 例如, 遗传学家很关心儿子的身高X和父亲的身高Y之间的关系, 于是需要考虑(X,Y) 的联合性质; 经济学家非常关心每个家庭的支出在衣食住行上的花费(分别记为X,Y,Z,W) 占总收入的比例, 则考虑一个四维随机变量(X,Y,Z,W)是必要的. 本章我们来学习随机向量的定义及其分布.

3.1　多维随机变量及其联合分布

3.1.1　多维随机变量的定义及其联合分布

♣**定义3.1.1**　设X, Y是定义在概率空间$(\Omega,\mathcal{F},P)$上的随机变量, 则称(X,Y) 为**二维随机变量**; 类似地, 若$X_1,X_2,\ldots,X_d$ 是d个定义在概率空间$(\Omega,\mathcal{F},P)$上的随机变量, 则称$(X_1,X_2,\ldots,X_d)$为d **维随机变量**, 或d**维随机向量**.

♠**注记3.1.2**　这里, 我们需要说明几点:

(1) 今后, 我们着重考虑二维情形; 高维情形类似.

(2) 二维随机变量是Ω到$\mathbb{R}^2$的映射, 即$(X,Y):\Omega\to\mathbb{R}^2$.

(3) $(X_1,X_2,\ldots,X_d)$为d 维随机变量, 则对任意的正整数$k: 1\leqslant k\leqslant d$和$1\leqslant j_1<j_2<\cdots<j_k\leqslant d$, $(X_{j_1},X_{j_2},\ldots,X_{j_k})$为$k$维随机变量.

♠**注记3.1.3**　$(X_1,X_2,\ldots,X_d)$为定义在概率空间$(\Omega,\mathcal{F},P)$上的d维随机变量当且仅当对任意$(x_1,x_2,\ldots,x_d)\in\mathbb{R}^d$,

$$\{\omega\in\Omega: X_1\leqslant x_1, X_2\leqslant x_2,\ldots,X_d\leqslant x_d\}\in\mathcal{F}.$$

▶**例3.1.4**　幼儿在生长发育过程中, 体重和身高是最被关注的两个重要指标. 若用X和Y分别表示幼儿的体重和身高, 则(X,Y)是一个二维随机变量.

同一维随机变量一样, 我们需要通过研究分布函数来研究随机向量的概率性质.

♣**定义3.1.5** 设(X,Y)是定义在概率空间$(\Omega,\mathcal{F},P)$上的二维随机变量, 称

$$F(x,y)=P(X\leqslant x,Y\leqslant y)$$

是随机变量(X,Y)的**联合分布函数**, 简称为分布函数.

♠**注记3.1.6** 对任意的$(x,y)\in\mathbb{R}^2$, 则$F(x,y)$ 为(X,Y) 落在点(x,y) 左下方区域的概率, 即$F(x,y)=P((X,Y)\in D_{xy})$, 其中$D_{xy}=\{(u,v):u\leqslant x,v\leqslant y\}=(-\infty,x]\times(-\infty,y]$. 如图3-1所示.

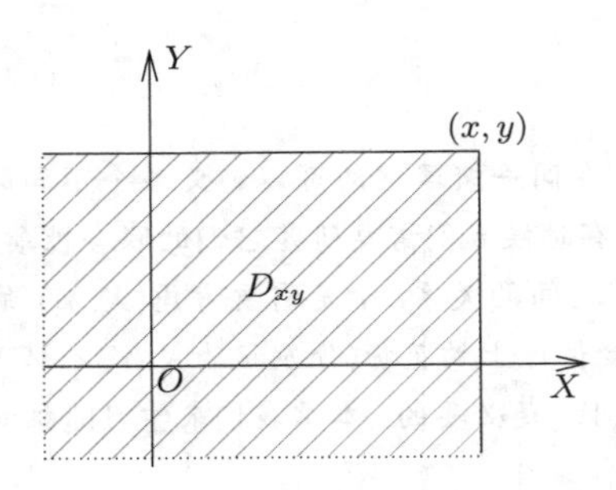

图3-1 D_{xy}的图示

♠**注记3.1.7** 类似地, 我们可以定义d维随机变量$(X_1,X_2,\ldots,X_d)$的联合分布函数:

$$F(x_1,x_2,\ldots,x_d)=P(X_1\leqslant x_1,X_2\leqslant x_2,\ldots,X_d\leqslant x_d).$$

▲**命题3.1.8 联合分布函数的性质**

设$F(x,y)$为随机变量(X,Y)的联合分布函数, 则其满足

(1) **单调性**: $F(x,y)$ 关于每个分量单调不降.

(2) **有界性**: $0\leqslant F(x,y)\leqslant 1$, $F(\infty,\infty)=1$,

$F(-\infty,y)=F(x,-\infty)=0$, $F(-\infty,-\infty)=0$.

(3) **右连续性**: $F(x,y)$ 分别关于x和y右连续.

(4) **非负性**: 当$a_1<b_1$, $a_2<b_2$时, 必有

$$F(b_1,b_2)-F(b_1,a_2)-F(a_1,b_2)+F(a_1,a_2)\geqslant 0.$$

证明 (1)(2)(3)的证明可仿一维随机变量的分布函数的性质证明, 这里仅证明(4).

事实上, 由F的定义和概率的非负性可知,

$$F(b_1,b_2)-F(b_1,a_2)-F(a_1,b_2)+F(a_1,a_2)=P(a_1<X\leqslant b_1,a_2<Y\leqslant b_2)\geqslant 0.$$ □

♠**注记3.1.9** 我们知道一维情形时, 如果有个函数满足性质(1)-(3), 则其一定是某随机变量的分布函数; 但是对于二维情形, 如果一个二元函数仅有性质(1)-(3), 不能足以说明其是联合分布函数, 即性质(4)可能不满足. 例如

$$F(x,y)=\begin{cases}0, & x+y<0;\\ 1, & x+y\geqslant 0.\end{cases}$$

容易验证其满足性质(1)-(3), 但不满足性质(4), 只需取$a_1 = a_2 = -1, b_1 = b_2 = 1$,

$$F(1,1) - F(1,-1) - F(-1,1) + F(-1,-1) = 1 - 1 - 1 + 0 = -1 < 0.$$

♠**注记3.1.10** 性质(4)的不等号左边, 刻画了随机变量(X,Y) 落在矩形区域$(a_1,b_1] \times (a_2,b_2]$的概率; 对于高维($d \geqslant 2$)情形, 性质(4) 可述为:

$A = (a_1,b_1] \times \cdots \times (a_d,b_d]$ 为d维矩体, $V = \{a_1,b_1\} \times \cdots \times \{a_d,b_d\}$ 为A的所有顶点组成的集合. $v \in V$, 记$sgn(v) = (-1)^{\{v\text{中}a_i\text{的个数}\}}$, 则

$$P((X_1,\ldots,X_d) \in A) = \sum_{v \in V} sgn(v)F(v) \geqslant 0.$$

参见Durrett[11].

▶**例3.1.11** 已知随机变量(X,Y)的分布函数为

$$F(x,y) = A\left(\arctan x + B\right)\left(\arctan y + C\right).$$

求常数A,B,C的值.

解 由$F(\infty,\infty) = 1$和$F(-\infty,y) = F(x,-\infty) = 0$得,

$$\begin{cases} A\left(\dfrac{\pi}{2} + B\right)\left(\dfrac{\pi}{2} + C\right) = 1; \\ A\left(\arctan x + B\right)\left(-\dfrac{\pi}{2} + C\right) = 0, \quad \forall x \in \mathbb{R}; \\ A\left(-\dfrac{\pi}{2} + B\right)\left(\arctan y + C\right) = 0, \quad \forall y \in \mathbb{R}. \end{cases}$$

由此解得

$$A = \frac{1}{\pi^2}, \qquad B = C = \frac{\pi}{2}.$$

□

类似于一维情形, 接下来我们分别考虑离散情形和连续情形的二维分布.

3.1.2 二维离散型分布

♣**定义3.1.12** 若随机变量(X,Y)的取值的个数为有限对或可列对, 则称(X,Y)为二维离散型随机变量.

▶**例3.1.13** 同时掷一枚骰子和一枚硬币, X表示掷得的骰子的点数; 如果硬币正面朝上令$Y=1$, 否则$Y=0$. 显然, (X,Y)是一个二维离散型随机变量.

♠**注记3.1.14** (X,Y)为二维离散型随机变量当且仅当X和Y都是一维离散型随机变量.

♣**定义3.1.15** 设二维离散型随机变量(X,Y)取值于$\{(x_i,y_j): i,j = 1,2,\ldots\}$, 称

$$p_{ij} = P(X = x_i, Y = y_j), \quad i,j = 1,2,\ldots$$

为(X,Y)的联合分布列.

♠**注记3.1.16** 联合分布列也可以用表格形式表示.

$X \backslash Y$	y_1	y_2	$\cdots$	y_j	$\cdots$
x_1	p_{11}	p_{12}	$\cdots$	p_{1j}	$\cdots$
x_2	p_{21}	p_{22}	$\cdots$	p_{2j}	$\cdots$
$\vdots$	$\vdots$	$\vdots$	$\cdots$	$\vdots$	$\cdots$
x_i	p_{i1}	p_{i2}	$\cdots$	p_{ij}	$\cdots$
$\vdots$	$\vdots$	$\vdots$	$\cdots$	$\vdots$	$\cdots$

▲**命题3.1.17　联合分布列的性质**:

(1) 非负性　$p_{ij} \geqslant 0$;

(2) 正则性　$\sum\limits_{i,j} p_{ij} = 1$.

证明 非负性由概率的非负性立得; 正则性由$\Omega = \sum\limits_{i,j}\{X = x_i, Y = y_j\}$和概率的可列可加性立得. □

►**例3.1.18**　将一枚均匀的硬币抛掷4次, X表示正面向上的次数, Y表示反面朝上次数. 求(X,Y)的联合分布列.

解 显然, $X \sim b(4,1/2)$. 易知(X,Y)的可能取值于$\{(i,j) : i,j = 0,1,2,3,4\}$, 注意到正面朝上的次数和反面朝上的次数之和应为所掷次数, 故

$$P(X = i, Y = j) = \begin{cases} P(X = i), & i + j = 4, \\ 0, & i + j \neq 4. \end{cases} = \begin{cases} C_4^i \left(\dfrac{1}{2}\right)^4, & i + j = 4, \\ 0, & i + j \neq 4. \end{cases}$$

即为所求的联合分布列. □

►**例3.1.19**　已知二维随机变量(X,Y)的联合分布列如下,

$X \backslash Y$	0	1	2
-1	0.05	0.1	0.1
0	0.1	0.2	0.1
1	a	0.2	0.05

求(1)常数a; (2)概率$P(X \geqslant 0, Y \leqslant 1)$ 和$P(X \leqslant 1, Y \leqslant 1)$.

解 (1)由分布列的正则性,

$$1=\sum_{i,j}^{\infty}p_{ij}=0.05+0.1+0.1+0.1+0.2+0.1+a+0.2+0.05$$

解得$a=0.1$.

(2)所求概率

$$P(X\geqslant 0,Y\leqslant 1)=\sum_{(i,j):x_i\geqslant 0,y_j\leqslant 1}p_{ij}$$

$$=P(X=0,Y=0)+P(X=0,Y=1)+P(X=1,Y=0)+P(X=1,Y=1)$$

$$=0.1+0.2+0.1+0.2=0.6,$$

$$\begin{aligned}P(X\leqslant 1,Y\leqslant 1)=&P(Y\leqslant 1)=1-P(Y=2)\\=&1-[P(X=-1,Y=2)+P(X=0,Y=2)+P(X=1,Y=2)]\\=&1-[0.1+0.1+0.05]=0.75.\end{aligned}$$

□

一般地,

★定理3.1.20 若(X,Y)具有分布列$\{p_{ij},i,j\geqslant 1\}$, $D\subset\mathbb{R}^2$, 则

$$P((X,Y)\in D)=\sum_{(i,j):(x_i,y_j)\in D}p_{ij}$$

这里(x_i,y_j)为(X,Y)的可能取值.

3.1.3 二维连续型分布

♣定义3.1.21 设二维随机变量(X,Y)的联合分布函数为$F(x,y)$, 若存在非负函数$p(x,y)$使得

$$F(x,y)=\iint_{D_{xy}}p(u,v)\mathrm{d}u\mathrm{d}v,$$

其中$D_{xy}=(-\infty,x]\times(-\infty,y]$, 则称$(X,Y)$为**二维连续型随机变量**; 称$p(x,y)$为$(X,Y)$的**联合概率密度函数**.

同一维情形一样, 联合概率密度函数也具有非负性和正则性, 即

▲命题3.1.22 联合概率密度函数的性质:

(1) 非负性 $p(x,y)\geqslant 0$;

(2) 正则性 $\displaystyle\iint_{\mathbb{R}^2}p(x,y)\mathrm{d}x\mathrm{d}y=1$.

证明 非负性由定义立得; 正则性由$F(\infty,\infty)=1$和F的连续性立得. □

▶**例3.1.23** 设随机变量(X,Y)具有概率密度函数

$$p(x,y)=\begin{cases}Ae^{-(2x+3y)}, & x\geqslant 0, y\geqslant 0,\\ 0, & \text{其他}.\end{cases}$$

求常数A的值.

解 记$D^*=\{(x,y):x\geqslant 0,y\geqslant 0\}$, 由概率密度函数的正则性,

$$1=\iint p(x,y)\mathrm{d}x\mathrm{d}y=\iint_{D^*}Ae^{-(2x+3y)}\mathrm{d}x\mathrm{d}y=\int_0^{\infty}\mathrm{d}x\int_0^{\infty}Ae^{-(2x+3y)}\mathrm{d}y=\frac{A}{6},$$

解得$A=6$. □

♠**注记3.1.24** 例3.1.23求解过程中的第二个等号, 涉及到多元函数的积分理论: $p(x,y)$在D^*和$\mathbb{R}^2\setminus D^*$的解析式不同, 所以需要分别积分然后求和. 这里在$\mathbb{R}^2\setminus D^*$上, $p(x,y)=0$, 因而在$\mathbb{R}^2\setminus D^*$上的积分值为0.

同一维情形一样, 已知随机变量的概率密度函数, 我们可以很方便地求出相关随机事件发生的概率.

★**定理3.1.25** 设随机变量(X,Y)具有概率密度函数$p(x,y)$, $D\subset\mathbb{R}^2$, 则

$$P((X,Y)\in D)=\iint_D p(x,y)\mathrm{d}x\mathrm{d}y.$$

这个定理的证明已经超出了本书的范围, 因而证明略去.

▶**例3.1.26** 设随机变量(X,Y)具有概率密度函数

$$p(x,y)=\begin{cases}6e^{-(2x+3y)}, & x\geqslant 0, y\geqslant 0;\\ 0, & \text{其他}.\end{cases}$$

求概率$P(X\leqslant 2,Y\leqslant 1)$.

解 记$D^*=\{(x,y):x\geqslant 0,y\geqslant 0\}$, $D=\{(x,y):x\leqslant 2,y\leqslant 1\}$, 则

$$D\cap D^*=\{(x,y):0\leqslant x\leqslant 2,0\leqslant y\leqslant 1\},$$

如图3-2所示.

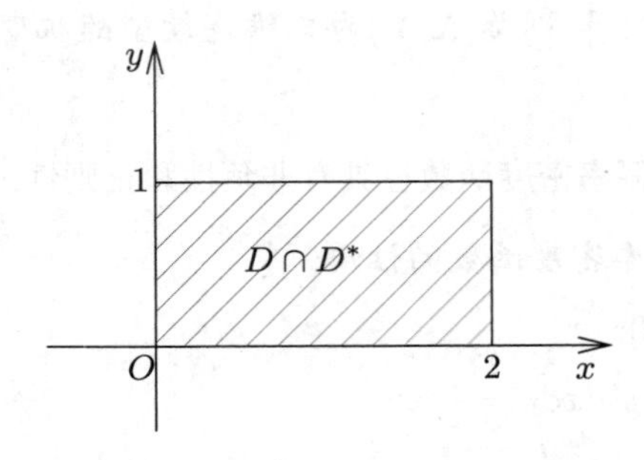

图3-2 $D\cap D^*$

于是, 所求概率为

$$\begin{aligned}P(X \leqslant 2, Y \leqslant 1) =& P((X,Y) \in D) = \iint_D p(x,y)\mathrm{d}x\mathrm{d}y \\ =& \iint_{D\cap D^*} 6e^{-(2x+3y)}\mathrm{d}x\mathrm{d}y = \int_0^2 \mathrm{d}x \int_0^1 6e^{-(2x+3y)}\mathrm{d}y \\ =& (1-e^{-4})(1-e^{-3}).\end{aligned}$$

□

♠**注记3.1.27** 类似于例3.1.23, $p(x,y)$在D上的积分被分成两个积分的和, 一个是在$D \cap D^*$上的积分, 另一个是在$D \setminus D^*$上的积分. 因为在$D \setminus D^*$上, $p(x,y)=0$, 因而积分值为0. 事先写出$D \cap D^*$, 是为了将在$D \cap D^*$上的重积分化为累次积分计算最后结果.

▶**例3.1.28** 设随机变量(X,Y)具有概率密度函数

$$p(x,y) = \begin{cases} 6e^{-(2x+3y)}, & x \geqslant 0, y \geqslant 0, \\ 0, & \text{其他}. \end{cases}$$

设$D = \{(x,y) : 2x+3y \leqslant 6\}$, 求概率$P((X,Y) \in D)$.

解 记$D^* = \{(x,y) : x \geqslant 0, y \geqslant 0\}$, 则

$$D \cap D^* = \left\{(x,y) : 0 \leqslant x \leqslant 3, 0 \leqslant y \leqslant \frac{6-2x}{3}\right\},$$

如图3-3所示.

所求概率为

$$\begin{aligned}P((X,Y) \in D) =& \iint_D p(x,y)\mathrm{d}x\mathrm{d}y = \iint_{D\cap D^*} 6e^{-(2x+3y)}\mathrm{d}x\mathrm{d}y \\ =& \int_0^3 \mathrm{d}x \int_0^{(6-2x)/3} 6e^{-(2x+3y)}\mathrm{d}y = 1-7e^{-6}.\end{aligned}$$

□

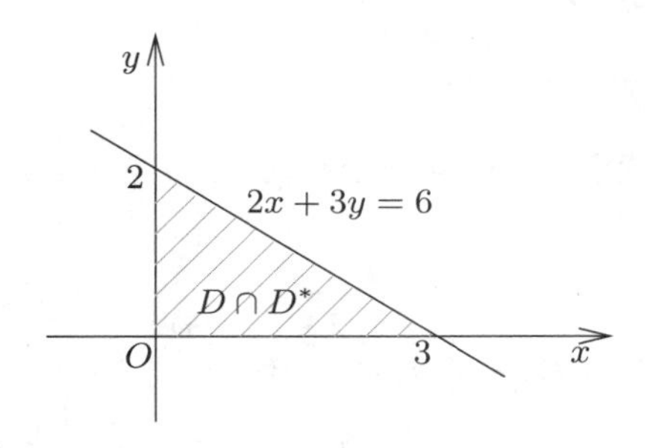

图3-3 $D \cap D^*$

▶**例3.1.29** 设随机变量(X,Y)具有概率密度函数

$$p(x,y) = \begin{cases} e^{-y}, & 0 < x < y, \\ 0, & \text{其他}. \end{cases}$$

求概率$P(X+Y \leqslant 1)$.

解 记$D^* = \{(x,y): 0 < x < y\}$, $D = \{(x,y): x + y \leqslant 1\}$, 则

$$D \cap D^* = \{(x,y): 0 < x \leqslant 1/2, x < y \leqslant 1 - x\},$$

如图3-4所示.

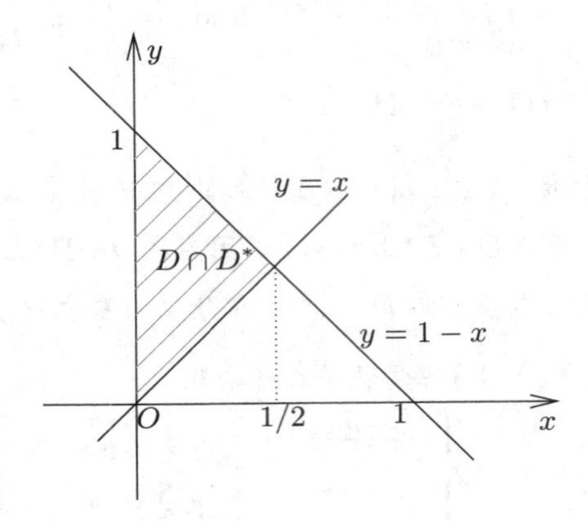

图3-4 $D \cap D^*$

于是所求概率为

$$\begin{aligned} P(X + Y \leqslant 1) &= P((X,Y) \in D) = \iint_D p(x,y)\mathrm{d}x\mathrm{d}y \\ &= \iint_{D\cap D^*} e^{-y}\mathrm{d}x\mathrm{d}y = \int_0^{1/2}\mathrm{d}x\int_x^{1-x} e^{-y}\mathrm{d}y \\ &= 1 + e^{-1} - 2e^{-1/2}. \end{aligned}$$

□

3.1.4 已知分布, 求概率

将定理3.1.20和定理3.1.25写在一起, 即

★定理3.1.30 设随机变量(X,Y)具有分布列$\{p_{ij}, i,j = 1,2,\ldots\}$或概率密度函数$p(x,y)$, $D \subset \mathbb{R}^2$, 则

$$P((X,Y) \in D) = \begin{cases} \displaystyle\sum_{(i,j):(x_i,y_j)\in D} p_{ij}, & \text{离散情形}, \\ \displaystyle\iint_D p(x,y)\mathrm{d}x\mathrm{d}y, & \text{连续情形}. \end{cases}$$

特别地, (X,Y)的联合分布函数为

$$F(x,y) = P((X,Y) \in D_{xy}) = \begin{cases} \displaystyle\sum_{(i,j):(x_i,y_j)\in D_{xy}} p_{ij}, & \text{离散情形}, \\ \displaystyle\iint_{D_{xy}} p(u,v)\mathrm{d}u\mathrm{d}v, & \text{连续情形}. \end{cases}$$

其中$D_{xy} = \{(u,v): u \leqslant x, v \leqslant y\} = (-\infty, x] \times (-\infty, y]$.

▶**例3.1.31** 设随机变量(X,Y)具有概率密度函数

$$p(x,y)=\begin{cases} cx^2y, & x^2\leqslant y\leqslant 1,\\ 0, & \text{其他}. \end{cases}$$

(1)求常数c;

(2)求概率$P(X\leqslant Y)$.

解 (1) 记$D^*=\{(x,y):x^2\leqslant y\leqslant 1\}$, 由概率密度函数的正则性,

$$1=\iint p(x,y)\mathrm{d}x\mathrm{d}y=\iint_{D^*}cx^2y\mathrm{d}x\mathrm{d}y=\int_{-1}^{1}\mathrm{d}x\int_{x^2}^{1}cx^2y\mathrm{d}y=\frac{4}{21}c,$$

解得$c=\dfrac{21}{4}$.

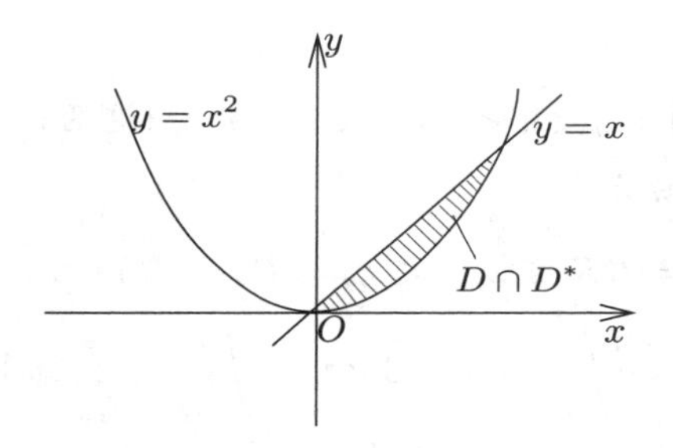

图3-5 $D\cap D^*$

(2) 记$D=\{(x,y):x>y\}$, D^*同(1), 则$D\cap D^*=\{(x,y):0<x\leqslant 1,x^2\leqslant y<x\}$, 如图3-5所示.

于是,

$$P((X,Y)\in D)=\iint_D p(x,y)\mathrm{d}x\mathrm{d}y=\iint_{D\cap D^*}\frac{21}{4}x^2y\mathrm{d}x\mathrm{d}y=\int_0^1\mathrm{d}x\int_{x^2}^{x}\frac{21}{4}x^2y\mathrm{d}y=\frac{3}{20}.$$

故所求概率$P(X\leqslant Y)=1-P(X>Y)=1-P((X,Y)\in D)=1-\dfrac{3}{20}=\dfrac{17}{20}$. □

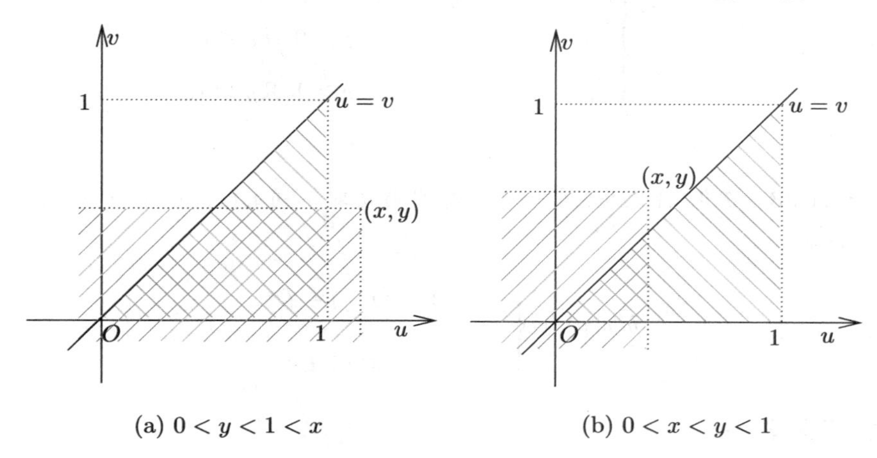

图3-6 $D_{xy}\cap D^*$

▶**例3.1.32** 设二维随机变量(X,Y)的联合概率密度函数为

$$p(x,y)=\begin{cases}3x, & 若0<y<x<1,\\ 0, & 其他.\end{cases}$$

求(X,Y)的联合分布函数$F(x,y)$.

解 对任意的实数x,y, 记$D_{xy}=\{(u,v):u\leqslant x,v\leqslant y\}$. 令$D^*=\{(u,v):0<v<u<1\}$, 于是

$$D^*\cap D_{xy}=\begin{cases}\{(u,v):v<u\leqslant x\wedge 1,0<v\leqslant y\}, & 0<y<1,x>y,\\ \{(u,v):v<u\leqslant x,0<v\leqslant x\}, & 0<x<1,y\geqslant x,\\ \emptyset, & x\leqslant 0 或y\leqslant 0,\\ D^*, & x\geqslant 1 且y\geqslant 1.\end{cases}$$

如图3-6所示(图中仅给出了$0<y<1<x$和$0<x<y<1$这两种情形).

故(X,Y)的联合分布函数为

$$\begin{aligned}F(x,y)=&P(X\leqslant x,Y\leqslant y)=P((X,Y)\in D_{xy})\\ &=\iint_{D_{xy}}p(u,v)\mathrm{d}u\mathrm{d}v=\iint_{D^*\cap D_{xy}}3u\mathrm{d}u\mathrm{d}v\\ &=\begin{cases}\int_0^y\mathrm{d}v\int_v^{x\wedge 1}3u\mathrm{d}u, & 0<y<1,x>y,\\ \int_0^x\mathrm{d}v\int_v^x 3u\mathrm{d}u, & 0<x<1,y\geqslant x,\\ 0, & x\leqslant 0 或y\leqslant 0,\\ 1, & x\geqslant 1 且y\geqslant 1.\end{cases}\\ &=\begin{cases}\frac{y}{2}(3(x\wedge 1)^2-y^2), & 0<y<1,x>y,\\ x^3, & 0<x<1,y\geqslant x,\\ 0, & x\leqslant 0 或y\leqslant 0,\\ 1, & x\geqslant 1 且y\geqslant 1.\end{cases}\end{aligned}$$

□

♠**注记3.1.33** 在例3.1.32中, 求分布函数实质是对不同的(x,y), 求事件$\{X\leqslant x,Y\leqslant y\}$的概率. 由于

$$p(x,y)=\begin{cases}f(x,y), & (x,y)\in D^*,\\ 0, & (x,y)\notin D^*\end{cases}$$

最终转化为计算重积分

$$\iint_{D_{xy}\cap D^*}f(u,v)\mathrm{d}u\mathrm{d}v,$$

为此, 我们事先需要对x,y的范围进行分类讨论, 写出$D_{xy}\cap D^*$ 的所有情形. 这个工作一般来说是繁琐的.

3.1.5 特殊的多维分布

本节我们将要介绍几种常见的多维分布: 多项分布, 多维超几何分布, 二维均匀分布和二维正态分布.

1. **多项分布**

设现重复做同一随机试验, 若每次试验有r种结果: $A_1,\ldots,A_r$. 记$P(A_i)=p_i$, $i=1,\ldots,r$. 记X_i 为n次独立重复试验中A_i出现的次数, 则$(X_1,\ldots,X_r)$ 的联合分布列为

$$P(X_1=n_1,\ldots,X_r=n_r)=\begin{cases}\dfrac{n!p_1^{n_1}\cdots p_r^{n_r}}{n_1!\cdots n_r!}, & \sum\limits_{i=1}^{r}n_i=n,\\ 0, & \text{其他}.\end{cases}$$

称该分布为多项分布.

2. **多维超几何分布**

设口袋中有N只球, 分成r类, 第i 种有N_i只, $N_1+\cdots+N_r=N$. 从中任取n只, 记X_i为这n只中第i种球的个数, 则$(X_1,\ldots,X_r)$ 的联合分布列为

$$P(X_1=n_1,\ldots,X_r=n_r)=\begin{cases}\dfrac{C_{N_1}^{n_1}\cdots C_{N_r}^{n_r}}{C_N^n}, & \sum\limits_{i=1}^{r}n_i=n,\\ 0, & \text{其他}.\end{cases}$$

称该分布为多维超几何分布.

3. **二维均匀分布**

设$D\subset\mathbb{R}^2$满足$0<\iint_D \mathrm{d}x\mathrm{d}y<\infty$, 称$(X,Y)$服从区域$D$上的均匀分布, 若其联合概率密度函数为

$$p(x,y)=\begin{cases}\dfrac{1}{S_D}, & (x,y)\in D,\\ 0, & \text{其他}.\end{cases}$$

记为$(X,Y)\sim U(D)$. 这里$S_D=\iint_D \mathrm{d}x\mathrm{d}y$表示平面区域$D$的面积.

4. **二维正态分布**

称(X,Y)服从二维正态分布, 若其联合概率密度函数为

$$p(x,y)=\frac{1}{2\pi\sigma_1\sigma_2 c}\exp\left\{-\frac{1}{2c^2}(a^2+b^2-2\rho ab)\right\},\quad -\infty<x,y<\infty$$

其中$a=\dfrac{x-\mu_1}{\sigma_1}, b=\dfrac{y-\mu_2}{\sigma_2}, c=\sqrt{1-\rho^2}$. 记为$(X,Y)\sim N(\mu_1,\sigma_1^2;\mu_2,\sigma_2^2;\rho)$.

♠**注记3.1.34** 设随机变量(X,Y)服从二维正态分布$N(\mu_1,\sigma_1^2;\mu_2,\sigma_2^2;\rho)$, 参数$\mu_1,\mu_2$分别表示$X$与$Y$的数学期望, σ_1^2,σ_2^2分别表示X与Y的方差, 参数ρ表示X与Y的相关系数, 我们将在下一章来具体介绍.

类似地, 我们可以定义高维正态分布, 见本章§5.

习题3.1

1. 设$a,b>0$为常数, 验证函数

$$F(x,y)=\begin{cases}1-e^{-ax}-e^{-by}+e^{-(ax+by)}, & x>0,y>0,\\ 0, & \text{其他}.\end{cases}$$

为二维随机变量的分布函数.

2. 设$F(x,y)$为二维随机变量(X,Y)的联合分布函数, 试用$F(x,y)$表示下列随机事件发生的概率:

(1) $P(X>a,Y>b)$; (2) $P(a\leqslant X\leqslant c,Y\geqslant d)$;

(3) $P(X\leqslant a,Y\geqslant b)$; (4) $P(X=a,Y>b)$.

3. 若二维离散型随机变量(X,Y)有联合分布列如下:

X \ Y	0	1	2
0	1/2	1/8	1/4
1	1/16	c	0

求(1)常数c的值; (2) 概率$P(X=Y)$; (3) 概率$P(X\leqslant Y)$.

4. 将两个不同的小球随机地放入编号分别为$1,2,3$的三个盒子中, 记X为空盒数, Y为不空盒子中的最小编号, 求(X,Y) 的联合分布.

5. 设随机变量(X,Y)的联合概率密度函数为

$$p(x,y)=\begin{cases}c, & 0\leqslant x\leqslant 1,0\leqslant y\leqslant 2,\\ 0, & \text{其他}.\end{cases}$$

求(1)常数c的值; (2) 概率$P(X=Y)$; (3) 概率$P(X\leqslant Y)$.

6. 设随机变量(X,Y)的概率密度函数为

$$p(x,y)=\begin{cases}\dfrac{3}{4}xy^2, & 0<x<1,0<y<2,\\ 0, & \text{其他}.\end{cases}$$

求X与Y至少有一个大于1/2的概率.

7. 已知随机变量(X,Y)的概率密度函数为

$$p(x,y)=\begin{cases}c(x^2+y), & 0\leqslant y\leqslant 1-x^2,\\ 0, & \text{其他}.\end{cases}$$

求(1)c; (2)概率$P(Y \leqslant X+1)$; (3)概率$P(Y \leqslant X^2)$.

3.2 边际分布

本节我们将考虑如何从随机变量(X,Y)的联合分布得到随机变量X和Y的分布(为与联合分布相区别, 又称为边际分布).

3.2.1 边际分布函数

我们先由联合分布函数来求边际分布函数.

★定理3.2.1 设随机变量(X,Y)具有联合分布函数$F(x,y)$, 则随机变量X和Y 的(边际)分布函数分别为

$$F_X(x) = F(x,\infty) \triangleq \lim_{y\to\infty} F(x,y)$$

和

$$F_Y(y) = F(\infty,y) \triangleq \lim_{x\to\infty} F(x,y).$$

证明 由联合分布函数$F(x,y)$的性质可知, 对任意的实数x,y, $F(x,\infty)$和$F(\infty,y)$ 都存在. 下面仅证$F_X(x)=F(x,\infty)$, 同理可证$F_Y(y)=F(\infty,y)$.

事实上, $\Omega = \bigcup\limits_{n=1}^{\infty}\{Y \leqslant n\}$, 于是

$$\{X \leqslant x\} = \bigcup_{n=1}^{\infty}\{X \leqslant x, Y \leqslant n\}.$$

由概率的下连续性(参见第一章第§6节),

$$\begin{aligned} F_X(x) =& P(X \leqslant x) = P\left(\bigcup_{n=1}^{\infty}\{X \leqslant x, Y \leqslant n\}\right) \\ &= \lim_{n\to\infty} P(X \leqslant x, Y \leqslant n) = \lim_{n\to\infty} F(x,n) = F(x,\infty). \end{aligned}$$ □

▶例3.2.2 已知随机变量(X,Y)的联合分布函数为

$$F(x,y) = \begin{cases} 1-e^{-x}-e^{-y}+e^{-x-y-\lambda xy}, & x>0, y>0, \\ 0, & \text{其他}. \end{cases}$$

其中参数$\lambda \geqslant 0$, 求随机变量X的分布函数.

解 由定理3.2.1知, X的分布函数为

$$F_X(x) = F(x,\infty) = \lim_{y\to\infty} F(x,y) = \begin{cases} 1-e^{-x}, & x>0, \\ 0, & x\leqslant 0. \end{cases}$$ □

3.2.2 边际分布律

接下来, 我们来看如何求离散型随机变量的边际分布律.

▲**命题3.2.3** 已知二维随机变量(X,Y)具有分布列

$$p_{ij} = P(X=x_i, Y=y_j), \quad i,j=1,2,\ldots$$

则随机变量X的分布列为

$$p_i = P(X=x_i) = \sum_{j=1}^{\infty} p_{ij} \triangleq p_{i\cdot}, \quad i=1,2,\ldots$$

Y的分布列为

$$p_j = P(Y=y_j) = \sum_{i=1}^{\infty} p_{ij} \triangleq p_{\cdot j}, \quad j=1,2,\ldots$$

证明 留作练习. □

♠**注记3.2.4** 我们也可以直接由表格形式的联合分布列求边际分布列.

$X \backslash Y$	y_1	y_2	$\cdots$	y_j	$\cdots$	p_i
x_1	p_{11}	p_{12}	$\cdots$	p_{1j}	$\cdots$	$p_{1\cdot}$
x_2	p_{21}	p_{22}	$\cdots$	p_{2j}	$\cdots$	$p_{2\cdot}$
$\vdots$	$\vdots$	$\vdots$	$\cdots$	$\vdots$	$\cdots$	$\vdots$
x_i	p_{i1}	p_{i2}	$\cdots$	p_{ij}	$\cdots$	$p_{i\cdot}$
$\vdots$	$\vdots$	$\vdots$	$\cdots$	$\vdots$	$\cdots$	$\vdots$
p_j	$p_{\cdot 1}$	$p_{\cdot 2}$	$\cdots$	$p_{\cdot j}$	$\cdots$	1

►**例3.2.5** 已知(X,Y)有联合分布列如下:

$X \backslash Y$	0	1	2
0	1/2	1/8	1/4
1	1/16	1/16	0

求概率$P(X>1/2)$和$P(Y\leqslant 3/2)$.

解 容易求得X和Y的边际分布列分别为

X	0	1
P	7/8	1/8

Y	0	1	2
P	9/16	3/16	1/4

于是, 所求概率为

$$P(X>1/2)=P(X=1)=\frac{1}{8},$$

和

$$P(Y\leqslant 3/2)=1-P(X=2)=1-\frac{1}{4}=\frac{3}{4}.$$ □

♠**注记3.2.6** 例3.2.5也可直接应用定理3.1.20计算, 譬如

$$\begin{aligned}P(X>1/2)=&\sum_{(i,j):x_i>1/2}p_{ij}\\=&P(X=1,Y=0)+P(X=1,Y=1)+P(X=1,Y=2)\\=&\frac{1}{16}+\frac{1}{16}+0=\frac{1}{8}.\end{aligned}$$

通常, 对只取几个点对的二维随机变量来说, 要求出关于某一维随机变量的随机事件的概率, 更习惯于先求出该一维随机变量的边际分布.

3.2.3 边际概率密度函数

下面我们转而考虑连续型随机变量的边际概率密度函数.

▲**命题3.2.7** 已知(X,Y)的联合概率密度函数$p(x,y)$, 则随机变量X的概率密度函数

$$p_X(x)=\int_{-\infty}^{\infty}p(x,y)\mathrm{d}y;$$

Y的概率密度函数

$$p_Y(y)=\int_{-\infty}^{\infty}p(x,y)\mathrm{d}x.$$

证明 由定义, 随机变量X的分布函数为

$$\begin{aligned}F_X(x)=&F(x,\infty)=\lim_{y\to\infty}F(x,y)=\int_{-\infty}^{x}\int_{-\infty}^{\infty}p(u,v)\mathrm{d}u\mathrm{d}v\\=&\int_{-\infty}^{x}\left(\int_{-\infty}^{\infty}p(u,v)\mathrm{d}v\right)\mathrm{d}u.\end{aligned}$$

于是X的概率密度函数为

$$p_X(x)=\frac{\mathrm{d}F_X(x)}{\mathrm{d}x}=\frac{\mathrm{d}}{\mathrm{d}x}\left[\int_{-\infty}^{x}\left(\int_{-\infty}^{\infty}p(u,v)\mathrm{d}v\right)\mathrm{d}u\right]=\int_{-\infty}^{\infty}p(x,v)\mathrm{d}v.$$

类似地, 我们可以得到Y的概率密度函数 $p_Y(y)=\int_{-\infty}^{\infty}p(x,y)\mathrm{d}x.$ □

▶**例3.2.8** 已知随机变量(X,Y)的联合概率密度函数为

$$p(x,y)=\begin{cases}e^{-y}, & 0<x<y,\\ 0, & \text{其他}.\end{cases}$$

求X和Y的边际概率密度函数$p_X(x)$和$p_Y(y)$.

解 当$x>0$时, 联合概率密度函数$p(x,y)$作为y的函数

$$p(x,y)=\begin{cases}e^{-y}, & y>x;\\ 0, & y\leqslant x.\end{cases}$$

当$x\leqslant 0$时, $p(x,y)=0$对任意的y都成立.

于是, X的概率密度函数为

$$p_X(x)=\int_{-\infty}^{\infty}p(x,y)\mathrm{d}y=\begin{cases}\displaystyle\int_{-\infty}^{x}0\mathrm{d}y+\int_{x}^{\infty}e^{-y}\mathrm{d}y, & x>0,\\ \displaystyle\int_{-\infty}^{\infty}0\mathrm{d}y, & x\leqslant 0\end{cases}$$

$$=\begin{cases}e^{-x}, & x>0,\\ 0, & x\leqslant 0.\end{cases}$$

故X服从指数分布$Exp(1)$. 下面求Y的概率密度函数.

当$y>0$时, 联合概率密度函数$p(x,y)$作为x的函数

$$p(x,y)=\begin{cases}e^{-y}, & 0<x<y,\\ 0, & x\leqslant 0\text{或}x\geqslant y.\end{cases}$$

当$y\leqslant 0$时, $p(x,y)=0$对任意的x都成立.

故Y的概率密度函数为

$$p_Y(y)=\int_{-\infty}^{\infty}p(x,y)\mathrm{d}x=\begin{cases}\displaystyle\int_{-\infty}^{0}0\mathrm{d}x+\int_{0}^{y}e^{-y}\mathrm{d}x+\int_{y}^{\infty}0\mathrm{d}x, & y>0,\\ \displaystyle\int_{-\infty}^{\infty}0\mathrm{d}x, & y\leqslant 0\end{cases}$$

$$=\begin{cases}ye^{-y}, & y>0,\\ 0, & y\leqslant 0.\end{cases}$$

故Y服从Gamma分布$Ga(2,1)$. □

♠**注记3.2.9** 在例3.2.8中, 由于概率密度函数$p(x,y)$是分块函数, $p(x,y)$作为其中一个变量的一元函数来看时, 其解析式依赖于另一个变量的范围. 因此在求边际概率密度函数时需要对变量进行分情况讨论. 不过, 若读者对二元函数的单变量积分熟悉的话, 可以直接书写. 例如, 上例中, 将概率密度函数$p(x,y)$ 的非零区域记为$D=\{(x,y):0<x<y\}$. 在求X

的边际概率密度函数时, 我们需要对变量y积分, 因此将D重写为

$$D=\{(x,y):x>0,x<y<\infty\},$$

于是X的概率密度函数为

$$p_X(x)=\int_{-\infty}^{\infty}p(x,y)\mathrm{d}y=\begin{cases}\int_x^{\infty}e^{-y}\mathrm{d}y, & x>0,\\ 0, & x\leqslant 0\end{cases}=\begin{cases}e^{-x}, & x>0,\\ 0, & x\leqslant 0.\end{cases}$$

在求Y的边际概率密度函数时, 我们需要对变量x积分, 因此将D重写为

$$D=\{(x,y):y>0,0<x<y\},$$

于是Y的概率密度函数为

$$p_Y(y)=\int_{-\infty}^{\infty}p(x,y)\mathrm{d}x=\begin{cases}\int_0^{y}e^{-y}\mathrm{d}x, & y>0,\\ 0, & y\leqslant 0\end{cases}=\begin{cases}ye^{-y}, & y>0,\\ 0, & y\leqslant 0.\end{cases}$$

接下来, 我们再看另一个例子, 读者注意将结果与上例进行比较.

▶**例3.2.10** 已知随机变量(X,Y)的联合概率密度函数为

$$p(x,y)=\begin{cases}ye^{-(x+y)}, & x>0,y>0,\\ 0, & \text{其他}.\end{cases}$$

分别求出随机变量X和Y的边际概率密度函数$p_X(x)$和$p_Y(y)$.

解 当$x>0$时, 联合概率密度函数$p(x,y)$作为y的函数

$$p(x,y)=\begin{cases}ye^{-(x+y)}, & y>0,\\ 0, & y\leqslant 0.\end{cases}$$

当$x\leqslant 0$时, $p(x,y)=0$对任意的y都成立.

于是, X的概率密度函数为

$$p_X(x)=\int_{-\infty}^{\infty}p(x,y)\mathrm{d}y=\begin{cases}\int_0^{\infty}ye^{-(x+y)}\mathrm{d}y, & x>0,\\ 0, & x\leqslant 0\end{cases}=\begin{cases}e^{-x}, & x>0,\\ 0, & x\leqslant 0.\end{cases}$$

故X服从指数分布$Exp(1)$. 下面求Y的概率密度函数.

当$y>0$时, 联合概率密度函数$p(x,y)$作为x的函数

$$p(x,y)=\begin{cases}ye^{-(x+y)}, & x>0,\\ 0, & x\leqslant 0.\end{cases}$$

当$y\leqslant 0$时, $p(x,y)=0$对任意的x都成立.

故Y的概率密度函数为

$$p_Y(y)=\int_{-\infty}^{\infty}p(x,y)\mathrm{d}x=\begin{cases}\int_0^{\infty}ye^{-(x+y)}\mathrm{d}x, & y>0,\\ 0, & y\leqslant 0\end{cases}=\begin{cases}ye^{-y}, & y>0,\\ 0, & y\leqslant 0.\end{cases}$$

故Y服从Gamma分布$Ga(2,1)$. □

♠**注记3.2.11** 例3.2.8和例3.2.10结果表明, **边际分布不能确定联合分布**: X都服从指数分布$Exp(1)$, Y都服从Gamma分布$Ga(2,1)$, 但是对应的联合分布却截然不同.

下面这个定理表明, 二维联合正态分布的边际分布是一维正态分布.

★**定理3.2.12** 设(X,Y)服从二维正态分布$N(\mu_1,\sigma_1^2;\mu_2,\sigma_2^2;\rho)$, 则$X$服从正态分布$N(\mu_1,\sigma_1^2)$, Y服从正态分布$N(\mu_2,\sigma_2^2)$.

证明 (X,Y)的联合概率密度函数为

$$p(x,y)=\frac{1}{2\pi\sigma_1\sigma_2 c}\exp\left[-\frac{1}{2c^2}(a^2+b^2-2\rho ab)\right]$$

其中$a=\dfrac{x-\mu_1}{\sigma_1},b=\dfrac{y-\mu_2}{\sigma_2},c=\sqrt{1-\rho^2}$.

于是, X的概率密度函数为

$$\begin{aligned}p_X(x)&=\int_{-\infty}^{\infty}p(x,y)\mathrm{d}y=\int_{-\infty}^{\infty}\frac{1}{2\pi\sigma_1\sigma_2 c}\exp\left[-\frac{1}{2c^2}(a^2+b^2-2\rho ab)\right]\mathrm{d}y\\&=\frac{1}{\sqrt{2\pi}\sigma_1}\exp\left(-\frac{a^2}{2}\right)\int_{-\infty}^{\infty}\frac{1}{\sqrt{2\pi}c}\exp\left(-\frac{(b-\rho a)^2}{2c^2}\right)\mathrm{d}b\\&=\frac{1}{\sqrt{2\pi}\sigma_1}\exp\left(-\frac{(x-\mu_1)^2}{2\sigma_1^2}\right),\end{aligned}$$

其中, 第三个等号是因为作了积分变量替换$b=\dfrac{y-\mu_2}{\sigma_2}$, 最后一个等号是因为被积函数可以视为正态分布$N(\rho a,c^2)$ 的概率密度函数, 由正则性得积分值为1.

故X服从正态分布$N(\mu_1,\sigma_1^2)$, 同理可证Y服从正态分布$N(\mu_2,\sigma_2^2)$. □

♠**注记3.2.13** 设(X,Y)服从二维正态分布$N(\mu_1,\sigma_1^2;\mu_2,\sigma_2^2;\rho)$, 则其边际分布不依赖于参数$\rho$. 因而, 若$\rho_1\neq\rho_2$, 则$N(\mu_1,\sigma_1^2;\mu_2,\sigma_2^2;\rho_1)$ 和$N(\mu_1,\sigma_1^2;\mu_2,\sigma_2^2;\rho_2)$联合分布不同, 但是其对应的边际分布相同.

♠**注记3.2.14** 我们还可以证明多项分布的边际分布为二项分布; 多维超几何分布的边际分布为超几何分布. 但是二维均匀分布的边际分布不一定是均匀分布.

►**例3.2.15** 设随机变量(X,Y)服从均匀分布$U(D)$, 其中$D=\{(x,y):x^2+y^2\leqslant 1\}$, 求$X$的边际分布.

解 (X,Y)的联合概率密度函数为$p(x,y)=\begin{cases}\dfrac{1}{\pi}, & x^2+y^2\leqslant 1,\\ 0, & x^2+y^2>1.\end{cases}$

当$|x| \leqslant 1$时, $p(x,y)$作为y的函数为$p(x,y)=\begin{cases}\dfrac{1}{\pi}, & |y| \leqslant \sqrt{1-x^2},\\ 0, & |y|>\sqrt{1-x^2}.\end{cases}$

当$x>1$时, $p(x,y)=0$.

于是X的边际概率密度函数为

$$p_X(x)=\int_{-\infty}^{\infty} p(x,y)\mathrm{d}y=\begin{cases}\displaystyle\int_{-\sqrt{1-x^2}}^{\sqrt{1-x^2}}\frac{1}{\pi}\mathrm{d}y, & |x|\leqslant 1,\\ 0, & |x|>1\end{cases}=\begin{cases}\dfrac{2\sqrt{1-x^2}}{\pi}, & |x|\leqslant 1,\\ 0, & |x|>1.\end{cases}$$ □

♠**注记3.2.16** 例3.2.15中随机变量X的分布, 称之为**半圆律分布**(Semi-circle Law), 这个分布在随机矩阵理论中被用到. 例如, GUE的特征值的分布服从半圆律分布, 有兴趣的读者参见Bollobás[9] Chap. 14.

尽管单位圆盘上的均匀分布的边际分布不再是一维均匀分布, 但矩形区域上的均匀分布的边际分布是一维均匀分布.

♠**注记3.2.17** 若$D=(a_1,b_1)\times(a_2,b_2)$, (X,Y) 服从$U(D)$, 则X服从$U(a_1,b_1)$, Y服从$U(a_2,b_2)$. 即矩形区域上的均匀分布的边际分布仍是均匀分布. 证明留作习题.

下面的这个例子说明, 边际分布是一维正态分布的联合分布可以不是二维正态分布, 这进一步说明边际分布无法确定联合分布.

►**例3.2.18** 设随机变量(X,Y)具有概率密度函数

$$p(x,y)=\frac{1}{2\pi}(1+\sin x\sin y)e^{-(x^2+y^2)/2}, \qquad -\infty<x,y<\infty$$

求X的边际分布.

解 X的边际概率密度函数为

$$\begin{aligned}p_X(x)&=\int_{-\infty}^{\infty} p(x,y)\mathrm{d}y=\int_{-\infty}^{\infty}\frac{1}{2\pi}(1+\sin x\sin y)e^{-(x^2+y^2)/2}\mathrm{d}y\\&=\frac{1}{\sqrt{2\pi}}e^{-x^2/2}\int_{-\infty}^{\infty}\frac{1}{\sqrt{2\pi}}e^{-y^2/2}\mathrm{d}y+\frac{1}{2\pi}\sin x e^{-x^2/2}\int_{-\infty}^{\infty}\sin y e^{-y^2/2}\mathrm{d}y\\&=\frac{1}{\sqrt{2\pi}}e^{-x^2/2},\end{aligned}$$

其中最后一个等号是因为: 由标准正态分布概率密度函数的正则性可得第一个积分等于1, 第二个积分由于被积函数为奇函数故积分结果等于0.

因此, X服从标准正态分布$N(0,1)$, 同理可求得Y也服从标准正态分布$N(0,1)$. □

习题3.2

1. 已知(X,Y)取值于集合$D=\{(i,j):i,j=-2,-1,0,1,2\}$, 联合分布列为

$$p_{ij}=P(X=i,Y=j)=c|i+j|, \quad (i,j)\in D.$$

求c的值和X的边际分布律.

2. 若二维离散型随机变量(X,Y)有联合分布列如下:

X \ Y	0	1	2
0	1/2	1/8	1/4
1	1/16	1/16	0

求X与Y的边际分布律.

3. 设随机变量(X,Y)的联合概率密度函数为

$$p(x,y)=\begin{cases}1/2, & 0\leqslant x\leqslant 1, 0\leqslant y\leqslant 2,\\ 0, & \text{其他}.\end{cases}$$

求X与Y的边际概率密度函数.

4. 设随机变量(X,Y)的概率密度函数为

$$p(x,y)=\begin{cases}3x, & \text{若}0<y<x<1,\\ 0, & \text{其他}.\end{cases}$$

求X与Y的边际概率密度函数.

5. 设随机变量(X,Y)的联合概率密度函数为

$$p(x,y)=\frac{|x|}{\sqrt{8\pi}}\exp\left(-|x|-\frac{x^2y^2}{2}\right),\quad -\infty<x,y<\infty.$$

求随机变量X的边际概率密度函数.

6. 已知随机变量(X,Y)的联合概率密度函数为

$$p(x,y)=\frac{1}{\pi}\exp\left(2xy-x^2-2y^2\right).$$

求Y的边际概率密度函数和概率$P(Y>\sqrt{2})$.

7. 证明命题3.2.3.

8. 证明注记3.2.17.

3.3 随机变量的独立性

在上一节中, 我们知道已知(X,Y)的联合分布, 则可以求出X和Y的边际分布; 反之, 若已知X和Y的边际分布, 一般来说不能确定(X,Y)的联合分布. 但是, 如果已知X和Y的边际分布, 而且还知道X和Y的某种关系, 可能就可以确定联合分布了. 这种关系就是本节中我们将要给大家介绍的: 随机变量的独立性.

♣**定义3.3.1** 称随机变量X和Y相互独立, 如果联合分布函数等于边际分布函数的乘积, 即对任意的$(x,y)\in\mathbb{R}^2$, $F(x,y)=F_X(x)F_Y(y)$.

♠**注记3.3.2** 随机变量X和Y相互独立当且仅当对任意的$(x,y)\in\mathbb{R}^2$, 随机事件$\{X\leqslant x\}$与$\{Y\leqslant y\}$ 相互独立.

▶**例3.3.3** 设随机变量(X,Y)的分布函数为
$$F(x,y)=\frac{1}{\pi^2}\left(\arctan x+\frac{\pi}{2}\right)\left(\arctan y+\frac{\pi}{2}\right).$$
易求X与Y的边际分布函数分别为
$$F_X(x)=\frac{1}{\pi}\left(\arctan x+\frac{\pi}{2}\right),\qquad F_Y(y)=\frac{1}{\pi}\left(\arctan y+\frac{\pi}{2}\right).$$
由于对任意的$(x,y)\in\mathbb{R}^2$, $F(x,y)=F_X(x)F_Y(y)$成立, 故X与Y相互独立.

♠**注记3.3.4** d个随机变量$X_1,\ldots,X_d$相互独立当且仅当联合分布函数等于边际分布函数的乘积, 即
$$F(x_1,\ldots,x_d)=F_1(x_1)\cdots F_d(x_d),\quad (x_1,\ldots,x_d)\in\mathbb{R}^d$$
其中$F_i(x)$是随机变量X_i的分布函数, $i=1,\ldots,d$.

♠**注记3.3.5** 随机变量相互独立的等价描述:

(1) 若(X,Y)是离散型随机变量, X 和Y相互独立当且仅当联合分布律等于边际分布律的乘积, 即对任意的(i,j), $p_{ij}=p_ip_j$.

(2) 若(X,Y)是连续型随机变量, X 和Y相互独立当且仅当联合概率密度函数等于边际概率密度函数的乘积, 即对任意的$(x,y)\in\mathbb{R}^2$, $p(x,y)=p_X(x)p_Y(y)$.

▶**例3.3.6** 设随机变量(X,Y)有联合分布列如下:

X \ Y	0	1
0	1/4	1/4
1	1/4	1/4

判断X与Y是否相互独立.

解 易知$P(X=0)=P(Y=0)=1/2$, 故
$$P(X=0,Y=0)=\frac{1}{4}=P(X=0)\cdot P(Y=0).$$
因为X与Y分别只有两个可能的取值, 故由定理1.5.8知, X与Y相互独立. □

▶**例3.3.7** 已知随机变量(X,Y)的联合概率密度函数为
$$p(x,y)=\begin{cases}6e^{-2x-3y}, & x>0,y>0,\\ 0, & \text{其他}.\end{cases}$$

判断X与Y是否独立.

解 易求X与Y的边际概率密度函数分别为

$$p_X(x)=\begin{cases}2e^{-2x}, & x>0,\\ 0, & x\leqslant 0.\end{cases}\qquad p_Y(y)=\begin{cases}3e^{-3y}, & y>0,\\ 0, & y\leqslant 0.\end{cases}$$

由于对任意的$(x,y)\in\mathbb{R}^2$, $p(x,y)=p_X(x)p_Y(y)$成立, 故X与Y相互独立. □

♠**注记3.3.8** 判断独立性时, 我们需要对每个$(x,y)\in\mathbb{R}^2$, 验证$F(x,y)=F_X(x)F_Y(y)$或$p(x,y)=p_X(x)p_Y(y)$成立, 亦或对每个(i,j), 验证$p_{ij}=p_ip_j$成立. 因此, 只要有一个点(x_0,y_0) 或者(i_0,j_0)使得等式不成立, 即可断定X与Y相互不独立.

►**例3.3.9** 设随机变量(X,Y)服从均匀分布$U(D)$, 其中$D=\{(x,y):x^2+y^2\leqslant 1\}$, 判断$X$与$Y$是否独立.

解 (X,Y)的联合概率密度函数为$p(x,y)=\begin{cases}\dfrac{1}{\pi}, & x^2+y^2\leqslant 1,\\ 0, & x^2+y^2>1.\end{cases}$ 在例3.2.15中, 我们已经求出X的边际概率密度函数为

$$p_X(x)=\begin{cases}\dfrac{2\sqrt{1-x^2}}{\pi}, & |x|<1,\\ 0, & |x|\geqslant 1.\end{cases}$$

同理可以求出, Y的边际概率密度函数为

$$p_Y(y)=\begin{cases}\dfrac{2\sqrt{1-y^2}}{\pi}, & |y|<1,\\ 0, & |y|\geqslant 1.\end{cases}$$

显然, $p(0,0)=1/\pi$, $p_X(0)=p_Y(0)=2/\pi$, 于是$p(0,0)\neq p_X(0)\cdot p_Y(0)$, 故$X$与$Y$ 相互不独立. □

♠**注记3.3.10** 若$D=(a_1,b_1)\times(a_2,b_2)$, (X,Y)服从$U(D)$, 由注记3.2.17知, X服从$U(a_1,b_1)$, Y服从$U(a_2,b_2)$, 因而X与Y 相互独立.

♠**注记3.3.11** 一般地, 若(X,Y)的联合概率密度函数为

$$p(x,y)=\begin{cases}f(x,y), & (x,y)\in D,\\ 0, & (x,y)\notin D.\end{cases}$$

当D不是矩形区域时, 即使函数$f(x,y)$可以分离变量(即能够写成x的函数与y的函数的乘积), X与Y也相互不独立.

★**定理3.3.12** 设随机变量(X,Y)服从二维正态分布$N(\mu_1,\sigma_1^2;\mu_2,\sigma_2^2;\rho)$, 则$X$与$Y$相互独立当且仅当$\rho=0$.

证明 二维正态分布$N(\mu_1,\sigma_1^2;\mu_2,\sigma_2^2;\rho)$的联合概率密度函数为

$$p(x,y)=\frac{1}{2\pi\sigma_1\sigma_2 c}\exp\left[-\frac{1}{2c^2}(a^2+b^2-2\rho ab)\right]$$

其中$a=\dfrac{x-\mu_1}{\sigma_1},b=\dfrac{y-\mu_2}{\sigma_2},c=\sqrt{1-\rho^2}$.

由定理3.2.12知，X与Y的概率密度函数分别为

$$p_X(x)=\frac{1}{\sqrt{2\pi}\sigma_1}\exp\left(-\frac{(x-\mu_1)^2}{2\sigma_1^2}\right),\quad p_Y(y)=\frac{1}{\sqrt{2\pi}\sigma_2}\exp\left(-\frac{(y-\mu_2)^2}{2\sigma_2^2}\right).$$

($\Rightarrow$) 若X与Y相互独立，则对任意的(x,y)，必有$p(x,y)=p_X(x)\cdot p_Y(y)$，从而有$p(\mu_1,\mu_2)=p_X(\mu_1)p_Y(\mu_2)$，即

$$\frac{1}{2\pi\sigma_1\sigma_2 c}=\frac{1}{\sqrt{2\pi}\sigma_1}\cdot\frac{1}{\sqrt{2\pi}\sigma_2}$$

解得$c=1$，从而$\rho=0$.

($\Leftarrow$) 若$\rho=0$，则对任意的$(x,y)\in\mathbb{R}^2$，

$$\begin{aligned}p(x,y)=&\frac{1}{2\pi\sigma_1\sigma_2}\exp\left[-\frac{1}{2}(a^2+b^2)\right]\\=&\frac{1}{\sqrt{2\pi}\sigma_1}\exp\left(-\frac{(x-\mu_1)^2}{2\sigma_1^2}\right)\cdot\frac{1}{\sqrt{2\pi}\sigma_2}\exp\left(-\frac{(y-\mu_2)^2}{2\sigma_2^2}\right)\\=&p_X(x)\cdot p_Y(y).\end{aligned}$$

故X与Y相互独立. □

习题3.3

1. 设随机变量(X,Y)的联合分布列为

X \ Y	-1	0	1
0	a	1/9	b
1	1/9	c	1/3

求a, b和c的值，使得X与Y相互独立.

2. 若二维离散型随机变量(X,Y)有联合分布列如下:

X \ Y	0	1	2
0	1/2	1/8	1/4
1	1/16	1/16	0

判断X与Y是否相互独立.

3. 设随机变量(X,Y)的概率密度函数为

$$p(x,y)=\begin{cases}12y^2, & 0<y<x<1,\\ 0, & \text{其他}.\end{cases}$$

求X与Y的边际概率密度函数, 并判断X与Y是否相互独立.

4. 设随机变量(X,Y)的概率密度函数为

$$p(x,y)=\begin{cases}2x^{-3}e^{1-y}, & x>1,y>1,\\ 0, & \text{其他}.\end{cases}$$

判断X与Y是否相互独立.

5. 已知随机变量(X,Y)的联合概率密度函数为

$$p(x,y)=\frac{1}{\pi}\exp\left(2xy-x^2-2y^2\right).$$

判断X与Y是否相互独立.

6. 已知随机变量(X,Y)的概率密度函数为

$$p(x,y)=\begin{cases}\dfrac{1+xy}{4}, & |x|<1,|y|<1,\\ 0, & \text{其他}.\end{cases}$$

求X与Y的边际概率密度函数, 并判断X与Y是否相互独立.

7. 设随机变量X与Y独立, X服从均匀分布$U(0,1)$, Y服从指数分布$Exp(1)$, 求

(1) (X,Y)的联合概率密度函数; (2) 概率$P(X+Y\leqslant 1)$; (3) 概率$P(X\leqslant Y)$.

3.4 随机变量函数的分布

这一节我们将要介绍在已知随机变量X或(X,Y)的分布时如何求其函数的分布. 下面我们总是假定$f(x)$是定义在$\mathbb{R}$上的实值函数; $g(x,y)$, $h_1(x,y)$和$h_2(x,y)$ 都是定义在$\mathbb{R}^2$上的二元实值函数.

3.4.1 随机变量函数的分布函数

设已知(X,Y)的联合分布, 我们求随机变量$Z=g(X,Y)$的分布函数. 由分布函数的定义和定理3.1.30, 我们有

★定理3.4.1 设随机变量(X,Y)具有分布列$\{p_{ij},i,j=1,2,\dots\}$(离散情形)或概率密度

函数$p(x,y)$(连续情形), 则随机变量$Z=g(X,Y)$的分布函数为

$$F_Z(z)=P((X,Y)\in D_z)=\begin{cases}\displaystyle\sum_{(i,j):(x_i,y_j)\in D_z}p_{ij}, & \text{离散情形},\\ \displaystyle\iint_{D_z}p(x,y)\mathrm{d}x\mathrm{d}y, & \text{连续情形}.\end{cases}$$

其中$D_z=\{(x,y):g(x,y)\leqslant z\}$.

特别地, 对一维随机变量的函数的分布, 我们下面的推论.

♦**推论3.4.2** 已知随机变量(X,Y)具有分布列$\{p_{ij},i,j=1,2,\dots\}$(离散情形)或概率密度函数$p(x,y)$(连续情形), X的边际分布列为$\{p_i,i=1,2,\dots\}$或边际概率密度函数为$p_X(x)$, 则随机变量$T=f(X)$的分布函数为

$$F_T(t)=P((X,Y)\in D_t)=\begin{cases}\displaystyle\sum_{(i,j):(x_i,y_j)\in D_t}p_{ij}=\sum_{i:x_i\in D_t^1}p_i, & \text{离散情形},\\ \displaystyle\iint_{D_t}p(x,y)\mathrm{d}x\mathrm{d}y=\int_{D_t^1}p_X(x)\mathrm{d}x, & \text{连续情形}\end{cases}=P(X\in D_t^1)$$

其中$D_t^1=\{x:f(x)\leqslant t\}$, $D_t=\{(x,y):f(x)\leqslant t\}=D_t^1\times\mathbb{R}$.

♠**注记3.4.3** 显然, 当$f(x)=x$时, 我们即可得到随机变量X的边际分布函数.

►**例3.4.4** 设随机变量(X,Y)的联合分布列为

X \ Y	0	1
0	1/10	1/5
1	3/10	2/5

.

求随机变量X的分布函数$F_X(x)$.

解 由推论3.4.2, X的分布函数为

$$\begin{aligned}F_X(x)=&P(X\leqslant x)=P((X,Y)\in(-\infty,x]\times\mathbb{R})\\ =&\sum_{(i,j):(x_i,y_j)\in(-\infty,x]\times\mathbb{R}}p_{ij}=\begin{cases}0, & x<0,\\ \dfrac{1}{10}+\dfrac{1}{5}, & 0\leqslant x<1,\\ \dfrac{1}{10}+\dfrac{1}{5}+\dfrac{3}{10}+\dfrac{2}{5}, & x\geqslant 1\end{cases}\\ =&\begin{cases}0, & x<0,\\ \dfrac{3}{10}, & 0\leqslant x<1,\\ 1, & x\geqslant 1.\end{cases}\end{aligned}$$

□

▶例3.4.5 设随机变量X具有概率密度函数$p_X(x) = \begin{cases} 2x, & 0<x<1, \\ 0, & 其他. \end{cases}$ 求随机变量$Y=3X^2+5$的分布函数.

解 对任意的$y\in\mathbb{R}$, 记$D_y=\{x\in\mathbb{R}: 3x^2+5\leqslant y\}$, 则

$$D_y\cap(0,1)=\begin{cases} \emptyset, & y<5, \\ \left(0,\sqrt{\dfrac{y-5}{3}}\right], & 5\leqslant y<8, \\ (0,1), & y\geqslant 8. \end{cases}$$

由推论3.4.2, $Y=3X^2+5$的分布函数为

$$F_Y(y)=P(Y\leqslant y)=P(3X^2+5\leqslant y)=P(X\in D_y)=\int_{D_y} p_X(x)\mathrm{d}x$$

$$=\int_{D_y\cap(0,1)} 2x\mathrm{d}x=\begin{cases} 0, & y<5, \\ \displaystyle\int_0^{\sqrt{\frac{y-5}{3}}} 2x\mathrm{d}x, & 5\leqslant y<8, \\ 1, & y\geqslant 8 \end{cases}=\begin{cases} 0, & y<5, \\ \dfrac{y-5}{3}, & 5\leqslant y<8, \\ 1, & y\geqslant 8. \end{cases}$$

故Y服从均匀分布$U(5,8)$. □

▶例3.4.6 设随机变量X服从标准正态分布$N(0,1)$, 求随机变量$Y=X^2$的分布.

解 设$Y=X^2$的分布函数为$F_Y(y)$, 则

$$F_Y(y)=P(Y\leqslant y)=P(X^2\leqslant y)=\begin{cases} P(|X|\leqslant\sqrt{y}), & y\geqslant 0, \\ 0, & y<0 \end{cases}$$

$$=\begin{cases} \Phi(\sqrt{y})-\Phi(-\sqrt{y}), & y\geqslant 0, \\ 0, & y<0 \end{cases}=\begin{cases} 2\Phi(\sqrt{y})-1, & y\geqslant 0, \\ 0, & y<0. \end{cases}$$

其中Φ是标准正态分布的分布函数.

进一步地, 我们可以求出Y的概率密度函数

$$p_Y(y)=\frac{\mathrm{d}F_Y(y)}{\mathrm{d}y}=\begin{cases} \dfrac{\mathrm{d}}{\mathrm{d}y}\left(2\Phi(\sqrt{y})-1\right), & y>0, \\ 0, & y\leqslant 0 \end{cases}$$

$$=\begin{cases} \varphi(\sqrt{y})/\sqrt{y}, & y>0, \\ 0, & y\leqslant 0 \end{cases}=\begin{cases} \dfrac{(1/2)^{1/2}}{\Gamma(1/2)}y^{1/2-1}e^{-y/2}, & y>0, \\ 0, & y\leqslant 0. \end{cases}$$

其中$\varphi(t)=\dfrac{1}{\sqrt{2\pi}}e^{-t^2/2}$ 是标准正态分布的概率密度函数.

对照Gamma分布的概率密度函数的形式知, Y服从Gamma分布$Ga\,(1/2,1/2)$, 即自由度为1的卡方分布$\chi^2(1)$. □

3.4.2 离散型随机变量函数的分布

若(X,Y)是二维离散型随机变量, 则随机变量$Z=g(X,Y)$是一维离散型随机变量, 进而可以用分布列直接刻画其分布. 首先列出$Z=g(X,Y)$ 所有可能的取值$\{z_k,k=1,2,\dots\}$, 接着求出每个概率$P(Z=z_k)$即可. 由定理3.4.1立得,

♦**推论3.4.7** 若二维离散型随机变量(X,Y)具有分布列$\{p_{ij},i,j=1,2,\dots\}$, 随机变量$Z=g(X,Y)$所有可能的取值为$\{z_k,k=1,2,\dots\}$, 则Z的分布列为

$$P(Z=z_k)=\sum_{(i,j):g(x_i,y_j)=z_k}p_{ij}.$$

►**例3.4.8** 若二维离散型随机变量(X,Y)有联合分布列如下:

X \ Y	0	1	2
0	1/2	1/8	1/4
1	1/16	1/16	0

求随机变量$Z=2X-Y$的分布列.

解 首先易知Z可能取值于$\{-2,-1,0,1,2\}$. 由推论3.4.7知,

$$P(Z=-2)=P(X=0,Y=2)=\frac{1}{4},\ P(Z=-1)=P(X=0,Y=1)=\frac{1}{8},$$
$$P(Z=1)=P(X=1,Y=1)=\frac{1}{16},\ P(Z=2)=P(X=1,Y=0)=\frac{1}{16},$$

进而由正则性

$$P(Z=0)=1-\frac{1}{4}-\frac{1}{8}-\frac{1}{16}-\frac{1}{16}=\frac{1}{2}.$$

列表如下:

Z	-2	-1	0	1	2
P	1/4	1/8	1/2	1/16	1/16

□

►**例3.4.9** 设随机变量X与Y相互独立, 且X,Y等可能地取值0和1. 求随机变量$Z=\max(X,Y)$ 的分布列.

解 由题意知, X与Y独立同分布, 且$P(X=0)=P(X=1)=1/2$. Z的可能取值有0和1, 且

$$\begin{aligned}P(Z=0)=&P(\max(X,Y)=0)=P(X=0,Y=0)\\=&P(X=0)\cdot P(Y=0)=\frac{1}{2}\cdot\frac{1}{2}=\frac{1}{4},\\P(Z=1)=&1-P(Z=0)=1-\frac{1}{4}=\frac{3}{4}.\end{aligned}$$

故Z的分布列为

Z	0	1
P	1/4	3/4

. □

★定理3.4.10　卷积公式 设随机变量(X,Y)的联合分布列为

$$p_{ij}=P(X=x_i,Y=y_j),\quad i,j=1,2,\dots,$$

则随机变量$Z=X+Y$的分布列为

$$P(Z=z_k)=\sum_i P(X=x_i,Y=z_k-x_i)=\sum_j P(X=z_k-y_j,Y=y_j)$$

其中$\{z_k,k=1,2,\dots\}$是Z的可能取值集合.

特别地, 若X与Y相互独立, 则随机变量$Z=X+Y$的分布列为

$$P(Z=z_k)=\sum_i P(X=x_i)P(Y=z_k-x_i)=\sum_j P(X=z_k-y_j)P(Y=y_j).$$

证明 按照X的取值, 将样本空间Ω写为$\Omega=\sum_i\{X=x_i\}$, 故由

$$\{Z=z_k\}=\sum_i\{Z=z_k,X=x_i\}=\sum_i\{X=x_i,Y=z_k-x_i\}$$

和概率的可列可加性即得

$$P(Z=z_k)=\sum_i P(X=x_i,Y=z_k-x_i).$$

剩下的同理可得. □

♣定义3.4.11 若某类概率分布的独立随机变量和的分布仍是此类分布, 则称此类分布具有**可加性**.

★定理3.4.12　二项分布的可加性

若随机变量X服从二项分布$b(n,p)$, 随机变量Y服从二项分布$b(m,p)$, 且相互独立, 则随机变量$Z=X+Y$ 服从二项分布$b(n+m,p)$.

证明 首先易知随机变量$Z=X+Y$ 的可能取值有$0,1,\dots,n+m$. 由卷积公式(定理3.4.10),

$$\begin{aligned}P(Z=k)=&\sum_i P(X=i)P(Y=k-i)\\=&\sum_i C_n^i p^i(1-p)^{n-i}C_m^{k-i}p^{k-i}(1-p)^{m-(k-i)}\end{aligned}$$

$$=p^k(1-p)^{n+m-k}\sum_i C_n^i C_m^{k-i}$$

$$=C_{n+m}^k p^k(1-p)^{n+m-k}, \qquad k=0,1,\ldots,n+m.$$

其中最后一个等号应用了组合数性质, 也可利用超几何分布的正则性. □

♠**注记3.4.13** 二项分布可以视为多个相互独立的两点分布的和.

★**定理3.4.14 泊松分布的可加性**

若随机变量X服从泊松分布$P(\lambda_1)$, 随机变量Y服从泊松分布$P(\lambda_2)$, 且相互独立, 则随机变量$Z=X+Y$服从泊松分布$P(\lambda_1+\lambda_2)$.

证明 首先易知随机变量$Z=X+Y$ 的可能取值有$0,1,\ldots$. 由卷积公式,

$$P(Z=k)=\sum_i P(X=i)P(Y=k-i)=\sum_{i=0}^{k}\frac{\lambda_1^i}{i!}e^{-\lambda_1}\frac{\lambda_2^{k-i}}{(k-i)!}e^{-\lambda_2}$$

$$=\frac{(\lambda_1+\lambda_2)^k}{k!}e^{-(\lambda_1+\lambda_2)}\sum_{i=0}^{k}C_k^i\left(\frac{\lambda_1}{\lambda_1+\lambda_2}\right)^i\left(1-\frac{\lambda_1}{\lambda_1+\lambda_2}\right)^{k-i}$$

$$=\frac{(\lambda_1+\lambda_2)^k}{k!}e^{-(\lambda_1+\lambda_2)}, \qquad k=0,1,\ldots$$

其中最后一个等号利用了二项分布$b\left(k,\dfrac{\lambda_1}{\lambda_1+\lambda_2}\right)$的正则性. □

3.4.3 连续型随机变量函数的分布

我们先来看一维连续随机变量函数的分布.

★**定理3.4.15** 设随机变量X的概率密度函数为$p_X(x)$, $y=f(x)$是严格单调函数, 且其反函数$x=h(y)$ 有连续的导函数, 则随机变量$Y=f(X)$的概率密度函数为

$$p_Y(y)=\begin{cases}p_X(h(y))|h'(y)|, & a<y<b,\\ 0, & \text{其他}.\end{cases}$$

其中$a=\min\{f(\infty),f(-\infty)\}$, $b=\max\{f(\infty),f(-\infty)\}$.

证明 由推论3.4.2立得, 只需注意到当$T=f(X)$, 且f严格单调时, $D_t^1=\{x: f(x)\leqslant t\}=\{x: x\leqslant h(t)\}$ 或$D_t^1=\{x: f(x)\leqslant t\}=\{x: x\geqslant h(t)\}$. □

▶**例3.4.16** 设X服从柯西分布, 即其概率密度函数为$p_X(x)=\dfrac{1}{\pi(1+x^2)}$, 求$Y=e^X$的分布.

解 显然函数$y=e^x$的值域为$(0,\infty)$, 由定理3.4.15知, $Y=e^X$的概率密度函数为

$$p_Y(y)=\begin{cases}p_X(\ln y)|1/y|, & y>0,\\ 0, & 其他\end{cases}=\begin{cases}\dfrac{1}{\pi y(1+(\ln y)^2)}, & y>0,\\ 0, & 其他.\end{cases}$$ □

★定理3.4.17 正态分布的线性不变性

设随机变量X服从正态分布$N(\mu,\sigma^2)$, 则当$a\neq 0$时, 随机变量$Y=aX+b$服从正态分布$N(a\mu+b,a^2\sigma^2)$.

证明 由定理3.4.15立得. □

♦推论3.4.18 若$X\sim N(\mu,\sigma^2)$, 则$\dfrac{X-\mu}{\sigma}\sim N(0,1)$.

同样, 由定理3.4.15立得:

★定理3.4.19 设随机变量X服从Gamma分布$Ga(\alpha,\lambda)$, $k>0$, 则随机变量kX服从Gamma分布$Ga\left(\alpha,\dfrac{\lambda}{k}\right)$.

♦推论3.4.20 设随机变量X服从正态分布$N(0,\sigma^2)$, 则X^2服从Gamma分布$Ga\left(\dfrac{1}{2},\dfrac{1}{2\sigma^2}\right)$.

证明 由推论3.4.18知, $X/\sigma\sim N(0,1)$. 由例3.4.6知, $X^2/\sigma^2\sim\chi^2(1)$, 亦即

$$\frac{X^2}{\sigma^2}\sim Ga\left(\frac{1}{2},\frac{1}{2}\right).$$

于是, 由定理3.4.19知

$$X^2=\sigma^2\cdot\frac{X^2}{\sigma^2}\sim Ga\left(\frac{1}{2},\frac{1}{2\sigma^2}\right).$$ □

★定理3.4.21 设随机变量X的分布函数$F(x)$是严格单调增的连续函数, 则随机变量$F(X)$服从均匀分布$U(0,1)$.

证明 设$Y=F(X)$的分布函数为$F_Y(y)$, 则

$$F_Y(y)=P(Y\leqslant y)=P(F(X)\leqslant y)=\begin{cases}0, & y<0,\\ P(X\leqslant F^{-1}(y)), & 0\leqslant y<1,\\ 1, & y\geqslant 1\end{cases}$$

$$=\begin{cases}0, & y<0,\\ F(F^{-1}(y)), & 0\leqslant y<1,\\ 1, & y\geqslant 1\end{cases}=\begin{cases}0, & y<0,\\ y, & 0\leqslant y<1,\\ 1, & y\geqslant 1.\end{cases}$$

此为均匀分布$U(0,1)$的分布函数, 即Y服从均匀分布$U(0,1)$. □

♠**注记3.4.22** 这个定理表明任何一个连续随机变量可以通过分布函数与均匀分布建立联系, 这在随机模拟中大有用处. 例如欲利用计算机产生一批数据来模拟成人的身高. 设成人身高服从已知分布$F(x)$, 由此定理我们可以先产生均匀分布的随机数$y_1,\ldots,y_n$, 通过解方程$F(x_i)=y_i$ 即可得到服从已知分布$F(x)$ 的随机数$x_1,\ldots,x_n$, 而均匀分布的随机数在几乎所有的统计软件中都能产生.

接下来, 我们转而看多维随机变量函数的分布, 主要考虑最值函数和线性函数情形. 先看最值函数.

★**定理3.4.23** 设随机变量$X_1,X_2,\ldots,X_n$相互独立, 分布函数分别为$F_i(x)$ 和$p_i(x)$, $i=1,\ldots,n$. 记

$$Y=\max(X_1,X_2,\ldots,X_n),\qquad Z=\min(X_1,X_2,\ldots,X_n),$$

则Y和Z的分布函数分别为

$$F_Y(y)=\prod_{i=1}^n F_i(y),\qquad F_Z(z)=1-\prod_{i=1}^n(1-F_i(z)).$$

证明 由分布函数的定义和独立性, Y的分布函数为

$$\begin{aligned}F_Y(y)=P(Y\leqslant y)=&P(\max(X_1,X_2,\ldots,X_n)\leqslant y)=P(X_1\leqslant y,X_2\leqslant y,\ldots,X_n\leqslant y)\\=&P(X_1\leqslant y)P(X_2\leqslant y)\ldots P(X_n\leqslant y)=\prod_{i=1}^n F_i(y)\end{aligned}$$

同样, Z的分布函数为

$$\begin{aligned}F_Z(z)=&P(Z\leqslant z)=1-P(Z>z)=1-P(\min(X_1,X_2,\ldots,X_n)>z)\\=&1-P(X_1>z,X_2>z,\ldots,X_n>z)=1-\prod_{i=1}^n P(X_i>z)\\=&1-\prod_{i=1}^n(1-P(X_i\leqslant z))=1-\prod_{i=1}^n(1-F_i(z)).\end{aligned}$$

□

特别地,

♦**推论3.4.24** 设随机变量$X_1,X_2,\ldots,X_n$相互独立且同分布(简记为i.i.d.), 共同的分布函数为$F_X(x)$. 记

$$Y=\max(X_1,X_2,\ldots,X_n),\qquad Z=\min(X_1,X_2,\ldots,X_n),$$

则Y和Z的分布函数分别为

$$F_Y(y)=[F_X(y)]^n,\qquad F_Z(z)=1-[1-F_X(z)]^n.$$

进一步地, 若$X_1,X_2,\ldots,X_n$是连续型随机变量, 具有概率密度函数$p_X(x)$, 则Y和Z的概率密度函数分别为

$$p_Y(y)=n\,[F_X(y)]^{n-1}\,p_X(y),\qquad p_Z(z)=n\,[1-F_X(z)]^{n-1}\,p_X(z).$$

▶**例3.4.25** 在区间$(0,1)$上随机地取n个点, X和Y分别表示最右端和最左端两个点的坐标, 求X与Y的概率密度函数.

解 设n个点的坐标分别为$X_1,\ldots,X_n$, 则由已知, $X_1,\ldots,X_n$独立同分布, 共同分布为均匀分布$U(0,1)$, $X=\max\{X_1,\ldots,X_n\}$, $Y=\min\{X_1,\ldots,X_n\}$.

已知均匀分布$U(0,1)$的概率密度函数和分布函数分别为

$$p(t)=\begin{cases}1, & 0<t<1,\\ 0, & \text{其他}.\end{cases}\qquad F(t)=\begin{cases}0, & t<0,\\ t, & 0\leqslant t<1,\\ 1, & t\geqslant 1.\end{cases}$$

故由推论3.4.24知, X与Y的概率密度函数分别为

$$p_X(x)=n(F(x))^{n-1}p(x)=\begin{cases}nx^{n-1}, & 0<x<1,\\ 0, & \text{其他}.\end{cases}$$

和

$$p_Y(y)=n(1-F(y))^{n-1}p(y)=\begin{cases}n(1-y)^{n-1}, & 0<y<1,\\ 0, & \text{其他}.\end{cases}$$ □

为考虑连续情形的卷积公式, 我们先来看X与Y的线性函数的分布.

★**定理3.4.26** 设随机变量(X,Y)的联合概率密度函数为$p(x,y)$, 则对任意的$t\in\mathbb{R}$, 随机变量$Z=tX+Y$的概率密度函数为

$$p_Z(z)=\int_{-\infty}^{\infty}p(x,z-tx)\mathrm{d}x.$$

证明 设随机变量$Z=tX+Y$的分布函数为$F_Z(z)$, 令

$$D_z=\{(x,y):tx+y\leqslant z\}=\{(x,y):-\infty<x<\infty,-\infty<y\leqslant z-tx\}.$$

于是

$$\begin{aligned}F_Z(z)=&P(Z\leqslant z)=P(tX+Y\leqslant z)=P((X,Y)\in D_z)=\iint_{D_z}p(x,y)\mathrm{d}x\mathrm{d}y\\ =&\int_{-\infty}^{\infty}\mathrm{d}x\int_{-\infty}^{z-tx}p(x,y)\mathrm{d}y=\int_{-\infty}^{\infty}\mathrm{d}x\int_{-\infty}^{z}p(x,u-tx)\mathrm{d}u\\ =&\int_{-\infty}^{z}\left(\int_{-\infty}^{\infty}p(x,u-tx)\mathrm{d}x\right)\mathrm{d}u,\end{aligned}$$

其中倒数第二个等号是因为作了积分变量替换$u=y+tx$, 最后一个等号是因为交换了累次积分次序.

于是$Z=tX+Y$的概率密度函数为

$$p_Z(z)=\frac{\mathrm{d}F_Z(z)}{\mathrm{d}z}=\frac{\mathrm{d}}{\mathrm{d}z}\left[\int_{-\infty}^{z}\left(\int_{-\infty}^{\infty}p(x,u-tx)\mathrm{d}x\right)\mathrm{d}u\right]$$

$$= \int_{-\infty}^{\infty} p(x, z - tx)\mathrm{d}x. \qquad \square$$

类似地，我们有

♦推论3.4.27 设随机变量(X, Y)的联合概率密度函数为$p(x, y)$，则对任意的$t \in \mathbb{R}$，随机变量$Z = X + tY$的概率密度函数为

$$p_Z(z) = \int_{-\infty}^{\infty} p(z - ty, y)\mathrm{d}y.$$

当$t = 1$时，综合定理3.4.26和推论3.4.27，

♦推论3.4.28 $X + Y$**的联合概率密度函数**

设随机变量(X, Y)的联合概率密度函数为$p(x, y)$，则随机变量$Z = X + Y$的概率密度函数为

$$p_Z(z) = \int_{-\infty}^{\infty} p(x, z - x)\mathrm{d}x = \int_{-\infty}^{\infty} p(z - y, y)\mathrm{d}y.$$

♦推论3.4.29 $X - Y$**的联合概率密度函数**

设随机变量(X, Y)的联合概率密度函数为$p(x, y)$，则随机变量$Z = X - Y$的概率密度函数为

$$p_Z(z) = \int_{-\infty}^{\infty} p(x, x - z)\mathrm{d}x = \int_{-\infty}^{\infty} p(z + y, y)\mathrm{d}y.$$

证明 在推论3.4.27中，令$t = -1$即得第二个等号成立. 第一个等号可仿照定理3.4.26推得，也可由

$$P(X \leqslant x, -Y \leqslant y) = P(X \leqslant x) - P(X \leqslant x, Y < -y)$$

知$(X, -Y)$的概率密度函数为$p(x, -y)$，于是由$X - Y = X + (-Y)$和推论3.4.28即得第一个等号成立. $\square$

►例3.4.30 设二维随机变量(X, Y)的联合概率密度函数为

$$p(x, y) = \begin{cases} 2, & 若0 < x < y < 1, \\ 0, & 其他. \end{cases}$$

求随机变量$Z = X + Y$的概率密度函数$p_Z(z)$.

解 由定理3.4.26知，$Z = X + Y$的概率密度函数为$p_Z(z) = \int_{-\infty}^{\infty} p(x, z - x)\mathrm{d}x$. 此积分中被积函数$p(x, z - x)$的非零区域为

$$\begin{aligned} D &= \{(x, z) : 0 < x < z - x < 1\} \\ &= \{(x, z) : 0 < z \leqslant 1, 0 < x < z/2\} + \{(x, z) : 1 < z < 2, z - 1 < x < z/2\} \\ &= \{(x, z) : 0 < z < 2, \max(z - 1, 0) < x < z/2\}. \end{aligned}$$

如图3-7所示.

于是, $Z=X+Y$的概率密度函数为

$$p_Z(z)=\int_{-\infty}^{\infty}p(x,z-x)\mathrm{d}x=\begin{cases}\displaystyle\int_{\max(z-1,0)}^{z/2}2\mathrm{d}x, & 0<z<2,\\ 0, & z\leqslant 0\text{或}z\geqslant 2\end{cases}$$

$$=\begin{cases}z-2\max(z-1,0), & 0<z<2,\\ 0, & z\leqslant 0\text{或}z\geqslant 2\end{cases}=\begin{cases}z, & 0<z\leqslant 1,\\ 2-z, & 1<z<2,\\ 0, & z\leqslant 0\text{或}z\geqslant 2.\end{cases}$$

即随机变量$Z=X+Y$服从三角形分布. □

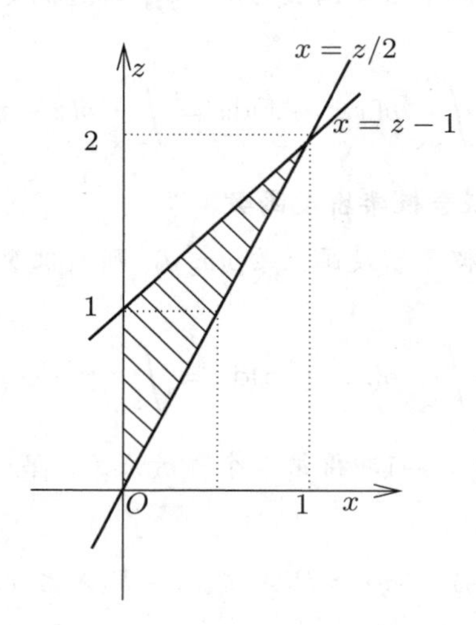

图3-7 被积函数$p(x,z-x)$的非零区域

作为推论3.4.28的特例, 我们有

♦推论3.4.31 卷积公式

设随机变量X与Y相互独立, 其概率密度函数分别为$p_X(x)$和$p_Y(y)$, 则随机变量$Z=X+Y$的概率密度函数为

$$p_Z(z)=\int_{-\infty}^{\infty}p_X(x)p_Y(z-x)\mathrm{d}x=\int_{-\infty}^{\infty}p_X(z-y)p_Y(y)\mathrm{d}y.$$

由推论3.4.31可以证明,

★定理3.4.32 Gamma分布的可加性

若随机变量X服从Gamma分布$Ga(\alpha_1,\lambda)$, Y服从Gamma分布$Ga(\alpha_2,\lambda)$, 且相互独立, 则随机变量$Z=X+Y$服从Gamma 分布$Ga(\alpha_1+\alpha_2,\lambda)$.

证明 见本章§5. □

注意到卡方分布和Gamma分布之间的关系, 我们有

♠注记3.4.33 若随机变量X服从卡方分布$\chi^2(n)$, Y服从卡方分布$\chi^2(m)$, 且相互独立, 则随机变量$Z=X+Y$服从卡方分布$\chi^2(n+m)$.

♠注记3.4.34 **指数分布不具有可加性.** 随机变量X 服从指数分布$Exp(\lambda_1)$, Y服从指数分布$Exp(\lambda_2)$, 且相互独立, 则随机变量$Z=X+Y$不服从指数分布(证明留作练习).

►例3.4.35 设X服从标准正态分布$N(0,1)$, Y服从正态分布$N(0,1)$, 且X与Y相互独立, 求$Z=X+Y$ 的分布.

解 已知X与Y的概率密度函数分别为

$$p_X(x)=\frac{1}{\sqrt{2\pi}}e^{-x^2/2},\quad p_Y(y)=\frac{1}{\sqrt{2\pi}}e^{-y^2/2}.$$

由卷积公式, $Z=X+Y$的概率密度函数为

$$\begin{aligned}p_Z(z)&=\int_{-\infty}^{\infty}p_X(x)p_Y(z-x)\mathrm{d}x=\int_{-\infty}^{\infty}\frac{1}{\sqrt{2\pi}}e^{-x^2/2}\frac{1}{\sqrt{2\pi}}e^{-(z-x)^2/2}\mathrm{d}x\\&=\frac{1}{\sqrt{2\pi}\sqrt{2}}\exp\left(-\frac{z^2}{4}\right)\int_{-\infty}^{\infty}\frac{1}{\sqrt{2\pi}\frac{1}{\sqrt{2}}}\exp\left[-\frac{\left(x-\frac{z}{2}\right)^2}{2\cdot\frac{1}{2}}\right]\mathrm{d}x\\&=\frac{1}{\sqrt{2\pi}\sqrt{2}}\exp\left(-\frac{z^2}{2\cdot 2}\right),\end{aligned}$$

这里最后一个等号应用了正态分布$N\left(\frac{z}{2},\frac{1}{2}\right)$的概率密度函数的正则性.

故$Z=X+Y$服从正态分布$N(0,2)$. □

一般地, 我们有

★定理3.4.36 设随机变量(X,Y)服从二维正态分布$N(\mu_1,\sigma_1^2;\mu_2,\sigma_2^2;\rho)$, 则随机变量$Z=X+Y$服从正态分布$N(\mu_1+\mu_2,\sigma_1^2+\sigma_2^2+2\rho\sigma_1\sigma_2)$.

证明 见本章§5. □

♦推论3.4.37 **正态分布的可加性**

设X服从正态分布$N(\mu_1,\sigma_1^2)$, Y 服从正态分布$N(\mu_2,\sigma_2^2)$, 且相互独立, 则$X\pm Y$服从正态分布$N(\mu_1\pm\mu_2,\sigma_1^2+\sigma_2^2)$.

证明 由定理3.3.12知, 随机变量(X,Y)服从二维正态分布$N(\mu_1,\sigma_1^2;\mu_2,\sigma_2^2;0)$. 由定理3.4.36 知, $X+Y$ 服从正态分布$N(\mu_1+\mu_2,\sigma_1^2+\sigma_2^2)$.

由正态分布的线性不变性知, $-Y$服从正态分布$N(-\mu_2,\sigma_2^2)$, 故$X-Y=X+(-Y)$服从正态分布$N(\mu_1-\mu_2,\sigma_1^2+\sigma_2^2)$. □

由正态分布的线性不变性和可加性, 我们可以得到

♦推论3.4.38 **任意n个相互独立的正态随机变量的线性组合仍是正态随机变量.** 即若X_i服从正态分布$N(\mu_i,\sigma_i^2)$, $i=1,2,\ldots,n$, 且相互独立, 若a_i是任意常数, $i=1,2,\ldots,n$, 则随机变量

$$a_1X_1+\cdots+a_nX_n$$

服从正态分布

$$N(a_1\mu_1+\cdots+a_n\mu_n, a_1^2\sigma_1^2+\cdots+a_n^2\sigma_n^2).$$

习题3.4

1. 设随机变量X服从正态分布$N(\mu,\sigma^2)$, 求$Y=e^X$的分布(此分布称为对数正态分布).
2. 设随机变量X服从指数分布$Exp(\lambda)$, 求$X^{1/a}$($a>0$为常数)的分布(此分布称为Weibull分布).
3. 设随机变量(X,Y)服从二维正态分布$N(\mu_1,\sigma_1^2;\mu_2,\sigma_2^2;0)$, 求$U=X+Y$与$V=X-Y$的联合概率密度函数.
4. 设随机变量X与Y分别服从指数分布$Exp(\lambda_1)$和$Exp(\lambda_2)$, 且相互独立, 分别求出随机变量$X+Y$, $\max(X,Y)$ 和$\min(X,Y)$的分布.
5. 设二维随机变量(X,Y)的联合概率密度函数为
$$p(x,y)=\begin{cases}2, & 若0<x<y<1,\\ 0, & 其他.\end{cases}$$
求
(1)随机变量$T=X-Y$的概率密度函数$p_T(t)$;
(2)概率$P\left(Y-X\leqslant\dfrac{1}{2}\right)$.
6. 设随机变量X服从标准正态分布$N(0,1)$, $a>0$, 记
$$Y=\begin{cases}X, & |X|<a,\\ -X, & |X|\geqslant a.\end{cases}$$
求随机变量Y的分布.
7. 设随机变量$X_1,\ldots,X_r$独立同分布, 共同分布为几何分布$Ge(p)$, 求随机变量$Y=\sum\limits_{i=1}^{r}X_i$的分布. 这是何种分布?
8. 设随机变量$X\sim U(0,1)$, 分别求出随机变量$\left(X-\dfrac{1}{2}\right)^2$和$\sin\left(\dfrac{\pi}{2}X\right)$的分布.
9. 设随机变量X与Y独立同分布, 且都服从标准正态分布$N(0,1)$, 求概率$P(|X+Y|\leqslant|X-Y|)$.
10. 设随机变量X服从指数分布$Exp(\lambda)$, 求$Y=[X]$($[a]$表示不大于a的最大整数)的分布.

*3.5 补充

本节, 我们主要给出几点补充: Gamma分布和正态分布可加性的证明, 多维正态分布的简单介绍, 随机变量的积和商的分布, 以及条件分布.

3.5.1 Gamma分布和正态分布可加性的证明

我们首先给出Gamma分布的可加性的证明.

1. Gamma分布的可加性

定理3.4.32的证明 易知X与Y的概率密度函数分别为

$$p_X(x)=\begin{cases}\dfrac{\lambda^{\alpha_1}}{\Gamma(\alpha_1)}x^{\alpha_1-1}e^{-\lambda x}, & x>0,\\ 0, & x\leqslant 0.\end{cases}\qquad p_Y(y)=\begin{cases}\dfrac{\lambda^{\alpha_2}}{\Gamma(\alpha_2)}y^{\alpha_2-1}e^{-\lambda y}, & y>0,\\ 0, & y\leqslant 0.\end{cases}$$

由卷积公式, 随机变量$Z=X+Y$的概率密度函数为$p_Z(z)=\int_{-\infty}^{\infty}p_X(x)p_Y(z-x)\mathrm{d}x$, 此积分中被积函数的非零区域为

$$\{(x,z):x>0,z-x>0\}=\{(x,z):z>0,0<x<z\}.$$

于是,

$$\begin{aligned}
p_Z(z)&=\int_{-\infty}^{\infty}p_X(x)p_Y(z-x)\mathrm{d}x\\
&=\begin{cases}\displaystyle\int_0^z\frac{\lambda^{\alpha_1}}{\Gamma(\alpha_1)}x^{\alpha_1-1}e^{-\lambda x}\cdot\frac{\lambda^{\alpha_2}}{\Gamma(\alpha_2)}(z-x)^{\alpha_2-1}e^{-\lambda(z-x)}\mathrm{d}x, & z>0,\\ 0, & z\leqslant 0\end{cases}\\
&=\begin{cases}\displaystyle\frac{\lambda^{\alpha_1+\alpha_2}e^{-\lambda z}}{\Gamma(\alpha_1)\Gamma(\alpha_2)}\int_0^z x^{\alpha_1-1}(z-x)^{\alpha_2-1}\mathrm{d}x, & z>0,\\ 0, & z\leqslant 0\end{cases}\\
&=\begin{cases}\displaystyle\frac{\lambda^{\alpha_1+\alpha_2}z^{\alpha_1+\alpha_2-1}e^{-\lambda z}}{\Gamma(\alpha_1+\alpha_2)}\cdot\frac{\Gamma(\alpha_1+\alpha_2)}{\Gamma(\alpha_1)\Gamma(\alpha_2)}\int_0^1 t^{\alpha_1-1}(1-t)^{\alpha_2-1}\mathrm{d}t, & z>0,\\ 0, & z\leqslant 0\end{cases}\\
&=\begin{cases}\dfrac{\lambda^{\alpha_1+\alpha_2}z^{\alpha_1+\alpha_2-1}e^{-\lambda z}}{\Gamma(\alpha_1+\alpha_2)}, & z>0,\\ 0, & z\leqslant 0.\end{cases}
\end{aligned}$$

这里倒数第二个等号利用了积分变量替换$x=zt$, 最后一个等号是利用了$\Gamma-$函数的性质(见第二章§6).

对照Gamma分布的概率密度函数, 我们知道Z服从Gamma分布$Ga(\alpha_1+\alpha_2,\lambda)$. □

2. 正态分布的可加性

我们在这里给出定理3.4.36的证明. 在证明之前, 我们需要给出两个定理.

★**定理3.5.1** 设随机变量(X,Y)服从二维正态分布$N(\mu_1,\sigma_1^2;\mu_2,\sigma_2^2;\rho)$, 记$X^*=\dfrac{X-\mu_1}{\sigma_1}$, $Y^*=\dfrac{Y-\mu_2}{\sigma_2}$, 则$(X^*,Y^*)$服从二维正态分布$N(0,1;0,1;\rho)$.

证明 (X,Y)的联合概率密度函数为

$$p(x,y)=\frac{1}{2\pi\sigma_1\sigma_2c}\exp\left[-\frac{1}{2c^2}(a^2+b^2-2\rho ab)\right]$$

其中$a=\dfrac{x-\mu_1}{\sigma_1},b=\dfrac{y-\mu_2}{\sigma_2},c=\sqrt{1-\rho^2}$.

令(X^*,Y^*)的联合分布函数和概率密度函数分别为$F^*(s,t)$和$p^*(s,t)$. 于是,

$$\begin{aligned}F^*(s,t)=&P(X^*\leqslant s,Y^*\leqslant t)=P(X\leqslant s\sigma_1+\mu_1,Y\leqslant t\sigma_2+\mu_2)\\=&\int_{-\infty}^{s\sigma_1+\mu_1}\int_{-\infty}^{t\sigma_2+\mu_2}p(x,y)\mathrm{d}x\mathrm{d}y\\=&\int_{-\infty}^{s}\int_{-\infty}^{t}\sigma_1\sigma_2p(\sigma_1u+\mu_1,\sigma_2v+\mu_2)\mathrm{d}u\mathrm{d}v.\end{aligned}$$

于是(X^*,Y^*)的联合概率密度函数为

$$\begin{aligned}p^*(s,t)=&\frac{\partial^2F^*(s,t)}{\partial s\partial t}=\frac{\partial^2}{\partial s\partial t}\left(\int_{-\infty}^{s}\int_{-\infty}^{t}\sigma_1\sigma_2p(\sigma_1u+\mu_1,\sigma_2v+\mu_2)\mathrm{d}u\mathrm{d}v\right)\\=&\sigma_1\sigma_2p(\sigma_1s+\mu_1,\sigma_2t+\mu_2)=\frac{1}{2\pi c}\exp\left[-\frac{1}{2c^2}(s^2+t^2-2\rho st)\right].\end{aligned}$$

故(X^*,Y^*)服从二维正态分布$N(0,1;0,1;\rho)$. □

★**定理3.5.2** 设随机变量(X,Y)服从二维正态分布$N(0,1;0,1;\rho)$, 则对任意的$t\in\mathbb{R}$, $Z=tX+Y$服从正态分布$N(0,\Delta)$, 其中$\Delta=1+t^2+2t\rho$.

证明 随机变量(X,Y)服从二维正态分布$N(0,1;0,1;\rho)$, 故其联合概率密度函数为

$$p(x,y)=\frac{1}{2\pi c}\exp\left(-\frac{x^2+y^2-2\rho xy}{2c^2}\right),$$

其中$c=\sqrt{1-\rho^2}$.

由定理3.4.26, 随机变量$Z=tX+Y$的概率密度函数

$$\begin{aligned}p_Z(z)=&\int_{-\infty}^{\infty}p(x,z-tx)\mathrm{d}x\\=&\int_{-\infty}^{\infty}\frac{1}{2\pi c}\exp\left(-\frac{x^2+(z-tx)^2-2\rho x(z-tx)}{2c^2}\right)\mathrm{d}x\\=&\frac{1}{\sqrt{2\pi}\sqrt{\Delta}}\exp\left(-\frac{z^2}{2\Delta}\right)\int_{-\infty}^{\infty}\frac{1}{\sqrt{2\pi}\frac{c}{\sqrt{\Delta}}}\exp\left[-\frac{\left(x-\frac{(t+\rho)z}{\Delta}\right)^2}{2c^2/\Delta}\right]\mathrm{d}x\\=&\frac{1}{\sqrt{2\pi}\sqrt{\Delta}}\exp\left(-\frac{z^2}{2\Delta}\right),\end{aligned}$$

其中$\Delta=1+t^2+2t\rho$.

故$Z=tX+Y$服从正态分布$N(0,\Delta)$. □

♦**推论3.5.3** (定理3.4.36) 设随机变量(X,Y)服从二维正态分布$N(\mu_1,\sigma_1^2;\mu_2,\sigma_2^2;\rho)$, 则随机变量$Z=X+Y$服从正态分布$N(\mu_1+\mu_2,\sigma_1^2+\sigma_2^2+2\rho\sigma_1\sigma_2)$.

证明 记

$$X^*=\frac{X-\mu_1}{\sigma_1},\qquad Y^*=\frac{Y-\mu_2}{\sigma_2},$$

由定理3.5.1, (X^*,Y^*)服从二维正态分布$N(0,1;0,1;\rho)$. 由定理3.5.2, $\frac{\sigma_1}{\sigma_2}X^*+Y^*$服从正态分布$N\left(0,1+\left(\frac{\sigma_1}{\sigma_2}\right)^2+2\rho\cdot\frac{\sigma_1}{\sigma_2}\right)$.

由正态分布的线性不变性, $X+Y=\sigma_2\left(\frac{\sigma_1}{\sigma_2}X^*+Y^*\right)+\mu_1+\mu_2$服从正态分布

$$N\left(\mu_1+\mu_2,\sigma_2^2\left(1+\left(\frac{\sigma_1}{\sigma_2}\right)^2+2\rho\cdot\frac{\sigma_1}{\sigma_2}\right)\right),$$

即$X+Y\sim N(\mu_1+\mu_2,\sigma_1^2+\sigma_2^2+2\rho\sigma_1\sigma_2)$. □

3.5.2 多维正态分布

我们已经学习了二维正态分布$N(\mu_1,\sigma_1^2;\mu_2,\sigma_2^2;\rho)$, 其联合概率密度函数为

$$p(x_1,x_2)=\frac{1}{2\pi\sigma_1\sigma_2 c}\exp\left[-\frac{1}{2c^2}(a^2+b^2-2\rho ab)\right],$$

其中$a=\frac{x_1-\mu_1}{\sigma_1},b=\frac{x_2-\mu_2}{\sigma_2},c=\sqrt{1-\rho^2}$.

如果我们记$\boldsymbol{x}=(x_1,x_2)^T$, $\boldsymbol{\mu}=(\mu_1,\mu_2)^T$, $\boldsymbol{\Sigma}=\begin{pmatrix}\sigma_1^2 & \rho\sigma_1\sigma_2\\ \rho\sigma_1\sigma_2 & \sigma_2^2\end{pmatrix}$, 则二维正态分布可表示为$N(\boldsymbol{\mu},\boldsymbol{\Sigma})$, 其联合概率密度函数表示为

$$p(\boldsymbol{x})=\frac{1}{2\pi|\boldsymbol{\Sigma}|^{1/2}}\exp\left(-\frac{1}{2}(\boldsymbol{x}-\boldsymbol{\mu})^T\boldsymbol{\Sigma}^{-1}(\boldsymbol{x}-\boldsymbol{\mu})\right),$$

其中$|\boldsymbol{\Sigma}|$表示矩阵$\boldsymbol{\Sigma}$的行列式, $\boldsymbol{\Sigma}^{-1}$表示矩阵$\boldsymbol{\Sigma}$的逆矩阵.

一般地, 设$\boldsymbol{X}=(X_1,\ldots,X_d)^T$是$d$维随机变量, 记$\boldsymbol{x}=(x_1,\ldots,x_d)^T$, 若其联合概率密度函数表示为

$$p(\boldsymbol{x})=\frac{1}{(2\pi)^{d/2}|\boldsymbol{\Sigma}|^{1/2}}\exp\left(-\frac{1}{2}(\boldsymbol{x}-\boldsymbol{\mu})^T\boldsymbol{\Sigma}^{-1}(\boldsymbol{x}-\boldsymbol{\mu})\right),$$

则称$\boldsymbol{X}=(X_1,\ldots,X_d)^T$服从$d$ 维正态分布$N(\boldsymbol{\mu},\boldsymbol{\Sigma})$, 其中$\boldsymbol{\mu}=(\mu_1,\ldots,\mu_d)^T$为$\boldsymbol{X}$的数学期望向量, $\boldsymbol{\Sigma}=(\mathrm{Cov}(X_i,X_j))_{d\times d}$为$\boldsymbol{X}$的协方差矩阵(协方差的定义见第四章§3).

多维正态分布是一类比较重要的多维分布, 在概率论特别是数理统计和随机过程相关领域有着重要的地位. 我们同样可以考察类似二维正态分布的一些重要性质, 这里我们不再一一叙述, 有需要的读者可以参见苏淳[5].

3.5.3 边际分布是连续型分布的联合分布未必是连续型分布

设随机变量X服从均匀分布$U[0,1]$, $Y=X$. 记$D=\{(x,y):x=y\}$, $D_1=\{(x,y):x<y\}$, $D_2=\{(x,y):x>y\}$. 若(X,Y)具有概率密度函数$p(x,y)$, 则

$$\begin{aligned}P((X,Y)\notin D)=&P(X<Y)+P(X>Y)=\iint_{D_1}p(x,y)\mathrm{d}x\mathrm{d}y+\iint_{D_2}p(x,y)\mathrm{d}x\mathrm{d}y\\&=\int_{-\infty}^{\infty}\left(\int_{-\infty}^{y}p(x,y)\mathrm{d}x\right)\mathrm{d}y+\int_{-\infty}^{\infty}\left(\int_{y}^{\infty}p(x,y)\mathrm{d}x\right)\mathrm{d}y\\&=\int_{-\infty}^{\infty}\left(\int_{-\infty}^{\infty}p(x,y)\mathrm{d}x\right)\mathrm{d}y=\iint_{\mathbb{R}^2}p(x,y)\mathrm{d}x\mathrm{d}y=1,\end{aligned}$$

上述最后一个等号由概率密度函数的正则性得到.

但由Y的定义知, $P((X,Y)\notin D)=P(X\neq Y)=0$. 故得到矛盾!

3.5.4 随机变量的积和商

这里我们仅考虑连续情形.

★定理3.5.4 设随机变量(X,Y)的联合概率密度函数为$p(x,y)$, 记$S=XY$, $T=Y/X$, 则S和T的概率密度函数分别为

$$p_S(s)=\int_{-\infty}^{\infty}\frac{1}{|x|}\cdot p\left(x,\frac{s}{x}\right)\mathrm{d}x;\qquad p_T(t)=\int_{-\infty}^{\infty}|x|\cdot p(x,tx)\mathrm{d}x.$$

证明 先求$S=XY$的概率密度函数. 对任意的$s\in\mathbb{R}$, 记$D_s=\{(x,y):xy\leqslant s\}$. 于是, S的分布函数为

$$\begin{aligned}F_S(s)=&P(S\leqslant s)=P((X,Y)\in D_s)=\iint_{D_s}p(x,y)\mathrm{d}x\mathrm{d}y\\&=\int_0^{\infty}\left(\int_{-\infty}^{s/x}p(x,y)\mathrm{d}y\right)\mathrm{d}x+\int_{-\infty}^{0}\left(\int_{s/x}^{\infty}p(x,y)\mathrm{d}y\right)\mathrm{d}x\\&=\int_0^{\infty}\left(\int_{-\infty}^{s}\frac{1}{x}\cdot p\left(x,\frac{u}{x}\right)\mathrm{d}u\right)\mathrm{d}x+\int_{-\infty}^{0}\left(\int_{s}^{-\infty}\frac{1}{x}\cdot p\left(x,\frac{u}{x}\right)\mathrm{d}u\right)\mathrm{d}x\\&=\int_{-\infty}^{s}\left(\int_0^{\infty}\frac{1}{x}\cdot p\left(x,\frac{u}{x}\right)\mathrm{d}x\right)\mathrm{d}u+\int_{-\infty}^{s}\left(\int_{-\infty}^{0}\frac{(-1)}{x}\cdot p\left(x,\frac{u}{x}\right)\mathrm{d}x\right)\mathrm{d}u\end{aligned}$$

故S的概率密度函数为

$$\begin{aligned}p_S(s)=&\frac{\mathrm{d}F_S(s)}{\mathrm{d}s}=\int_0^{\infty}\frac{1}{x}\cdot p\left(x,\frac{s}{x}\right)\mathrm{d}x+\int_{-\infty}^{0}\frac{(-1)}{x}\cdot p\left(x,\frac{s}{x}\right)\mathrm{d}x\\&=\int_{-\infty}^{\infty}\frac{1}{|x|}\cdot p\left(x,\frac{s}{x}\right)\mathrm{d}x.\end{aligned}$$

再求$T=Y/X$的概率密度函数. 对任意的$t\in\mathbb{R}$, 记$D_t=\{(x,y):y/x\leqslant t\}$. 于是, T的分布函数为

$$F_T(t)=P(T\leqslant t)=P((X,Y)\in D_t)=\iint_{D_t}p(x,y)\mathrm{d}x\mathrm{d}y$$

$$
\begin{aligned}
&= \int_0^{\infty} \left(\int_{-\infty}^{tx} p(x, y) \mathrm{d}y \right) \mathrm{d}x + \int_{-\infty}^{0} \left(\int_{tx}^{\infty} p(x, y) \mathrm{d}y \right) \mathrm{d}x \\
&= \int_0^{\infty} \left(\int_{-\infty}^{t} x \cdot p(x, ux) \mathrm{d}u \right) \mathrm{d}x + \int_{-\infty}^{0} \left(\int_{t}^{-\infty} x \cdot p(x, ux) \mathrm{d}u \right) \mathrm{d}x \\
&= \int_{-\infty}^{t} \left(\int_{0}^{\infty} x \cdot p(x, ux) \mathrm{d}x \right) \mathrm{d}u + \int_{-\infty}^{t} \left(\int_{-\infty}^{0} (-x) \cdot p(x, ux) \mathrm{d}x \right) \mathrm{d}u
\end{aligned}
$$

故T的概率密度函数为

$$
\begin{aligned}
p_T(t) &= \frac{\mathrm{d}F_T(t)}{\mathrm{d}t} = \int_0^{\infty} x \cdot p(x, tx) \mathrm{d}x + \int_{-\infty}^{0} (-x) \cdot p(x, tx) \mathrm{d}x \\
&= \int_{-\infty}^{\infty} |x| \cdot p(x, tx) \mathrm{d}x.
\end{aligned}
$$

□

♦**推论3.5.5** 设$(X, Y) \sim p(x, y)$, 记$U = X/Y$, 则U的概率密度函数为

$$
p_U(u) = \int_{-\infty}^{\infty} |y| \cdot p(uy, y) \mathrm{d}y.
$$

►**例3.5.6** 设随机变量X与Y都服从标准正态分布$N(0,1)$, 且相互独立, 求随机变量$T = Y/X$的分布.

解 由题意知, (X, Y)的联合概率密度函数为$p(x, y) = \varphi(x)\varphi(y)$, 这里

$$
\varphi(x) = \frac{1}{\sqrt{2\pi}} \exp\left(-\frac{x^2}{2} \right)
$$

是标准正态分布的概率密度函数. 于是, 由定理3.5.4知, $T = Y/X$的概率密度函数为

$$
\begin{aligned}
p_T(t) &= \int_{-\infty}^{\infty} |x| \cdot p(x, tx) \mathrm{d}x = \int_{-\infty}^{\infty} |x| \cdot \varphi(x)\varphi(tx) \mathrm{d}x \\
&= \int_{-\infty}^{\infty} |x| \cdot \frac{1}{\sqrt{2\pi}} \exp\left(\frac{-x^2}{2} \right) \cdot \frac{1}{\sqrt{2\pi}} \exp\left(\frac{-(tx)^2}{2} \right) \mathrm{d}x \\
&= \frac{1}{\pi} \int_0^{\infty} x \cdot \exp\left(\frac{-x^2}{2}(1 + t^2) \right) \mathrm{d}x = \frac{1}{\pi(1 + t^2)}.
\end{aligned}
$$

故$T = Y/X$服从柯西分布. □

3.5.5 条件分布

在第一章中, 我们介绍了条件概率, 用来刻画一个事件的发生对另一事件发生可能性的影响. 基于同样的想法, 有时需要考虑在已知某随机变量取某值的条件下, 去研究另一随机变量的概率分布. 这就是下面我们所要研究的条件分布.

假设给定二维随机变量(X, Y)的联合分布, 自然地, 若概率$P(Y = y) > 0$, 称x的函数$P(X \leqslant x | Y = y)$为在$Y = y$的条件下X的条件分布函数. 为了避免$P(Y = y) = 0$(譬如, Y为连续型随机变量)的情形, 我们有下面严格的定义.

♣**定义3.5.7** 设(X, Y)为二维随机变量, 且对任意的$\Delta y > 0$, $P(y - \Delta y < Y \leqslant y) > 0$.

若对任意的实数x, 极限

$$\lim_{\Delta y\to 0+} P(X\leqslant x|y-\Delta y<Y\leqslant y)=\lim_{\Delta y\to 0+}\frac{P(X\leqslant x,y-\Delta y<Y\leqslant y)}{P(y-\Delta y<Y\leqslant y)}$$

存在, 则称该极限为在$Y=y$的条件下X的**条件分布函数**, 记为$P(X\leqslant x|Y=y)$或$F_{X|Y}(x|y)$.

♠**注记3.5.8** $P(X\leqslant x|Y=y)$或$F_{X|Y}(x|y)$只是一个记号, 且并非对所有的y, 条件分布函数$F_{X|Y}(x|y)$都存在.

下面我们分别就离散情形和连续情形来考虑条件分布.

1. 条件分布列

设(X,Y)为二维离散型随机变量, 且其联合分布列为

$$P(X=x_i,Y=y_j)=p_{ij},\quad i,j=1,2,\ldots$$

当$P(Y=y_j)>0$时, 这里$j=1,2,\ldots$, 由条件概率的定义可知, 在$Y=y_j$的条件下X的条件分布列为

$$P(X=x_i|Y=y_j)=\frac{P(X=x_i,Y=y_j)}{P(Y=y_j)}=\frac{p_{ij}}{\sum_k p_{kj}},\quad i=1,2,\ldots$$

►**例3.5.9** 已知(X,Y)有联合分布列如下:

X \ Y	0	1	2
0	1/2	1/8	1/4
1	1/16	1/16	0

求在$X=0$的条件下Y的条件分布列.

解 易求

$$P(X=0)=\frac{1}{2}+\frac{1}{8}+\frac{1}{4}=\frac{7}{8}.$$

于是, 在$X=0$的条件下Y的条件分布列为

$$P(Y=0|X=0)=\frac{P(X=0,Y=0)}{P(X=0)}=\frac{1/2}{7/8}=\frac{4}{7},$$

$$P(Y=1|X=0)=\frac{P(X=0,Y=1)}{P(X=0)}=\frac{1/8}{7/8}=\frac{1}{7},$$

$$P(Y=2|X=0)=\frac{P(X=0,Y=2)}{P(X=0)}=\frac{1/4}{7/8}=\frac{2}{7}.$$

□

►**例3.5.10** 设随机变量X与Y相互独立, 且X服从泊松分布$P(\lambda)$, Y服从泊松分布$P(\mu)$. 求在$X+Y=n$的条件下X的条件分布.

解 由泊松分布的可加性知, $X+Y$服从泊松分布$P(\lambda+\mu)$. 于是,

$$P(X+Y=n)=\frac{(\lambda+\mu)^n}{n!}e^{-(\lambda+\mu)}.$$

由条件概率的定义和独立性知，在$X+Y=n$的条件下X的条件分布列为

$$P(X=k|X+Y=n)=\frac{P(X=k,X+Y=n)}{P(X+Y=n)}=\frac{P(X=k)P(Y=n-k)}{P(X+Y=n)}$$

$$=\frac{\frac{\lambda^k}{k!}e^{-\lambda}\frac{\mu^{n-k}}{(n-k)!}e^{-\mu}}{\frac{(\lambda+\mu)^n}{n!}e^{-(\lambda+\mu)}}=C_n^k\left(\frac{\lambda}{\lambda+\mu}\right)^k\left(\frac{\mu}{\lambda+\mu}\right)^{n-k},k=0,1,\ldots,n.$$

即在$X+Y=n$的条件下X的条件分布为二项分布$b\left(n,\dfrac{\lambda}{\lambda+\mu}\right)$. □

2. 条件概率密度函数

设随机变量(X,Y)有联合概率密度函数$p(x,y)$，X与Y的边际概率密度函数分别为$p_X(x)$和$p_Y(y)$，且$p_Y(y)>0$. 注意到

$$P(X\leqslant x,y-\Delta y<Y\leqslant y)=\int_{-\infty}^{x}\int_{y-\Delta y}^{y}p(u,v)\mathrm{d}u\mathrm{d}v=\int_{y-\Delta y}^{y}\left(\int_{-\infty}^{x}p(u,v)du\right)\mathrm{d}v,$$

由微分中值定理知，

$$\lim_{\Delta y\to 0+}\frac{1}{\Delta y}P(X\leqslant x,y-\Delta y<Y\leqslant y)=\lim_{\Delta y\to 0+}\frac{1}{\Delta y}\int_{y-\Delta y}^{y}\left(\int_{-\infty}^{x}p(u,v)du\right)\mathrm{d}v$$

$$=\int_{-\infty}^{x}p(u,y)\mathrm{d}u.$$

类似地，我们有$\lim\limits_{\Delta y\to 0+}\dfrac{1}{\Delta y}P(y-\Delta y<Y\leqslant y)=p_Y(y)$.

于是由定义3.5.7知，在$Y=y$的条件下X的条件分布函数为

$$F_{X|Y}(x|y)=\int_{-\infty}^{x}\frac{p(u,y)}{p_Y(y)}\mathrm{d}u.$$

因此在$Y=y$的条件下，X的条件分布是连续型分布，其概率密度函数为

$$\frac{p(x,y)}{p_Y(y)},$$

称之为在$Y=y$的条件下X的**条件概率密度函数**，记为$p_{X|Y}(x|y)$. 即

$$p_{X|Y}(x|y)=\frac{p(x,y)}{p_Y(y)}.$$

读者应特别注意，上式只有当$p_Y(y)>0$时才有意义.

▶例3.5.11 设(X,Y)服从二维正态分布$N(\mu_1,\sigma_1^2;\mu_2,\sigma_2^2;\rho)$，求在$Y=y$条件下$X$的条件分布.

解 由定理3.2.12知Y的边际分布为正态分布$N(\mu_2,\sigma_2^2)$. 故在$Y=y$条件下X的条件概率密度函数为

$$p_{X|Y}(x|y)=\frac{p(x,y)}{p_Y(y)}=\frac{\frac{1}{2\pi\sigma_1\sigma_2\sqrt{1-\rho^2}}\exp\left[-\frac{1}{2(1-\rho^2)}\left(\frac{(x-\mu_1)^2}{\sigma_1^2}-2\rho\frac{(x-\mu_1)(y-\mu_2)}{\sigma_1\sigma_2}+\frac{(y-\mu_2)^2}{\sigma_2^2}\right)\right]}{\frac{1}{\sqrt{2\pi}\sigma_2}\exp\left(-\frac{(y-\mu_2)^2}{2\sigma_2^2}\right)}$$

$$=\frac{1}{\sqrt{2\pi}\sigma_1\sqrt{1-\rho^2}}\exp\left[-\frac{1}{2\sigma_1^2(1-\rho^2)}\left(x-(\mu_1+\rho\sigma_1(y-\mu_2)/\sigma_2)\right)^2\right]$$

即在$Y=y$条件下X的条件分布是正态分布$N(\mu_1+\rho\sigma_1(y-\mu_2)/\sigma_2,\sigma_1^2(1-\rho^2))$. □

▶例3.5.12 设随机变量(X,Y)服从区域$D=\{(x,y):x^2+y^2\leqslant 1\}$上的均匀分布，

设$|y|<1$, 求在给定$Y=y$条件下X 的条件概率密度函数.

解 易知(X,Y)的联合概率密度函数为$p(x,y)=\begin{cases}\dfrac{1}{\pi}, & x^2+y^2\leqslant 1,\\ 0, & x^2+y^2>1.\end{cases}$ 由例3.2.15知, Y的条件概率密度函数为

$$p_Y(y)=\begin{cases}\dfrac{2\sqrt{1-y^2}}{\pi}, & |y|<1,\\ 0, & |y|\geqslant 1.\end{cases}$$

于是, 当$|y|<1$时, 在给定$Y=y$条件下X的条件概率密度函数为

$$p_{X|Y}(x|y)=\frac{p(x,y)}{p_Y(y)}=\frac{p(x,y)}{2\sqrt{1-y^2}/\pi}=\begin{cases}\dfrac{1/\pi}{2\sqrt{1-y^2}/\pi}, & |x|\leqslant\sqrt{1-y^2},\\ 0, & |x|>\sqrt{1-y^2}\end{cases}$$

$$=\begin{cases}\dfrac{1}{2\sqrt{1-y^2}}, & |x|\leqslant\sqrt{1-y^2},\\ 0, & |x|>\sqrt{1-y^2}.\end{cases}$$

故当$|y|<1$时, 在给定$Y=y$条件下X服从均匀分布$U(-\sqrt{1-y^2},\sqrt{1-y^2})$. □

►**例3.5.13** 已知$(X,Y)\sim p(x,y)=\begin{cases}\dfrac{e^{-x/y}e^{-y}}{y}, & x>0,y>0,\\ 0, & \text{其他}.\end{cases}$ 当$y>0$时, 求概率$P(X>1|Y=y)$.

解 容易求得Y的边际概率密度函数为

$$p_Y(y)=\int_{-\infty}^{\infty}p(x,y)\mathrm{d}x=\begin{cases}\displaystyle\int_0^{\infty}\frac{e^{-x/y}e^{-y}}{y}\mathrm{d}x, & y>0,\\ 0, & y\leqslant 0\end{cases}=\begin{cases}e^{-y}, & y>0,\\ 0, & y\leqslant 0.\end{cases}$$

当$y>0$时, 在给定$Y=y$条件下X的条件概率密度函数为

$$p_{X|Y}(x|y)=\frac{p(x,y)}{p_Y(y)}=\begin{cases}\dfrac{e^{-x/y}e^{-y}y^{-1}}{e^{-y}}, & x>0,\\ 0, & x\leqslant 0\end{cases}=\begin{cases}\dfrac{e^{-x/y}}{y}, & x>0,\\ 0, & x\leqslant 0.\end{cases}$$

故当$y>0$时, 在给定$Y=y$条件下X服从指数分布$Exp\left(\dfrac{1}{y}\right)$, 从而所求条件概率为

$$P(X>1|Y=y)=\int_1^{\infty}p_{X|Y}(x|y)\mathrm{d}x=\int_1^{\infty}\frac{e^{-x/y}}{y}\mathrm{d}x=e^{-1/y}.$$ □

第四章 随机变量的数字特征

第二章和第三章都是从分布函数的角度来研究随机变量, 一个随机变量的性质完全由其分布函数确定. 两个不同的随机变量, 他们对应的分布可能不同, 因而难以像实数那样进行比较研究, 因此我们在本章中介绍随机变量的一些数字特征, 即从数量角度刻画一个随机变量的分布特征.

4.1 数学期望

设甲、乙两人每射击一发子弹命中的环数分别用X与Y来表示, 其分布列分别为

X	8	9	10
P	0.1	0.8	0.1

Y	8	9	10
P	0.1	0.7	0.2

由分布律, 我们该如何判断甲、乙二人谁的射击技术更好? 一个自然的想法, 设甲、乙二人各自射击了n发子弹, 由于概率可视为频率的近似, 则甲、乙分别大约射中了$0.1n \cdot 8 + 0.8n \cdot 9 + 0.1n \cdot 10$和$0.1n \cdot 8 + 0.7n \cdot 9 + 0.2n \cdot 10$, 比较这两个数值的大小即可. 这样计算得到的数值实际上是对每发子弹命中环数的加权平均值与n的乘积. 这种加权平均值即是我们将要介绍的随机变量的数学期望.

4.1.1 一维随机变量的数学期望

♣**定义4.1.1** 设离散随机变量X具有分布列$P(X = x_k) = p_k$, $k = 1, 2, \ldots$. 若级数$\sum_{k=1}^{\infty} x_k \cdot p_k$绝对收敛, 即$\sum_{k=1}^{\infty} |x_k| \cdot p_k < \infty$, 则称$\sum_{k=1}^{\infty} x_k \cdot p_k$为$X$的数学期望, 记为$\mathrm{E}X$. 即$\mathrm{E}X = \sum_{k=1}^{\infty} x_k \cdot p_k$.

▶**例4.1.2** 设随机变量X的分布列为

X	0	1	2
P	1/2	1/4	1/4

, 求X的数学期望.

解 由定义, X的数学期望为

$$\mathrm{E}X = 0\cdot\frac{1}{2}+1\cdot\frac{1}{4}+2\cdot\frac{1}{4}=\frac{3}{4}.$$ □

♠**注记4.1.3** 关于数学期望的定义, 我们必须注意:

(1) 定义中要求$\sum\limits_{k=1}^{\infty}|x_k|\cdot p_k<\infty$是必要的. 随机变量的取值$x_1,x_2,\ldots$进行重新编号不会改变其分布函数, 因而不会影响其概率性质. 但是当X取值是无穷多个时, 只有绝对收敛才能保证无穷级数的求和不受求和次序的影响而唯一确定.

(2) 若将$P(X=x_k)$视为点x_k的质量, 概率分布视作质量在数轴上的分布, 则数学期望$\mathrm{E}X$即是该质量分布的重心所在.

类似的, 对连续型随机变量, 我们有

♣**定义4.1.4** 设连续随机变量X有概率密度函数$p(x)$. 若积分$\int_{-\infty}^{\infty}x\cdot p(x)\mathrm{d}x$ 绝对收敛, 即$\int_{-\infty}^{\infty}|x|p(x)\mathrm{d}x<\infty$, 则称$\int_{-\infty}^{\infty}x\cdot p(x)\mathrm{d}x$ 为X 的数学期望, 记为$\mathrm{E}X$. 即$\mathrm{E}X=\int_{-\infty}^{\infty}x\cdot p(x)\mathrm{d}x$.

▶**例4.1.5** 设随机变量X服从均匀分布$U(0,1)$, 求X的数学期望.

解 易知X的概率密度函数为$p(x)=\begin{cases}1, & 0<x<1,\\ 0, & x\leqslant 0\text{或}x\geqslant 1.\end{cases}$ 由定义, X的数学期望为

$$\mathrm{E}X=\int xp(x)\mathrm{d}x=\int_0^1 x\cdot 1\mathrm{d}x=\frac{1}{2}.$$ □

♠**注记4.1.6** (1)初等概率论中所说的数学期望存在都是指$\mathrm{E}X$为有限值, 不包括取∞或$-\infty$的情形; 有些分布的数学期望不存在, 例如, 设随机变量X 服从柯西分布, 即其概率密度函数为$p(x)=\dfrac{1}{\pi(1+x^2)}$. X的数学期望$\mathrm{E}X$不存在. 因为对任意的$M>0$,

$$\begin{aligned}\int|x|p(x)\mathrm{d}x&=\int|x|\cdot\frac{1}{\pi(1+x^2)}\mathrm{d}x\geqslant\frac{1}{\pi}\int_0^{\infty}\frac{x}{1+x^2}\mathrm{d}x\\&\geqslant\frac{1}{\pi}\int_0^{M}\frac{x}{1+x^2}\mathrm{d}x=\frac{1}{2\pi}\ln(1+M^2).\end{aligned}$$

令$M\to\infty$, 我们得到$\int|x|p(x)\mathrm{d}x=\infty$.

(2) 今后为了简便, 我们不再验证数学期望的存在性, 即总假定所考察的数学期望是存在的.

▶**例4.1.7** 计算二项分布$b(n,p)$的数学期望.

解 设随机变量X服从二项分布$b(n,p)$, 则其分布列为

$$P(X=k)=C_n^k p^k(1-p)^{n-k},\quad k=0,1,\ldots,n.$$

由数学期望的定义,

$$\begin{aligned}\mathrm{E}X &= \sum_{k} kP(X=k) = \sum_{k=0}^{n} kC_n^k p^k(1-p)^{n-k} = \sum_{k=1}^{n} k\cdot\frac{n!}{k!(n-k)!}p^k(1-p)^{n-k}\\ &=np\sum_{k=1}^{n}\frac{(n-1)!}{(k-1)!(n-1-(k-1))!}p^{k-1}(1-p)^{(n-1-(k-1))}\\ &=np\sum_{j=0}^{n-1}\frac{(n-1)!}{j!(n-1-j)!}p^j(1-p)^{n-1-j} = np,\end{aligned}$$

其中最后一个等号是因为应用了二项分布$b(n-1,p)$的分布列的正则性. □

▶**例4.1.8** 计算指数分布$Exp(\lambda)$和标准正态分布$N(0,1)$的数学期望.

解 设随机变量X服从指数分布$Exp(\lambda)$, 则其概率密度函数为$p(x)=\begin{cases}\lambda e^{-\lambda x}, & x>0,\\ 0, & x\leqslant 0.\end{cases}$

由数学期望的定义知,

$$\mathrm{E}X = \int xp(x)\mathrm{d}x = \int_0^{\infty} x\cdot\lambda e^{-\lambda x}\mathrm{d}x = \frac{1}{\lambda}.$$

设Y服从标准正态分布$N(0,1)$, 则Y的概率密度函数为$\varphi(y)=\dfrac{1}{\sqrt{2\pi}}e^{-y^2/2}$. 由于$\varphi(y)$是偶函数, 故

$$\mathrm{E}Y = \int_{-\infty}^{\infty} y\varphi(y)\mathrm{d}y = 0.$$ □

我们接下来考虑随机变量函数的数学期望. 下面这个定理说明, 已知随机变量X的分布, 要求随机变量$Y=f(X)$ 的数学期望(假定存在), 通常我们并不需要事先求出Y的分布. 这个定理的证明需要用到测度论的知识(已经超出了本书的范围), 这里略去.

★**定理4.1.9** 设$Y=f(X)$为随机变量X的函数, 若数学期望$\mathrm{E}(f(X))$ 存在, 则

$$\mathrm{E}Y = \mathrm{E}(f(X)) = \begin{cases}\sum\limits_{k} f(x_k)p_k, & \text{离散情形},\\ \int_{-\infty}^{\infty} f(x)p(x)\mathrm{d}x, & \text{连续情形}.\end{cases}$$

▶**例4.1.10** 已知X具有分布列$P(X=0)=1/2$, $P(X=1)=P(X=2)=1/4$. 求数学期望$\mathrm{E}(X^2+2)$.

解 由定理4.1.9, $\mathrm{E}(X^2+2)=(0^2+2)\cdot\dfrac{1}{2}+(1^2+2)\cdot\dfrac{1}{4}+(2^2+2)\cdot\dfrac{1}{4}=\dfrac{13}{4}$. □

由定理4.1.9, 我们不难证明

★**定理4.1.11** **数学期望的性质** 假定下面涉及到的数学期望都存在.

(1) $\mathrm{E}(c)=c$;

(2) $\mathrm{E}(aX)=a\mathrm{E}X$;

(3) $\mathrm{E}(f(X)+g(X))=\mathrm{E}(f(X))+\mathrm{E}(g(X))$.

▶**例4.1.12** 设随机变量X的概率密度函数为

$$p(x)=\begin{cases}2x, & 0<x<1,\\ 0, & \text{其他}.\end{cases}$$

求随机变量$2X-1$ 和$(X-2)^2$ 的数学期望.

解 由定理4.1.11,

$$\mathrm{E}(2X-1)=2\mathrm{E}X-1=2\int xp(x)\mathrm{d}x-1=2\int_0^1 x\cdot 2x\mathrm{d}x-1=\frac{1}{3},$$

$$\begin{aligned}\mathrm{E}(X-2)^2=&\mathrm{E}(X^2-4X+4)=\mathrm{E}X^2-4\mathrm{E}X+4=\int x^2\cdot p(x)\mathrm{d}x-4\int x\cdot p(x)\mathrm{d}x+4\\ =&\int_0^1 x^2\cdot 2x\mathrm{d}x-4\int_0^1 x\cdot 2x\mathrm{d}x+4=\frac{11}{6}.\end{aligned}$$

□

▶**例4.1.13** (1)设随机变量X服从正态分布$N(\mu,\sigma^2)$, 求数学期望$\mathrm{E}(X)$;

(2)设随机变量X服从正态分布$N(0,\sigma^2)$, 求数学期望$\mathrm{E}(|X|)$.

解 (1)由推论3.4.18知, $\dfrac{X-\mu}{\sigma}\sim N(0,1)$. 注意到$X=\sigma\cdot\dfrac{X-\mu}{\sigma}+\mu$, 由数学期望的性质和例4.1.8知, $\mathrm{E}X=\mu$.

(2)设随机变量Y服从标准正态分布$N(0,1)$, 则Y的概率密度函数为$\varphi(y)=\dfrac{1}{\sqrt{2\pi}}e^{-y^2/2}$. 于是

$$\begin{aligned}\mathrm{E}|Y|&=\int_{-\infty}^{\infty}|y|\varphi(y)\mathrm{d}y=\int_{-\infty}^{\infty}|y|\cdot\frac{1}{\sqrt{2\pi}}\exp\left(-\frac{y^2}{2}\right)\mathrm{d}y\\ &=\frac{2}{\sqrt{2\pi}}\int_0^{\infty}\exp\left(-\frac{y^2}{2}\right)\mathrm{d}\left(\frac{y^2}{2}\right)=\sqrt{\frac{2}{\pi}}.\end{aligned}$$

因为X服从正态分布$N(0,\sigma^2)$, 故X/σ服从标准正态分布$N(0,1)$. 故

$$\mathrm{E}(|X|)=\mathrm{E}\left(\sigma\cdot\left|\frac{X}{\sigma}\right|\right)=\sigma\sqrt{\frac{2}{\pi}}.$$

□

4.1.2 二维随机变量的数学期望

♣**定义4.1.14** 设(X,Y)为二维随机变量, 若随机变量X和Y的数学期望都存在, 称$(\mathrm{E}X,\mathrm{E}Y)$为$(X,Y)$ 的**数学期望向量**, 简称为**数学期望**.

♠**注记4.1.15** 一般地, 设$\boldsymbol{X}=(X_1,\ldots,X_d)^T$为$d$维随机向量, 若其每个分量的数学期望都存在, 称$\mathrm{E}\boldsymbol{X}=(\mathrm{E}X_1,\ldots,\mathrm{E}X_d)^T$为随机向量$\boldsymbol{X}$的数学期望向量.

▶**例4.1.16** 设随机变量(X,Y)服从二维正态分布$N(\mu_1,\sigma_1^2;\mu_2,\sigma_2^2;\rho)$, 则$(X,Y)$的数学期望为$(\mu_1,\mu_2)$.

类似于定理4.1.9, 对于二维随机变量函数的数学期望, 我们有

★定理4.1.17 设随机变量$Z=g(X,Y)$是二维随机变量(X,Y)的函数, 若数学期望EZ存在, 则

$$\mathrm{E}Z=\mathrm{E}g(X,Y)=\begin{cases}\displaystyle\sum_{i,j}g(x_i,y_j)p_{ij}, & \text{离散情形},\\ \displaystyle\iint g(x,y)p(x,y)\mathrm{d}x\mathrm{d}y, & \text{连续情形}.\end{cases}$$

▶例4.1.18 设X与Y是取自于区间$(0,1)$中的两点, 求它们的平均距离.

解 由题设知, X与Y服从均匀分布$U(0,1)$, 且相互独立, 故(X,Y)的联合概率密度函数为

$$p(x,y)=\begin{cases}1, & (x,y)\in(0,1)\times(0,1),\\ 0, & \text{其他}.\end{cases}$$

于是, 所求的平均距离为

$$\begin{aligned}\mathrm{E}|X-Y|&=\iint|x-y|\cdot p(x,y)\mathrm{d}x\mathrm{d}y\\&=\iint_{(0,1)\times(0,1)}|x-y|\cdot 1\mathrm{d}x\mathrm{d}y=2\int_0^1\mathrm{d}x\int_0^x(x-y)\mathrm{d}y=\frac{1}{3}.\end{aligned}$$ □

▶例4.1.19 设随机变量X与Y独立同分布, 都服从正态分布$N(\mu,\sigma^2)$. 求$\mathrm{E}(\max(X,Y))$.

解 注意到

$$\max(X,Y)=\frac{X+Y+|X-Y|}{2},$$

$\mathrm{E}X=\mathrm{E}Y=\mu$, 故只需求数学期望$\mathrm{E}|X-Y|$.

因为X与Y相互独立, 由正态分布的可加性知, $X-Y$服从正态分布$N(0,2\sigma^2)$. 由例4.1.13知, $\mathrm{E}|X-Y|=\sqrt{2}\sigma\sqrt{\frac{2}{\pi}}=\frac{2\sigma}{\sqrt{\pi}}$.

故由数学期望的性质知, $\mathrm{E}(\max(X,Y))=\dfrac{\mu+\mu+\frac{2\sigma}{\sqrt{\pi}}}{2}=\mu+\dfrac{\sigma}{\sqrt{\pi}}$. □

由定理4.1.17容易证明

★定理4.1.20 数学期望的性质 假定下面涉及到的数学期望都存在.

(1) $\mathrm{E}(f(X)+g(Y))=\mathrm{E}f(X)+\mathrm{E}g(Y)$, 其中$f$, g为一元实值函数.

(2) 若X与Y相互独立, 则$\mathrm{E}(f(X)g(Y))=\mathrm{E}f(X)\cdot\mathrm{E}g(Y)$.

♠注记4.1.21 由定理4.1.17和4.1.20,

(1) $\mathrm{E}[(X-\mathrm{E}X)(Y-\mathrm{E}Y)]=\mathrm{E}(XY)-\mathrm{E}X\mathrm{E}Y$.

(2) 若X与Y相互独立, 则$\mathrm{E}[(X-\mathrm{E}X)(Y-\mathrm{E}Y)]=0$.

▶例4.1.22 设随机变量X与Y独立, $X\sim U(0,1)$, $Y\sim Exp(1)$, 求数学期望$\mathrm{E}(XY)$.

解 由例4.1.5和4.1.8知, $\mathrm{E}X=1/2$, $\mathrm{E}Y=1$. 于是, 由定理4.1.20知,

$$\mathrm{E}(XY)=\mathrm{E}X\cdot\mathrm{E}Y=\frac{1}{2}\cdot 1=\frac{1}{2}.$$ □

习题4.1

1. 设随机变量$X \geqslant 0$, 其概率密度函数为$p(x)$, $r > 0$, 若数学期望$\mathrm{E}X^r$存在, 证明
$$\mathrm{E}X^r = \int_0^{\infty} r x^{r-1} P(X > x)\mathrm{d}x.$$
2. 设随机变量X服从泊松分布$P(\lambda)$, 证明$\mathrm{E}X^{k+1} = \lambda \mathrm{E}(X+1)^k$. 利用此结论求$\mathrm{E}X^3$.
3. 已知随机变量X服从几何分布$Ge(p)$, 即具有分布列$P(X = k) = p(1-p)^{k-1}$, $k = 1, 2, \ldots$, 求数学期望$\mathrm{E}X$.
4. 设随机变量X服从均匀分布$U(0,1)$, 计算下列随机变量的数学期望:
$$X^3, \quad e^X, \quad \left(X - \frac{1}{2}\right)^2.$$
5. 设随机变量X服从Gamma分布$Ga(\alpha, \lambda)$, 求数学期望$\mathrm{E}X^n$.
6. 设随机变量X与Y都服从指数分布$Exp(1)$, 且相互独立, 求数学期望$\mathrm{E}\left(e^{\frac{X+Y}{2}}\right)$.
7. 设随机变量X与Y都服从均匀分布$U(0,1)$, 且相互独立, 求数学期望$\mathrm{E}(\max(X,Y))$和$\mathrm{E}(\min(X,Y))$.
8. 设随机变量X服从指数分布$Exp(\lambda)$, 求$Y = [X]$的数学期望$\mathrm{E}Y$($[x]$表示不超过x的最大整数).

4.2 方差

设甲乙两人射击一发子弹命中的环数分别用X与Y来表示, 其分布列分别为

X	8	9	10
P	0.1	0.8	0.1

Y	8	9	10
P	0.15	0.7	0.15

我们容易计算得$\mathrm{E}X = \mathrm{E}Y = 9$, 即从平均命中的环数的角度来说, 甲乙二人的技术大致相当. 但是, 从分布中可以看到, 甲的技术要比乙稳定, 换言之, 乙的波动性比甲大. 概率论中, 刻画随机变量波动性的量即为方差.

♣**定义4.2.1** 若数学期望$\mathrm{E}(X - \mathrm{E}X)^2$存在, 则称其为随机变量$X$的**方差**, 记为$\mathrm{Var}X$. 称$\sigma_X = \sigma(X) = \sqrt{\mathrm{Var}X}$为$X$的**标准差**.

♠**注记4.2.2** 数学期望反映了X取值的中心. 方差衡量了X取值的离散(偏离)程度, 方差越大, 偏离数学期望的程度越大.

►**例4.2.3** 设随机变量X服从三角形分布, 其概率密度函数为
$$p(x) = \begin{cases} x, & 0 \leqslant x < 1, \\ 2 - x, & 1 \leqslant x < 2, \\ 0, & \text{其他}. \end{cases}$$

求数学期望EX和方差Var$X$.

解 由定义,

$$\mathrm{E}X = \int xp(x)\mathrm{d}x = \int_0^1 x\cdot x\mathrm{d}x + \int_1^2 x\cdot(2-x)\mathrm{d}x = 1.$$

于是,

$$\begin{aligned}\mathrm{Var}X =& \mathrm{E}(X-\mathrm{E}X)^2 = \int (x-1)^2 p(x)\mathrm{d}x \\ =& \int_0^1 (x-1)^2\cdot x\mathrm{d}x + \int_1^2 (x-1)^2\cdot(2-x)\mathrm{d}x = \frac{1}{6}.\end{aligned}$$

□

由定理4.1.11和4.1.20, 我们不难证明

★定理4.2.4 *方差的性质* 假定下面涉及到的方差都存在.

(1) $\mathrm{Var}(c)=0$, 这里c是常数;

(2) $\mathrm{Var}(aX+b)=a^2\mathrm{Var}(X)$;

(3) $\mathrm{Var}X=\mathrm{E}X^2-(\mathrm{E}X)^2$;

(4) $\mathrm{Var}X\geqslant 0$;

(5) $\mathrm{Var}(X\pm Y)=\mathrm{Var}X+\mathrm{Var}Y\pm 2\mathrm{E}[(X-\mathrm{E}X)(Y-\mathrm{E}Y)]$;

(6) 若X与Y相互独立, 则$\mathrm{Var}(X\pm Y)=\mathrm{Var}X+\mathrm{Var}Y$.

▶例4.2.5 (1)设随机变量X服从正态分布$N(0,1)$, 求方差Var$X$.

(2)设随机变量X服从正态分布$N(0,\sigma^2)$, 求方差$\mathrm{Var}(|X|)$.

解 (1) 由例4.1.8知, E$X=0$. 故

$$\begin{aligned}\mathrm{Var}X =& \mathrm{E}X^2 = \int_{-\infty}^{\infty} x^2\varphi(x)\mathrm{d}x \\ =& \int_{-\infty}^{\infty} x^2\cdot\frac{1}{\sqrt{2\pi}}\exp\left(-\frac{x^2}{2}\right)\mathrm{d}x = \frac{2}{\sqrt{2\pi}}\int_0^{\infty} x^2\cdot\exp\left(-\frac{x^2}{2}\right)\mathrm{d}x \\ =& \frac{2}{\sqrt{2\pi}}\int_0^{\infty} 2t\cdot e^{-t}\cdot\frac{\sqrt{2}}{2}t^{-1/2}\mathrm{d}t = \frac{2}{\sqrt{\pi}}\int_0^{\infty} t^{3/2-1}e^{-t}\mathrm{d}t \\ =& \frac{2}{\sqrt{\pi}}\Gamma\left(\frac{3}{2}\right) = \frac{2}{\sqrt{\pi}}\cdot\frac{1}{2}\cdot\Gamma\left(\frac{1}{2}\right) = 1,\end{aligned}$$

其中最后三个等号是因为命题2.6.3.

(2) 设随机变量Y服从标准正态分布$N(0,1)$, 由例4.1.13知, $\mathrm{E}|Y|=\sqrt{\frac{2}{\pi}}$.

又$\mathrm{E}(|Y|^2)=\mathrm{E}Y^2=\mathrm{Var}Y=1$, 故$\mathrm{Var}(|Y|)=\mathrm{E}(|Y|^2)-(\mathrm{E}|Y|)^2=1-\frac{2}{\pi}$, 进而

$$\mathrm{Var}(|X|)=\mathrm{Var}\left(\sigma\cdot\left|\frac{X}{\sigma}\right|\right)=\sigma^2\left(1-\frac{2}{\pi}\right).$$

□

▶例4.2.6 若随机变量X与Y相互独立, $\mathrm{Var}X=6$, $\mathrm{Var}Y=3$, 求$\mathrm{Var}(2X-Y)$.

解 因为X与Y相互独立, 故$2X$与$-Y$也相互独立. 于是

$$\mathrm{Var}(2X-Y)=\mathrm{Var}(2X)+\mathrm{Var}(-Y)=2^2\mathrm{Var}X+(-1)^2\mathrm{Var}Y=4\cdot 6+3=27.$$

□

▶**例4.2.7** 若随机变量X与Y相互独立, X服从泊松分布$P(2)$, Y服从正态分布$N(-2,4)$, 求$\mathrm{E}(X-Y)$, $\mathrm{E}(X-Y)^2$.

解 易知$\mathrm{E}X=\mathrm{Var}X=2$, $\mathrm{E}Y=-2$, $\mathrm{Var}Y=4$. 于是

$$\mathrm{E}(X-Y)=\mathrm{E}X-\mathrm{E}Y=2-(-2)=4.$$

又因为

$$\mathrm{Var}(X-Y)=\mathrm{Var}X+\mathrm{Var}Y=2+4=6,$$

故$\mathrm{E}(X-Y)^2=\mathrm{Var}(X-Y)+(\mathrm{E}(X-Y))^2=6+4^2=22$. □

♠**注记4.2.8** 在例4.2.7中, 主要思路是将$X-Y$视作一个随机变量, 先由独立性容易求出其方差, 再利用定理4.2.4的(3). 这种方法比把$(X-Y)^2$展开来直接求数学期望要简便.

接下来, 我们介绍两个重要的概率不等式.

★**定理4.2.9 马尔科夫(Markov)不等式**

设随机变量$X\geqslant 0$且数学期望$\mathrm{E}X$存在, 则对任意的$\epsilon>0$,

$$P(X\geqslant\epsilon)\leqslant\frac{\mathrm{E}X}{\epsilon}.$$

证明 仅对连续情形证明. 设X具有概率密度函数$p(x)$. 因为$X\geqslant 0$, 故当$x\leqslant 0$时, $p(x)=0$. 于是, 对任意的$\epsilon>0$, 有

$$\begin{aligned}\mathrm{E}X&=\int xp(x)\mathrm{d}x=\int_0^{\infty}xp(x)\mathrm{d}x\\&\geqslant\int_{\epsilon}^{\infty}xp(x)\mathrm{d}x\geqslant\epsilon\int_{\epsilon}^{\infty}p(x)\mathrm{d}x=\epsilon P(X\geqslant\epsilon),\end{aligned}$$

移项即得证. □

♦**推论4.2.10 切比雪夫(Chebyshev)不等式**

设随机变量X的方差存在, 则对任意的$\epsilon>0$, 有

$$P\{|X-\mathrm{E}X|\geqslant\epsilon\}\leqslant\frac{\mathrm{Var}X}{\epsilon^2}.$$

等价地, 有

$$P\{|X-\mathrm{E}X|<\epsilon\}\geqslant 1-\frac{\mathrm{Var}X}{\epsilon^2}.$$

证明 对随机变量$Y=|X-\mathrm{E}X|^2$应用马尔科夫不等式, 并注意到$\mathrm{Var}X=\mathrm{E}Y$即可. □

♠**注记4.2.11** 切比雪夫不等式从数量的角度进一步表明: 随机变量的方差越小, 其取值与其数学期望的偏差超过给定界限的概率就越小.

♦**推论4.2.12** 设随机变量X的方差存在, 则$\mathrm{Var}X=0$当且仅当存在常数a, 使得$P(X=a)=1$.

证明 只需证明必要性. 设$\mathrm{Var}X=0$, 由切比雪夫不等式, 对任意的$\epsilon>0$, $P\{|X-\mathrm{E}X|\geqslant\epsilon\}=0$. 于是, 由概率的次可列可加性,

$$\begin{aligned}P(|X-\mathrm{E}X|>0)=&P\left(\bigcup_{n=1}^{\infty}\left\{|X-\mathrm{E}X|\geqslant\frac{1}{n}\right\}\right)\\ &\leqslant\sum_{n=1}^{\infty}P\left\{|X-\mathrm{E}X|\geqslant\frac{1}{n}\right\}=0.\end{aligned}$$

故$P(|X-\mathrm{E}X|=0)=1$, 即存在常数$a=\mathrm{E}X$, 使得$P(X=a)=1$. □

▶例4.2.13 设随机变量X的概率密度函数为

$$p(x)=\begin{cases}\dfrac{x^n}{n!}e^{-x}, & x>0,\\ 0, & x\leqslant 0.\end{cases}$$

证明

$$P(0<X<2(n+1))\geqslant\frac{n}{n+1}.$$

证明 由$\Gamma-$函数的性质, 容易求得X的数学期望和方差为$\mathrm{E}X=\mathrm{Var}X=n+1$(事实上, 注意到$X\sim Ga(n+1,1)$, 由表4-1可得). 故由切比雪夫不等式,

$$P(0<X<2(n+1))=P(|X-\mathrm{E}X|<n+1)\geqslant 1-\frac{\mathrm{Var}X}{(n+1)^2}=\frac{n}{n+1}.$$ □

▶例4.2.14 利用切比雪夫不等式求解下列问题:

重复地掷一枚有偏的硬币, 设在每次试验中出现正面的概率p未知. 试问要掷多少次才能使得正面出现的频率与p相差不超过$\dfrac{1}{100}$的概率达到95%以上?

解 记X表示掷n次时出现的正面次数, 则$X\sim b(n,p)$, $\mathrm{E}X=np$, $\mathrm{Var}X=np(1-p)$. 由题意知, n需满足

$$P\left(\left|\frac{X}{n}-p\right|\leqslant\frac{1}{100}\right)\geqslant 95\%.$$

即

$$P\left(|X-\mathrm{E}X|\geqslant\frac{n}{100}\right)\leqslant 5\%.$$

由切比雪夫不等式, 有

$$P\left(|X-\mathrm{E}X|\geqslant\frac{n}{100}\right)\leqslant\frac{\mathrm{Var}X}{(n/100)^2}=\frac{10^4p(1-p)}{n}.$$

于是, 由$\dfrac{10^4p(1-p)}{n}\leqslant 5\%$, 解得$n\geqslant 2p(1-p)\times 10^5$.

又因为$p(1-p)\leqslant\dfrac{1}{4}$, 故$n\geqslant 5\times 10^4$. 即至少需要掷$5\times 10^4$次才能使得正面出现的频率与$p$相差不超过$\dfrac{1}{100}$的概率达到95%以上. □

为便于读者使用, 我们将常用分布的数学期望和方差归纳整理如表4-1所示.

表4-1 常用分布的数学期望和方差

分布	分布列或概率密度函数	数学期望	方差
二项分布$b(n,p)$	$p_k=C_n^k p^k(1-p)^{n-k}, k=0,1,\ldots,n$	np	$np(1-p)$
泊松分布$P(\lambda)$	$p_k=\frac{\lambda^k}{k!}e^{-\lambda}, k=0,1,\ldots$	λ	λ
几何分布$Ge(p)$	$p_k=(1-p)^{k-1}p, k=1,2,\ldots$	$1/p$	$(1-p)/p^2$
负二项分布$Nb(r,p)$	$p_k=C_{k-1}^{r-1}(1-p)^{k-r}p^r, k=r,r+1,\ldots$	r/p	$r(1-p)/p^2$
均匀分布$U(a,b)$	$p(x)=\begin{cases}\dfrac{1}{b-a}, & a<x<b,\\ 0, & \text{其他}.\end{cases}$	$(a+b)/2$	$(b-a)^2/12$
正态分布$N(\mu,\sigma^2)$	$p(x)=\dfrac{1}{\sqrt{2\pi}\sigma}\exp\left(-\frac{(x-\mu)^2}{2\sigma^2}\right)$	μ	σ^2
Gamma分布$Ga(\alpha,\lambda)$	$p(x)=\begin{cases}\dfrac{\lambda^\alpha}{\Gamma(\alpha)}x^{\alpha-1}e^{-\lambda x}, & x>0,\\ 0, & x\leqslant 0.\end{cases}$	α/λ	α/λ^2

习题4.2

1. 已知随机变量X服从几何分布$Ge(p)$, 即具有分布列
$$P(X=k)=p(1-p)^{k-1}, \quad k=1,2,\ldots$$
求方差$\mathrm{Var}X$.
2. 设随机变量X服从Gamma分布$Ga(\alpha,\lambda)$, 求方差$\mathrm{Var}X$.
3. 设随机变量X服从卡方分布$\chi^2(n)$, Y服从卡方分布$\chi^2(m)$, 且相互独立, 求XY的数学期望和方差.
4. 设随机变量X服从均匀分布$U(0,1)$, 计算随机变量X^3的方差.
5. 设随机变量X服从标准正态分布$N(0,1)$, 求随机变量e^X的数学期望和方差.
6. 已知随机变量(X,Y)的概率密度函数为
$$p(x,y)=\begin{cases}\dfrac{1+xy}{4}, & |x|<1,|y|<1,\\ 0, & \text{其他}.\end{cases}$$
求方差$\mathrm{Var}(X+Y)$.
7. 设(X,Y)服从二维正态分布$N(\mu_1,\sigma_1^2;\mu_2,\sigma_2^2;\rho)$, 求方差$\mathrm{Var}(X+Y)$和$\mathrm{Var}(X-Y)$.
8. 设随机变量(X,Y)具有概率密度函数
$$p(x,y)=\begin{cases}e^{-y}, & 0<x<y,\\ 0, & \text{其他}.\end{cases}$$
求数学期望$\mathrm{E}X$, $\mathrm{E}Y$, $\mathrm{E}XY$和方差$\mathrm{Var}X$, $\mathrm{Var}Y$, $\mathrm{Var}(X+Y)$.

9. 证明:

(1)设随机变量$X \geqslant 0$, 数学期望存在, 则$\mathrm{E}X \geqslant 0$;

(2)设随机变量X的方差存在, 则对任意的常数c, 有$\mathrm{E}(X-c)^2 \geqslant \mathrm{Var}X$成立;

(3)设随机变量X仅取值于$[a,b]$, 则$\mathrm{Var}X \leqslant \left(\frac{b-a}{2}\right)^2$.

4.3 协方差与相关系数

我们在注记3.2.11中已经知道, 已知随机变量X与Y的边际分布不能确定(X,Y)的联合分布. 这是因为联合分布不仅包含了边际分布的信息, 还隐含了X与Y之间的关系信息. 这一节我们将介绍两个刻画X与Y之间的关系的数字特征: 协方差与相关系数.

♣**定义4.3.1** 设(X,Y)为二维随机变量, 若数学期望$\mathrm{E}[(X-\mathrm{E}X)(Y-\mathrm{E}Y)]$存在, 称$\mathrm{E}[(X-\mathrm{E}X)(Y-\mathrm{E}Y)]$为随机变量$X$与$Y$的**协方差**, 记为$\mathrm{Cov}(X,Y)$.

▶**例4.3.2** 设二维随机变量(X,Y)的联合分布如下:

X \ Y	-1	0	1
-1	1/8	1/8	1/8
0	1/8	0	1/8
1	1/8	1/8	1/8

求X与Y的协方差$\mathrm{Cov}(X,Y)$.

解 显然X与Y同分布, 且X与XY的分布列分别为:

X	-1	0	1
P	3/8	1/4	3/8

XY	-1	0	1
P	1/4	1/2	1/4

于是, 容易求得$\mathrm{E}(XY)=\mathrm{E}X=\mathrm{E}Y=0$, 从而$\mathrm{Cov}(X,Y)=\mathrm{E}(XY)-\mathrm{E}X\cdot\mathrm{E}Y=0$. □

由定义和数学期望的性质, 我们不难得出协方差具有以下性质:

★**定理4.3.3 协方差的性质** 设X,Y,Z为随机变量, 且下面涉及到的期望、方差和协方差都存在, 则

- $\mathrm{Cov}(X,Y)=\mathrm{Cov}(Y,X)$, $\mathrm{Cov}(X,X)=\mathrm{Var}X$.
- $\mathrm{Cov}(X,a)=0$, $\mathrm{Cov}(aX,bY)=ab\mathrm{Cov}(X,Y)$, 其中$a,b$是常数.
- $\mathrm{Cov}(X,Y)=\mathrm{E}(XY)-\mathrm{E}X\mathrm{E}Y$.
- 若X与Y相互独立, 则$\mathrm{Cov}(X,Y)=0$.

- $\mathrm{Cov}(X+Y,Z)=\mathrm{Cov}(X,Z)+\mathrm{Cov}(Y,Z)$.
- $\mathrm{Var}(X\pm Y)=\mathrm{Var}X+\mathrm{Var}Y\pm 2\mathrm{Cov}(X,Y)$.

♣**定义4.3.4** 设(X,Y)为二维随机变量，称$\mathrm{Corr}(X,Y)=\dfrac{\mathrm{Cov}(X,Y)}{\sqrt{\mathrm{Var}X}\sqrt{\mathrm{Var}Y}}$为随机变量$X$与$Y$的相关系数，有时也记为$\rho_{XY}$.

♠**注记4.3.5** 若记$X^*=\dfrac{X-\mathrm{E}X}{\sqrt{\mathrm{Var}X}}$, $Y^*=\dfrac{Y-\mathrm{E}Y}{\sqrt{\mathrm{Var}Y}}$, 显然$\mathrm{E}X^*=\mathrm{E}Y^*=0$, $\mathrm{Var}X^*=\mathrm{Var}Y^*=1$, 且

$$\mathrm{Corr}(X,Y)=\mathrm{E}(X^*Y^*)=\mathrm{Cov}(X^*,Y^*)=\mathrm{Corr}(X^*,Y^*).$$

►**例4.3.6** 设随机变量(X,Y)有概率密度函数

$$p(x,y)=\begin{cases}\dfrac{1}{8}(x+y), & 0<x<2,0<y<2,\\ 0, & \text{其他}.\end{cases}$$

求$\mathrm{Corr}(X,Y)$.

解 记$D=(0,2)\times(0,2)$. 由定义，

$$\mathrm{E}(XY)=\iint xyp(x,y)\mathrm{d}x\mathrm{d}y=\iint_D xy\cdot\frac{1}{8}(x+y)\mathrm{d}x\mathrm{d}y=\int_0^2\int_0^2 xy\cdot\frac{1}{8}(x+y)\mathrm{d}x\mathrm{d}y=\frac{4}{3}.$$

注意到X与Y同分布，

$$\mathrm{E}Y=\mathrm{E}X=\iint xp(x,y)\mathrm{d}x\mathrm{d}y=\iint_D x\cdot\frac{1}{8}(x+y)\mathrm{d}x\mathrm{d}y=\int_0^2\int_0^2 x\cdot\frac{1}{8}(x+y)\mathrm{d}x\mathrm{d}y=\frac{7}{6},$$

$$\mathrm{E}Y^2=\mathrm{E}X^2=\iint x^2p(x,y)\mathrm{d}x\mathrm{d}y=\iint_D x^2\cdot\frac{1}{8}(x+y)\mathrm{d}x\mathrm{d}y=\int_0^2\int_0^2 x^2\cdot\frac{1}{8}(x+y)\mathrm{d}x\mathrm{d}y=\frac{5}{3}.$$

于是，

$$\mathrm{Var}Y=\mathrm{Var}X=\mathrm{E}X^2-(\mathrm{E}X)^2=\frac{5}{3}-\left(\frac{7}{6}\right)^2=\frac{11}{36},$$

$$\mathrm{Cov}(X,Y)=\mathrm{E}(XY)-\mathrm{E}X\mathrm{E}Y=\frac{4}{3}-\left(\frac{7}{6}\right)^2=-\frac{1}{36}.$$

故$\mathrm{Corr}(X,Y)=\dfrac{\mathrm{Cov}(X,Y)}{\sqrt{\mathrm{Var}X}\sqrt{\mathrm{Var}Y}}=\dfrac{-1/36}{11/36}=-\dfrac{1}{11}$. □

►**例4.3.7** 设二维随机变量(X,Y)的联合概率密度函数为

$$p(x,y)=\begin{cases}2, & \text{若}0<x<y<1,\\ 0, & \text{其他}.\end{cases}$$

求X与Y的相关系数$\mathrm{Corr}(X,Y)$.

解 令$D=\{(x,y):0<x<y<1\}$, 由数学期望的定义，

$$\mathrm{E}X=\iint xp(x,y)\mathrm{d}x\mathrm{d}y=\iint_D x\cdot 2\mathrm{d}x\mathrm{d}y=\int_0^1\mathrm{d}y\int_0^y 2x\mathrm{d}x=\frac{1}{3},$$

$$\mathrm{E}Y=\iint yp(x,y)\mathrm{d}x\mathrm{d}y=\iint_D y\cdot 2\mathrm{d}x\mathrm{d}y=\int_0^1 2y\mathrm{d}y\int_0^y\mathrm{d}x=\frac{2}{3},$$

$$\mathrm{E}X^2 = \iint x^2 p(x,y)\mathrm{d}x\mathrm{d}y = \iint_D x^2 \cdot 2\mathrm{d}x\mathrm{d}y = \int_0^1 \mathrm{d}y \int_0^y 2x^2 \mathrm{d}x = \frac{1}{6},$$

$$\mathrm{E}Y^2 = \iint y^2 p(x,y)\mathrm{d}x\mathrm{d}y = \iint_D y^2 \cdot 2\mathrm{d}x\mathrm{d}y = \int_0^1 2y^2\mathrm{d}y \int_0^y \mathrm{d}x = \frac{1}{2},$$

$$\mathrm{E}XY = \iint xyp(x,y)\mathrm{d}x\mathrm{d}y = \iint_D xy \cdot 2\mathrm{d}x\mathrm{d}y = \int_0^1 y\mathrm{d}y \int_0^y 2x\mathrm{d}x = \frac{1}{4}.$$

于是, X与Y的相关系数为

$$\begin{aligned}\mathrm{Corr}(X,Y) =& \frac{\mathrm{Cov}(X,Y)}{\sqrt{\mathrm{Var}X \cdot \mathrm{Var}Y}} = \frac{\mathrm{E}XY - \mathrm{E}X\mathrm{E}Y}{\sqrt{(\mathrm{E}X^2-(\mathrm{E}X)^2)(\mathrm{E}Y^2-(\mathrm{E}Y)^2)}} \\ =& \frac{\frac{1}{4}-\frac{1}{3}\cdot\frac{2}{3}}{\sqrt{\left(\frac{1}{6}-\left(\frac{1}{3}\right)^2\right)\left(\frac{1}{2}-\left(\frac{2}{3}\right)^2\right)}} = \frac{1}{2}.\end{aligned}$$

□

★定理4.3.8 设(X,Y)为二维随机变量, $|\mathrm{Corr}(X,Y)| \leqslant 1$; $|\mathrm{Corr}(X,Y)| = 1$当且仅当X与Y有线性关系, 即存在常数a和b, 使得$P(Y = aX + b) = 1$.

证明 记$X^* = \dfrac{X - \mathrm{E}X}{\sqrt{\mathrm{Var}X}}$, $Y^* = \dfrac{Y - \mathrm{E}Y}{\sqrt{\mathrm{Var}Y}}$, 对任意的$t \in \mathbb{R}$, 记$f(t) = \mathrm{E}(tX^* + Y^*)^2$. 显然,

$$\begin{aligned}f(t) =& \mathrm{E}(tX^*+Y^*)^2 = t^2\mathrm{E}(X^*)^2 + 2t\mathrm{E}(X^*Y^*) + \mathrm{E}(Y^*)^2 \\ =& t^2 + 2\mathrm{Corr}(X,Y)t + 1\end{aligned}$$

是关于t 的一元二次多项式, 且对任意的t, $f(t) \geqslant 0$. 于是, 判别式$\Delta \leqslant 0$, 即

$$(2\mathrm{Corr}(X,Y))^2 - 4 \leqslant 0,$$

从而得$|\mathrm{Corr}(X,Y)| \leqslant 1$.

下证$|\mathrm{Corr}(X,Y)| = 1$当且仅当X与Y有线性关系.

$|\mathrm{Corr}(X,Y)| = 1 \Leftrightarrow \Delta = 0 \Leftrightarrow$方程$f(t) = 0$有唯一的解$t_0 = -\mathrm{Corr}(X,Y)$, 即$f(t_0) = 0 \Leftrightarrow \mathrm{E}(t_0X^* + Y^*)^2 = 0 \Leftrightarrow \mathrm{Var}(t_0X^* + Y^*) = 0 \Leftrightarrow$ 存在常数c, 使得$P(t_0X^* + Y^* = c) = 1$, 代入X^*和Y^*, 即得$P(Y = aX + b) = 1$, 其中

$$a = -\frac{\sqrt{\mathrm{Var}Y}}{\sqrt{\mathrm{Var}X}}t_0, \quad b = \mathrm{E}X\frac{\sqrt{\mathrm{Var}Y}}{\sqrt{\mathrm{Var}X}}t_0 + c\sqrt{\mathrm{Var}Y} + \mathrm{E}Y.$$

□

♠注记4.3.9 Cauchy-Schwarz不等式 由$|\mathrm{Corr}(X,Y)| \leqslant 1$得

$$|\mathrm{E}((X-\mathrm{E}X)(Y-\mathrm{E}Y))|^2 \leqslant \mathrm{Var}X \cdot \mathrm{Var}Y.$$

一般地, 若对随机变量(X,Y)下面涉及的数学期望都存在, 则

$$|\mathrm{E}(XY)|^2 \leqslant \mathrm{E}X^2\mathrm{E}Y^2.$$

♠注记4.3.10 $\mathrm{Corr}(X,Y)$的大小反映X与Y之间的线性关系. 特别地,

- $\mathrm{Corr}(X,Y) = 1(-1)$, 称$X$与$Y$正(负)相关.
- $\mathrm{Corr}(X,Y) = 0$, 称X与Y不相关.

▶例4.3.11 设二维随机变量(X,Y)的联合分布如下:

$X \backslash Y$	-1	0	1
-1	1/8	1/8	1/8
0	1/8	0	1/8
1	1/8	1/8	1/8

求$\text{Corr}(X,Y)$.

解 在例4.3.2中, 已经求得$\text{Cov}(X,Y)=0$, 故$\text{Corr}(X,Y)=\dfrac{\text{Cov}(X,Y)}{\sqrt{\text{Var}X\cdot\text{Var}Y}}=0$. □

♠注记4.3.12 随机变量X与Y相互独立, 则X与Y不相关; 反之不真, 即X与Y不相关只能说明X与Y之间没有线性关系. 例如, 在上例中X 与Y 不相关, 但是由

$$P(X=0,Y=0)=0,\ P(X=0)=P(Y=0)=\frac{1}{4}$$

知X与Y不独立.

★定理4.3.13 若$(X,Y)\sim N(\mu_1,\sigma_1^2;\mu_2,\sigma_2^2;\rho)$, 则$\text{Corr}(X,Y)=\rho$. **于是对二维正态分布来说, 不相关与独立等价.**

证明 由定理3.4.36知, $X+Y$服从正态分布$N(\mu_1+\mu_2,\sigma_1^2+\sigma_2^2+2\rho\sigma_1\sigma_2)$. 故$\text{Var}(X+Y)=\sigma_1^2+\sigma_2^2+2\rho\sigma_1\sigma_2$. 又因为$\text{Var}X=\sigma_1^2$, $\text{Var}Y=\sigma_2^2$,

$$\text{Var}(X+Y)=\text{Var}X+\text{Var}Y+2\text{Cov}(X,Y),$$

故$\text{Cov}(X,Y)=\rho\sigma_1\sigma_2$, 进而$\text{Corr}(X,Y)=\rho$. 由定理3.3.12知, X与Y独立当且仅当$\rho=0$, 从而不相关与独立等价. □

下面的例子说明, 两个互不相关的一维正态随机变量可能不独立, 因为其联合分布不一定是二维正态分布. 即没有“联合分布是二维正态分布”的前提, 我们不能说两个互不相关的一维正态随机变量必相互独立!

▶例4.3.14 设(X,Y)的概率密度函数为

$$p(x,y)=\frac{1}{2}(p_1(x,y)+p_2(x,y)),\quad (x,y)\in\mathbb{R}^2,$$

其中$p_1(x,y)$和$p_2(x,y)$分别是二维正态分布$N\left(0,1;0,1;\dfrac{1}{2}\right)$和$N\left(0,1;0,1;-\dfrac{1}{2}\right)$的概率密度函数. 不难验证, X与Y的边际分布都是一维标准正态分布$N(0,1)$, 且$\text{Corr}(X,Y)=0$. 但是X 与Y不独立.

▶例4.3.15 设(X,Y)服从二维正态分布, 且$X\sim N(1,9)$, $Y\sim N(0,16)$.

(1) 若$\text{Corr}(X,Y)=0$, 求(X,Y)的联合概率密度函数;

(2) 若$\text{Corr}(X,Y)=-\dfrac{1}{2}$, $Z=\dfrac{X}{3}+\dfrac{Y}{2}$, 求$\text{E}Z$, $\text{Var}Z$, $\text{Corr}(X,Z)$.

解 由已知, (X,Y)服从二维正态分布$N(1,9;0,16;\rho)$, 其中$\rho=\mathrm{Corr}(X,Y)$.

(1)当$\mathrm{Corr}(X,Y)=0$时, X与Y独立, 于是(X,Y)的联合概率密度函数为

$$\begin{aligned}p(x,y)=&p_X(x)p_Y(y)\\=&\frac{1}{\sqrt{2\pi}\cdot 3}\exp\left(-\frac{(x-1)^2}{2\cdot 9}\right)\cdot\frac{1}{\sqrt{2\pi}\cdot 4}\exp\left(-\frac{y^2}{2\cdot 16}\right)\\=&\frac{1}{24\pi}\exp\left(-\frac{(x-1)^2}{18}-\frac{y^2}{32}\right).\end{aligned}$$

(2)当$\mathrm{Corr}(X,Y)=-\dfrac{1}{2}$时,

$$\mathrm{Cov}(X,Y)=\mathrm{Corr}(X,Y)\cdot\sqrt{\mathrm{Var}X}\sqrt{\mathrm{Var}Y}=-1/2\cdot 3\cdot 4=-6.$$

于是,

$$\mathrm{E}Z=\mathrm{E}\left(\frac{X}{3}+\frac{Y}{2}\right)=\frac{1}{3}\cdot\mathrm{E}X+\frac{1}{2}\cdot\mathrm{E}Y=\frac{1}{3}\cdot 1+\frac{1}{2}\cdot 0=\frac{1}{3},$$

$$\begin{aligned}\mathrm{Var}Z=&\mathrm{Var}\left(\frac{X}{3}+\frac{Y}{2}\right)=\mathrm{Var}\left(\frac{X}{3}\right)+\mathrm{Var}\left(\frac{Y}{2}\right)+2\mathrm{Cov}\left(\frac{X}{3},\frac{Y}{2}\right)\\=&\frac{1}{9}\cdot\mathrm{Var}X+\frac{1}{4}\cdot\mathrm{Var}Y+2\cdot\frac{1}{3}\cdot\frac{1}{2}\cdot\mathrm{Cov}(X,Y)\\=&\frac{1}{9}\cdot 9+\frac{1}{4}\cdot 16+2\cdot\frac{1}{3}\cdot\frac{1}{2}\cdot(-6)=3,\\\mathrm{Cov}(X,Z)=&\mathrm{Cov}\left(X,\frac{X}{3}+\frac{Y}{2}\right)=\frac{1}{3}\mathrm{Cov}(X,X)+\frac{1}{2}\mathrm{Cov}(X,Y)\\=&\frac{1}{3}\cdot 9+\frac{1}{2}\cdot(-6)=0,\end{aligned}$$

于是$\mathrm{Corr}(X,Z)=0$. □

♠**注记4.3.16** 在上例(2)中, 读者还可以进一步证明X与Z是相互独立的, 事实上, 只需验证(X,Z)的联合分布是二维正态分布(具体过程留给读者思考).

习题4.3

1. 设随机变量X与Y满足$\mathrm{E}X=\mathrm{E}Y=0$, $\mathrm{Var}X=\mathrm{Var}Y=1$, $\mathrm{Cov}(X,Y)=\rho$, 证明
$$\mathrm{E}\max(X^2,Y^2)\leqslant 1+\sqrt{1-\rho^2}.$$
2. 设随机变量X与Y都服从均匀分布$U(0,1)$, 且相互独立, 求随机变量$\max(X,Y)$和$\min(X,Y)$的协方差.
3. 设随机变量(X,Y)服从均匀分布$U(D)$, 其中$D=\{(x,y):x^2+y^2\leqslant 1\}$, 求$X$与$Y$的协方差.
4. 设$X_1,X_2,\ldots$独立同分布, 且$\mathrm{E}X_1=\mu$, $\mathrm{Var}X_1=\sigma^2$, 求随机变量$X_1+\cdots+X_{100}$与$X_{101}+\cdots+X_{150}$的协方差.
5. 已知X与Y的分布列分别为

X	-1	0	1
P	$1/4$	$1/2$	$1/4$

Y	0	1
P	$1/2$	$1/2$

且$P(XY=0)=1$, 求X与Y的协方差, 并判断X与Y是否独立.

6. 已知随机变量(X,Y)的概率密度函数为

$$p(x,y)=\begin{cases}\dfrac{1+xy}{4}, & |x|<1,|y|<1,\\ 0, & \text{其他}.\end{cases}$$

求X与Y的协方差和相关系数.

7. 设(X,Y)服从二维正态分布$N(\mu_1,\sigma_1^2;\mu_2,\sigma_2^2;\rho)$, 求$X+Y$和$X-Y$的相关系数.

8. 设随机变量(X,Y)具有概率密度函数

$$p(x,y)=\begin{cases}e^{-y}, & 0<x<y,\\ 0, & \text{其他}.\end{cases}$$

求X与Y的协方差和相关系数.

4.4 矩与其他数字特征

除了数学期望、方差和协方差之外, 本节我们将介绍随机变量其他几种常用的数字特征: 矩, 偏度系数, 峰度系数, 变异系数, 分位数, 中位数. 读者应着重掌握矩和分位数的概念.

♣定义4.4.1 矩

设k为正整数, 若X^k的数学期望存在, 则称$\mathrm{E}(X-\mathrm{E}X)^k$为$X$的$k$阶**中心矩**, 记为$\nu_k$. 特别地, 称$\mathrm{E}X^k$为$X$的$k$阶**原点矩**, 简称为$k$阶矩, 记为$\mu_k$.

♠注记4.4.2 若$k+1$阶矩存在, k阶矩必存在. 这是因为对任意的$x\in\mathbb{R}$, 不等式$|x|^k\leq|x|^{k+1}+1$成立.

♠注记4.4.3 显然, $\mu_1=\mathrm{E}X$, $\nu_1=0$, $\nu_2=\mathrm{Var}X$. 此外, 由二项展开式,

$$\nu_k=\sum_{i=0}^{k}C_k^i\mu_i(-1)^{k-i}\mu_1^{k-i}.$$

►例4.4.4 设X服从标准正态分布$N(0,1)$, 求μ_k,ν_k, $k\geqslant1$.

解 因为$X\sim N(0,1)$, 概率密度函数为$\varphi(x)=\dfrac{1}{\sqrt{2\pi}}e^{-x^2/2}$是偶函数, 故当$k=2m-1$时, 这里$m$是正整数, $\mu_{2m-1}=0$. 当$k=2m$时,

$$\begin{aligned}\mu_{2m}&=\int x^{2m}\varphi(x)\mathrm{d}x=\int_{-\infty}^{\infty}x^{2m}\cdot\frac{1}{\sqrt{2\pi}}e^{-x^2/2}\mathrm{d}x\\&=\frac{2}{\sqrt{2\pi}}\int_0^{\infty}x^{2m}\cdot e^{-x^2/2}\mathrm{d}x=\frac{2}{\sqrt{2\pi}}\int_0^{\infty}(2t)^m e^{-t}\cdot\frac{\sqrt{2}}{2}t^{-1/2}\mathrm{d}t\end{aligned}$$

$$
\begin{aligned}
&=\frac{2^m}{\sqrt{\pi}}\int_0^{\infty}t^{m+\frac{1}{2}-1}e^{-t}\mathrm{d}t=\frac{2^m}{\sqrt{\pi}}\cdot\Gamma\left(m+\frac{1}{2}\right)\\
&=\frac{2^m}{\sqrt{\pi}}\cdot\left(m-\frac{1}{2}\right)\left(m-\frac{3}{2}\right)\dots\frac{1}{2}\cdot\Gamma\left(\frac{1}{2}\right)\\
&=\frac{(2m)!}{2^m\cdot m!}=(2m-1)!!
\end{aligned}
$$

上述计算过程中第四个等号作了积分变量替换$x=\sqrt{2t}$.

由于$\mu_1=\mathrm{E}X=0$, 故对任意的$k\geqslant 1$,

$$
\mu_k=\nu_k=\begin{cases}(2m-1)!!, & k=2m,\\ 0, & k=2m-1,\end{cases}\qquad 其中m为正整数.
$$

特别地, $\mathrm{E}X=\mathrm{E}X^3=0$, $\mathrm{E}X^2=1, \mathrm{E}X^4=3$. □

►**例4.4.5** 设X服从Gamma分布$Ga(\alpha,\lambda)$, 求μ_k, $k\geqslant 1$.

解 $X\sim Ga(\alpha,\lambda)$, 其概率密度函数为

$$
p(x)=\begin{cases}\dfrac{\lambda^\alpha}{\Gamma(\alpha)}x^{\alpha-1}e^{-\lambda x}, & x>0,\\ 0, & x\leqslant 0.\end{cases}
$$

于是, 由定义,

$$
\begin{aligned}
\mu_k&=\int x^k\cdot p(x)\mathrm{d}x=\int_0^{\infty}x^k\cdot\frac{\lambda^\alpha}{\Gamma(\alpha)}x^{\alpha-1}e^{-\lambda x}\mathrm{d}x\\
&=\frac{1}{\lambda^k\Gamma(\alpha)}\int_0^{\infty}(\lambda x)^{k+\alpha-1}e^{-\lambda x}\mathrm{d}(\lambda x)\\
&=\frac{\Gamma(k+\alpha)}{\lambda^k\Gamma(\alpha)}=\alpha\cdot(\alpha+1)\dots(\alpha+k-1)/\lambda^k.
\end{aligned}
$$

□

显然, 若随机变量的分布是对称的(对连续情形来说, 即概率密度函数为偶函数), $\nu_3=\mu_3=\mathrm{E}X^3=0$. 通常, 用$\nu_3$来度量随机变量的对称性的程度.

♣**定义4.4.6 偏度系数**

若随机变量X的三阶矩即μ_3存在, 称$\beta_s=\dfrac{\nu_3}{\sigma^3}$为$X$的**偏度系数**(skewness), 这里$\sigma=\sqrt{\nu_2}$为$X$ 的标准差.

♠**注记4.4.7** 偏度系数是衡量随机变量分布对称性的一个数字特征. 若$\beta_s\neq 0$, 则称该分布为偏态分布. 若$\beta_s>0$, 称为右偏; $\beta_s<0$, 称为左偏.

►**例4.4.8** 计算正态分布$N(\mu,\sigma^2)$和卡方分布$\chi^2(n)$的偏度系数.

解 设$X\sim N(\mu,\sigma^2)$, 由定义,

$$
\begin{aligned}
\nu_3&=\mathrm{E}(X-\mu)^3=\int_{-\infty}^{\infty}(x-\mu)^3\frac{1}{\sqrt{2\pi}\sigma}\exp\left(-\frac{(x-\mu)^2}{2\sigma^2}\right)\mathrm{d}x\\
&=\int_{-\infty}^{\infty}t^3\exp\left(-\frac{t^2}{2\sigma^2}\right)\mathrm{d}t=0.
\end{aligned}
$$

故正态分布的偏度系数$\beta_s = \dfrac{\nu_3}{\sigma^3} = 0$.

下求卡方分布$\chi^2(n)$的偏度系数. 由例4.4.13知, $Ga(\alpha,\lambda)$的偏度系数为$\dfrac{2}{\sqrt{\alpha}}$. 因而若$X \sim \chi^2(n) = Ga\left(\dfrac{n}{2},\dfrac{1}{2}\right)$, 则其偏度系数为$\beta_s = \sqrt{\dfrac{8}{n}}$. □

♠**注记4.4.9** 卡方分布是偏态分布; 正态分布是非偏态分布. 事实上任何关于数学期望对称(对连续情形即概率密度函数满足$p(\mu_1 - x) = p(\mu_1 + x)$) 的分布的偏态系数都为0.

描述分布形状的特征数除了偏度系数外, 还有峰度系数.

♣**定义4.4.10 峰度系数**

若随机变量X的四阶矩即μ_4存在, 称$\beta_k = \dfrac{\nu_4}{\nu_2^2} - 3$为$X$的**峰度系数**(kurtosis).

♠**注记4.4.11** 设$X^* = \dfrac{X - \mathrm{E}X}{\sqrt{\mathrm{Var}X}}$, 则$\beta_k = \mathrm{E}(X^*)^4 - 3$.

♠**注记4.4.12** 峰度系数是刻画分布陡峭程度的一个数字特征. 注意到, 对标准正态分布, $\mu_4 = 3$, 因而正态分布的峰度系数为0. 于是峰度系数是相对于正态分布而言的超出量.

▶**例4.4.13** 计算Gamma分布$Ga(\alpha,\lambda)$的偏度系数和峰度系数.

解 由例4.4.5和注记4.4.3知, 若$X \sim Ga(\alpha,\lambda)$, 则

$$\nu_2 = \frac{\alpha}{\lambda^2},\ \nu_3 = \frac{2\alpha}{\lambda^3},\ \nu_4 = \frac{3\alpha(\alpha+2)}{\lambda^4}.$$

因而若$X \sim \chi^2(n) = Ga\left(\dfrac{n}{2},\dfrac{1}{2}\right)$, 则其偏度系数和峰度系数分别为

$$\beta_s = \frac{\nu_3}{\nu_2^{3/2}} = \frac{2}{\sqrt{\alpha}}, \quad \beta_k = \frac{\nu_4}{\nu_2^2} - 3 = \frac{6}{\alpha}.$$

□

我们知道, 方差是刻画随机变量波动性大小的一个数字特征. 但是, 不同量纲的随机变量以方差来比较波动性是不合理的. 为消除量纲的影响, 我们有

♣**定义4.4.14 变异系数**

设随机变量X的二阶矩即μ_2存在且数学期望$\mu_1 = \mathrm{E}X \neq 0$, 称$C_v = \dfrac{\sqrt{\nu_2}}{\mu_1}$为$X$的**变异系数**.

▶**例4.4.15** 计算Gamma分布$Ga(\alpha,\lambda)$的变异系数.

解 由例4.4.5和4.4.13知, $\mu_1 = \mathrm{E}X = \dfrac{\alpha}{\lambda}$, $\nu_2 = \mathrm{Var}X = \dfrac{\alpha}{\lambda^2}$. 故Gamma分布$Ga(\alpha,\lambda)$的变异系数为$C_v = \dfrac{\sqrt{\nu_2}}{\mu_1} = \dfrac{1}{\sqrt{\alpha}}$. □

在第二章中, 我们知道对于正态分布, 利用标准正态分布函数表, 不仅已知x时可以求出其分布函数$F(x)$的值, 而且在已知分布函数$F(x)$的值时也可以求出x. 已知分布函数的值所求的自变量x我们称为分位数. 一般地,

♣**定义4.4.16 分位数**

设F是随机变量X的分布函数, $0 < \alpha < 1$, 称$x_\alpha = \inf\{x : F(x) \geqslant \alpha\}$为$X$或分布$F$的$\alpha$-**分位数**(quantile).

▶**例4.4.17** 设$X \sim b(1, 1/2)$, 分别求出当$\alpha = 1/3, 1/2$时的分位数.

解 由X的分布函数立知, $x_{1/3} = x_{1/2} = 0$. □

♠**注记4.4.18** 当分布函数F严格单调时, α-分位数x_α是方程$F(x) = \alpha$的解.

▶**例4.4.19** 设$X \sim N(0,1)$, 分别求出当$\alpha = 0.5, 0.90, 0.95, 0.975$时的分位数.

解 标准正态分布的分布函数$\Phi(x)$严格单调, 故反查标准正态分布函数表, 即可得到当$\alpha = 0.5, 0.90, 0.95, 0.975$时的分位数依次为

$$x_{0.5} = 0,\ x_{0.90} = 1.285,\ x_{0.95} = 1.645,\ x_{0.975} = 1.96.$$ □

♠**注记4.4.20** 标准正态分布的α-分位数通常用u_α来表示.

特别地, 当$\alpha = 1/2$时,

♣**定义4.4.21 中位数**

设F是随机变量X的分布函数, 称$x_{1/2}$为X或分布F的**中位数**(median).

♠**注记4.4.22** 设$x_{1/2}$为X的中位数, 则$P(X \geqslant x_{1/2}) = P(X \leqslant x_{1/2})$.

▶**例4.4.23** 设$X \sim N(\mu, \sigma^2)$, 求X的中位数.

解 记X的分布函数为$F(x)$. 由例4.4.19知$N(0,1)$的中位数为0. 故由正态分布函数与标准正态分布函数之间的关系$\Phi\left(\dfrac{x-\mu}{\sigma}\right) = F(x)$知, X的中位数$x_{1/2} = \mu$. □

♠**注记4.4.24** 正态分布$N(\mu, \sigma^2)$的中位数与数学期望相同, 都是参数μ. 中位数与数学期望都是随机变量的数字特征, 它们的含义不同. 例如, 某市市民年收入的中位数是30万, 则表明该市年收入超过30万和低于30万的人数各占一半. 但是我们不能得到市民的年收入均值为30万.

▶**例4.4.25** 设X的概率密度函数为

$$p(x) = \begin{cases} 4x^3, & 0 < x < 1, \\ 0, & x \leqslant 0 \text{或} x \geqslant 1. \end{cases}$$

求X的数学期望和中位数.

解 由定义, 易求X的数学期望

$$\mathrm{E}X = \int xp(x)\mathrm{d}x = \int_0^1 x \cdot 4x^3 \mathrm{d}x = \frac{4}{5} = 0.8.$$

分布函数为

$$F(x)=\int_{-\infty}^{x}p(t)dt=\begin{cases}0, & x\leqslant 0,\\ \int_0^x 4t^3\mathrm{d}t, & 0<x<1,\\ 1, & x\geqslant 1\end{cases}=\begin{cases}0, & x\leqslant 0,\\ x^4, & 0<x<1,\\ 1, & x\geqslant 1.\end{cases}$$

于是, 由$F(x)=1/2$解得, X的中位数为

$$x_{1/2}=2^{-1/4}=0.8409.$$

显然, 这里数学期望和中位数不相等. □

习题4.4

1. 求均匀分布$U(0,1)$的各阶原点矩μ_k和中心矩ν_k.
2. 求均匀分布$U(0,1)$的偏度系数, 峰度系数和变异系数.
3. 设$0<\alpha<1$, 求均匀分布$U(0,1)$的α分位数.
4. 设$X\sim N(10,4)$, 求X的分位数$x_{0.975}$.
5. 查表求卡方分布分位数:

$$\chi^2_{0.05}(8),\quad \chi^2_{0.95}(10),\quad \chi^2_{0.975}(12).$$

4.5 极限定理

极限定理是概率论与数理统计的重要组成部分, 其内容非常丰富. 本节我们拟简要介绍一下中心极限定理和弱大数定律.

4.5.1 中心极限定理

►**例4.5.1** 设随机变量X服从二项分布$b(n,p)$, 则其分布列为

$$P(X=k)=C_n^k p^k(1-p)^{n-k},\quad k=0,1,\ldots,n.$$

现固定$p=0.1$, 当$n=10,20,50,100$时, 分别作出其概率直方图, 如图4-1所示.

由图可知, 随着n的增大, 图像变得越来越对称. 事实上, 当n充分大时, 我们可以用正态分布$N(np,np(1-p))$来近似替代二项分布$b(n,p)$.

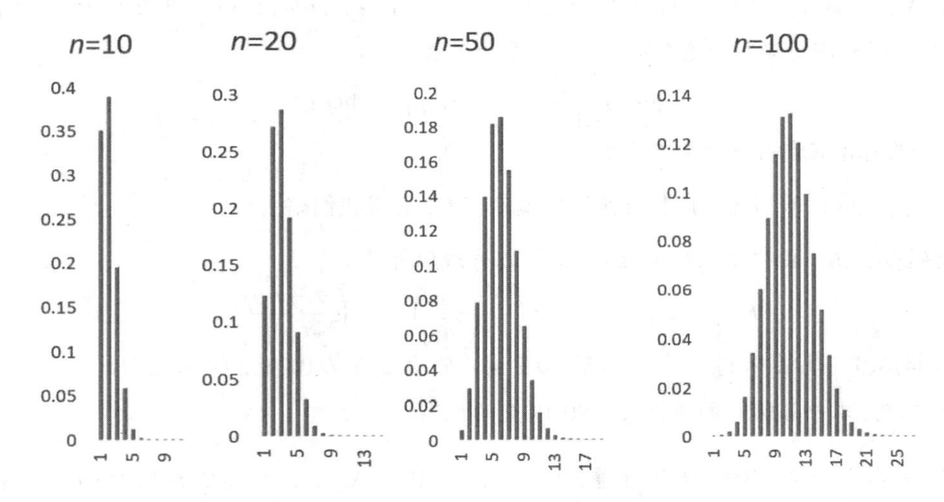

图4-1 二项分布$b(n, 0.1)$的概率直方图

►**例4.5.2** 设$X_1, \ldots, X_n$独立同分布且都服从均匀分布$U(0,1)$，记$S_n = \sum_{i=1}^{n} X_i$，理论上来说，由卷积公式，S_n的分布是可以求出的. 例如，S_1，S_2，S_3的概率密度函数依次为

$$p_1(x) = \begin{cases} 1, & 0 < x < 1, \\ 0, & \text{其他}. \end{cases} \qquad p_2(x) = \begin{cases} x, & 0 < x < 1, \\ 2 - x, & 1 \leqslant x < 2, \\ 0, & \text{其他}. \end{cases}$$

$$p_3(x) = \begin{cases} \frac{1}{2}x^2, & 0 < x < 1, \\ \frac{1}{2}(x^2 - 3(x-1)^2), & 1 \leqslant x < 2, \\ \frac{1}{2}(x^2 - 3(x-1)^2 - 3(x-2)^2), & 2 \leqslant x < 3, \\ 0, & \text{其他}. \end{cases}$$

但是随着n的增大，S_n的概率密度函数会越来越复杂，使用起来也不方便. 这就迫使人们去寻找S_n的近似分布. 中心极限定理告诉我们其近似分布为正态分布.

♣**定义4.5.3** 称随机变量序列$\{X_n, n \geqslant 1\}$服从**中心极限定理**，若当$n \to \infty$时，S_n渐近服从正态分布，即$\dfrac{S_n - \mathrm{E}S_n}{\sqrt{\mathrm{Var}S_n}}$的分布函数$F_n(x)$收敛于$\Phi(x)$，其中$S_n = \sum_{k=1}^{n} X_k$，$\Phi(x)$为标准正态分布$N(0,1)$的分布函数.

当随机变量序列$\{X_n, n \geqslant 1\}$独立同分布时，我们有下面的林德贝格—勒维中心极限定理.

★**定理4.5.4** **林德贝格—勒维中心极限定理**

设$\{X_n, n \geqslant 1\}$为独立同分布的随机变量序列, 数学期望为μ, 方差为σ^2, 记$S_n = \sum_{k=1}^n X_k$, 则S_n渐近服从正态分布, 即对任意的实数y,

$$\lim_{n\to\infty} P\left\{\frac{S_n - n\mu}{\sigma\sqrt{n}} \leqslant y\right\} = \Phi(y),$$

这里$\Phi(y)$为标准正态分布的分布函数.

这个定理的证明需要运用特征函数等概率工具, 这里我们略去.

♠**注记4.5.5** 由中心极限定理, 我们可以作近似计算:

$$P(a \leqslant S_n \leqslant b) \approx \Phi\left(\frac{b - n\mu}{\sigma\sqrt{n}}\right) - \Phi\left(\frac{a - n\mu}{\sigma\sqrt{n}}\right).$$

►**例4.5.6** 每袋味精的净重为随机变量, 平均重量为100克, 标准差为10克. 一箱内装200袋味精, 求一箱味精的净重大于20300克的概率.

解 设X_k表示第k袋味精的净重, $k = 1, \ldots, 200$, $X_1, \ldots, X_{200}$独立同分布. 由题意, $\mathrm{E}X_1 = 100, \mathrm{Var}X_1 = 10^2$. 由中心极限定理, 所求概率为

$$P\left(\sum_{k=1}^{200} X_k > 20300\right) \approx 1 - \Phi\left(\frac{20300 - 200 \times 100}{10\sqrt{200}}\right) = 1 - 0.9830 = 0.0170. \qquad \square$$

►**例4.5.7** 设X为一次射击中命中的环数, X取$6, 7, 8, 9, 10$的概率分别为0.05, 0.1, 0.05, 0.1, 0.7. 求100次射击中命中环数在900环到930环之间的概率.

解 易求$\mathrm{E}X = 9.3$, $\mathrm{Var}X = 1.51$. 设X_k表示第k次射击时命中的环数, $k = 1, \ldots, 100$, 则$X_1, \ldots, X_{100}$相互独立, 且都与X同分布. 于是, 由中心极限定理, 所求的概率为

$$P\left(900 \leq \sum_{k=1}^{100} X_k \leq 930\right) \approx \Phi\left(\frac{930 - 100 \cdot 9.3}{\sqrt{100 \cdot 1.51}}\right) - \Phi\left(\frac{900 - 100 \cdot 9.3}{\sqrt{100 \cdot 1.51}}\right)$$

$$= \Phi(0) - \Phi(-2.44) = \frac{1}{2} - (1 - 0.9927) = 0.4927. \qquad \square$$

特别地, 对于二项分布, 我们有

★**定理4.5.8 德莫弗—拉普拉斯中心极限定理**

设$Y_n \sim b(n, p)$, 则

$$\lim_{n\to\infty} P\left\{\frac{Y_n - np}{\sqrt{np(1-p)}} \leqslant y\right\} = \Phi(y),$$

这里$\Phi(y)$为标准正态分布的分布函数.

►**例4.5.9** 设每颗炮弹命中目标的概率为0.01, 求500发炮弹中命中5发的概率.

解 设X表示命中的炮弹数, 则$X \sim b(500, 0.01)$. 我们用两种方式来求概率$P(X = 5)$, 一是直接求, 二是用中心极限定理来近似计算.

- $P(X = 5) = C_{500}^5 \times 0.01^5 \times 0.99^{495} = 0.17635$
- $P(X = 5) = P(4.5 < X < 5.5) \approx \Phi\left(\frac{5.5 - 5}{\sqrt{4.95}}\right) - \Phi\left(\frac{4.5 - 5}{\sqrt{4.95}}\right) = 0.1742$

由此可见，利用中心极限定理作近似计算与直接利用二项分布分布律计算所得的结果差异不大. □

♠**注记4.5.10** 二项分布是离散分布，而正态分布是连续分布，所以用正态分布作为二项分布的近似时，可作如下修正：

$$P(k_1 \leqslant Y_n \leqslant k_2) = P(k_1 - 0.5 < Y_n < k_2 + 0.5) \approx \Phi\left(\frac{k_2 + 0.5 - np}{\sqrt{np(1-p)}}\right) - \Phi\left(\frac{k_1 - 0.5 - np}{\sqrt{np(1-p)}}\right)$$

►**例4.5.11** 100个独立工作(工作的概率为0.9)的部件组成一个系统，求系统中至少有85个部件工作的概率.

解 设X表示工作的部件数，则由题意知，$X \sim b(100, 0.9)$. 由中心极限定理知，所求概率为

$$P(X \geqslant 85) \approx 1 - \Phi\left(\frac{85 - 0.5 - 100 \cdot 0.9}{\sqrt{100 \cdot 0.9 \cdot (1-0.9)}}\right) = 1 - \Phi\left(-\frac{5.5}{3}\right) = \Phi(1.83) = 0.9664. \quad \square$$

►**例4.5.12** 有200台独立工作(工作的概率为0.7)的机床，每台机床工作时需15千瓦电力. 问共需多少电力，才可有95%的可能性保证正常生产？

解 设X表示正常工作的机床数，则由题意知，$X \sim b(200, 0.7)$. 设需y千瓦电力，才可有95%的可能性保证正常生产，则必有

$$P(15X \leqslant y) \geqslant 95\%.$$

由中心极限定理知，我们有

$$0.95 \leqslant P(15X \leqslant y) \approx \Phi\left(\frac{y/15 + 0.5 - 200 \cdot 0.7}{\sqrt{200 \cdot 0.7 \cdot (1-0.7)}}\right).$$

查标准正态分布函数表，得

$$\frac{y/15 + 0.5 - 200 \cdot 0.7}{\sqrt{200 \cdot 0.7 \cdot (1-0.7)}} \geqslant 1.645$$

解得$y \geqslant 2252$. 即共需2252千瓦电力，才可有95%的可能性保证正常生产. □

►**例4.5.13** 用调查对象中的收看比例$\dfrac{k}{n}$作为某电视节目的收视率p的估计. 要有90%的把握，使$\dfrac{k}{n}$与p的差异不大于0.05，问至少要调查多少对象？

解 设X表示n个调查对象中收看此电视节目的人数，则$X \sim b(n, p)$. 显然，$\mathrm{E}X = np$，$\mathrm{Var}X = np(1-p)$. 由题意，

$$P\left(\left|\frac{X}{n} - p\right| \leqslant 0.05\right) \geqslant 90\%.$$

即

$$P\left(\left|\frac{X - \mathrm{E}X}{\sqrt{\mathrm{Var}X}}\right| \leqslant \frac{0.05n}{\sqrt{np(1-p)}}\right) \geqslant 90\%.$$

由中心极限定理得,

$$2\Phi\left(\frac{0.05n}{\sqrt{np(1-p)}}\right)-1\geqslant 0.90.$$

查标准正态分布函数表, 得

$$\frac{0.05n}{\sqrt{np(1-p)}}\geqslant 1.645.$$

再注意到$p(1-p)\leqslant 1/4$, 解得$n\geqslant 270.6$, 即至少调查271个对象. □

4.5.2 大数定律

下面我们转而介绍大数定律, 先给出依概率收敛的定义.

♣**定义4.5.14** 设随机变量X和$X_1,X_2,\ldots$都定义在同一个概率空间$(\Omega,\mathcal{F},P)$中, 如果对任意的$\epsilon>0$, 都有

$$\lim_{n\to\infty}P(|X_n-X|\geqslant\epsilon)=0$$

成立, 则称随机变量序列$\{X_n,n\geqslant 1\}$**依概率收敛**到X. 通常记为$X_n\xrightarrow{P}X$.

♠**注记4.5.15** 依概率收敛表明, 当$n\to\infty$时, X_n落在$(X-\epsilon,X+\epsilon)$内的概率趋向于1.

♠**注记4.5.16** $X_n\xrightarrow{P}X$当且仅当$X_n-X\xrightarrow{P}0$.

♣**定义4.5.17** 称随机变量序列$\{X_n,n\geqslant 1\}$服从**大数定律**, 若

$$\frac{S_n-\mathrm{E}S_n}{n}\xrightarrow{P}0,$$

其中$S_n=\sum\limits_{k=1}^{n}X_k$.

由定义可知, 若随机变量序列$\{X_n,n\geqslant 1\}$服从大数定律, 表明该随机变量序列的算术平均稳定于其数学期望的算术平均值. 最简单形式的大数定律是下面的Bernoulli大数定律.

★**定理4.5.18 Bernoulli大数定律** 设$X_1,X_2,\ldots$独立同分布, 且共同分布为$b(1,p)$, 则

$$\frac{S_n}{n}\xrightarrow{P}p,$$

其中$S_n=\sum\limits_{k=1}^{n}X_k$.

证明 注意到$\mathrm{E}S_n=np$, $\mathrm{Var}S_n=np(1-p)$, 对随机变量S_n利用切比雪夫不等式(推论4.2.10)即可. □

♠**注记4.5.19** 显然, Bernoulli大数定律表明, 事件A出现的频率$\dfrac{S_n}{n}$与概率p的偏差小于任何给定的精度ϵ的概率, 随着试验次数的增大而趋于1. 这就解释了为什么我们在第一章曾经用频率代替概率.

由大数定律, 我们可以作近似计算, 譬如

▶**例4.5.20 利用大数定律作近似计算.** 计算定积分$J=\int_0^1 f(x)\mathrm{d}x$.

解 若$f(x)$的原函数无法用初等函数表示, 我们利用大数定律做近似计算: 令$X\sim U(0,1)$, 则$J=\mathrm{E}f(X)$. 先产生n个$(0,1)$上均匀分布的随机数$x_1,\ldots,x_n$, 则由大数定律,

$$J\approx\frac{1}{n}\sum_{k=1}^{n}f(x_k).$$

当$f(x)=(2\pi)^{-1/2}e^{-x^2/2}$时, 对于$n=10^4$时, 估计值为0.341329; $n=10^5$时, 估计值为0.341334. 这同由标准正态分布函数表计算所得结果几乎一致. □

大数定律还有许多版本, 我们这里列举几个.

★**定理4.5.21 切比雪夫(Chebyshev)大数定律** 设有随机变量序列$\{X_n,n\geqslant1\}$, 满足对任意的$i\neq j$, $\mathrm{Cov}(X_i,X_j)=0$(即两两不相关), 且存在常数C使得对任意的$n\geqslant1$, $\mathrm{Var}X_n\leqslant C$(即方差一致有界), 则随机变量序列$\{X_n,n\geqslant1\}$ 服从大数定律.

证明 记$S_n=\sum\limits_{k=1}^{n}X_k$, 则

$$\begin{aligned}\mathrm{Var}S_n&=\mathrm{Var}\left(\sum_{k=1}^{n}X_k\right)\\&=\sum_{k=1}^{n}\mathrm{Var}X_k+2\sum_{i<j}\mathrm{Cov}(X_i,X_j)=\sum_{k=1}^{n}\mathrm{Var}X_k\leqslant nC.\end{aligned}$$

于是马尔科夫条件成立, 由下面的马尔科夫大数定律即得. □

★**定理4.5.22 马尔科夫(Markov)大数定律** 设有随机变量序列$\{X_n,n\geqslant1\}$使得马尔科夫条件

$$\frac{1}{n^2}\mathrm{Var}\left(\sum_{k=1}^{n}X_k\right)\to0$$

成立, 则随机变量序列$\{X_n,n\geqslant1\}$服从大数定律.

证明 对随机变量$S_n=\sum\limits_{k=1}^{n}X_k$利用切比雪夫不等式即可. □

★**定理4.5.23 辛钦(Khinchin)大数定律** 设$X_1,X_2,\ldots$独立同分布, 且$\mathrm{E}X_1$存在, 则随机变量序列$\{X_n,n\geqslant1\}$服从大数定律.

辛钦大数定律的证明超出了本书的范围, 这里从略.

♠**注记4.5.24 大数定律的一般形式** 若存在实数列$\{a_n,n\geqslant1\}$和$\{b_n,n\geqslant1\}$, 其中$b_n\to\infty$, 使得

$$\frac{S_n-a_n}{b_n}\xrightarrow{P}0,$$

则称随机变量序列$\{X_n, n \geqslant 1\}$服从大数定律.

♠**注记4.5.25** 我们上面介绍的大数定律严格地来说应为弱大数定律, 这里的"弱"代表收敛类型为依概率收敛. 与弱大数定律相对应的, 有强大数定律, "强"代表的收敛类型为**以概率1收敛**, 这种收敛性限于篇幅, 我们这里不准备介绍, 有兴趣的读者可以参阅Durrett[10].

习题4.5

1. 设$\{a_n, n \geqslant 1\}$为一实数列, 若随机变量序列$\{X_n, n \geqslant 1\}$服从中心极限定理, 证明随机变量序列$\{X_n + a_n, n \geqslant 1\}$ 也服从中心极限定理.
2. 独立抛掷100颗均匀的骰子, 记所得点数的平均值为$\overline{X}$, 利用中心极限定理求概率$P(3 \leqslant \overline{X} \leqslant 4)$.
3. 掷一枚均匀的硬币900次, 试估计至少出现495次正面的概率.
4. 某份试卷由100个题目构成, 学生至少答对60个方能通过考试. 假设某考生答对每一题的概率为1/2, 且回答各题是相互独立的, 试估计该生通过考试的概率.
5. 某厂生产的螺丝钉不合格率为0.01, 问一盒中应装多少只才能使得其中含有至少100只合格品的概率不小于0.95?
6. 设$X_n \xrightarrow{P} X$, $Y_n \xrightarrow{P} Y$, 证明$X_n + Y_n \xrightarrow{P} X + Y$.
7. 设随机变量序列$\{X_n, n \geqslant 1\}$同分布且方差存在. 若$i \neq j$时, $\mathrm{Cov}(X_i, X_j) \leqslant 0$. 证明$\{X_n, n \geqslant 1\}$服从大数定律.

*4.6 补充

本节中我们补充几个概率不等式, 数学期望的一般定义和条件数学期望.

4.6.1 常用的概率不等式

我们这里仅给出若干与随机变量的数字特征有关的重要的概率不等式. 概率不等式有很多, 有兴趣的读者可以参见匡继昌[7]和Lin and Bai[14].

1. Hölder不等式

设$p > 1$, $\dfrac{1}{p} + \dfrac{1}{q} = 1$, 随机变量$X$与$Y$满足$\mathrm{E}|X|^p < \infty$, $\mathrm{E}|Y|^q < \infty$, 则

$$\mathrm{E}|XY| \leqslant \left(\mathrm{E}|X|^p\right)^{\frac{1}{p}} \left(\mathrm{E}|Y|^q\right)^{\frac{1}{q}}.$$

等号成立当且仅当存在不全为零的常数a和b使得$P(a|X|^p + b|Y|^q = 0) = 1$.

♠**注记4.6.1** $p=2$时的Hölder不等式即为**Cauchy-Schwarz**不等式(见注记4.3.9).

2. Minkowski不等式

设$p>0$, $q=\max\{p,1\}$, 随机变量X与Y满足$\mathrm{E}|X|^p<\infty$, $\mathrm{E}|Y|^p<\infty$, 则

$$(\mathrm{E}|X+Y|^p)^{\frac{1}{q}} \leqslant (\mathrm{E}|X|^p)^{\frac{1}{q}} + (\mathrm{E}|Y|^p)^{\frac{1}{q}}.$$

3. C_p不等式

设$p>0$, 随机变量$X_1,\ldots,X_n$满足$\mathrm{E}|X_i|^p<\infty$, 记$C_p=n^{\max\{p-1,0\}}$, 则

$$\mathrm{E}|X_1+\cdots+X_n|^p \leqslant C_p(\mathrm{E}|X_1|^p+\cdots+\mathrm{E}|X_n|^p).$$

4. Jensen不等式

设随机变量X的值域为D, 函数f是定义在D上的连续凸函数, 若数学期望$\mathrm{E}X$ 和$\mathrm{E}f(X)$都存在, 则

$$f(\mathrm{E}X) \leqslant \mathrm{E}f(X).$$

令$f(x)=|x|^{q/p}$, 我们有

♠**注记4.6.2** **Lyapunov**不等式

设$0<p\leqslant q$, 则

$$(\mathrm{E}|X|^p)^{\frac{1}{p}} \leqslant (\mathrm{E}|X|^q)^{\frac{1}{q}}.$$

5. Markov不等式的一般形式

设随机变量X的值域为D, 函数f是定义在D上恒正的单调不降的函数, 若数学期望$\mathrm{E}f(X)$存在, 则对任意的x,

$$P(X\geqslant x) \leqslant \frac{\mathrm{E}f(X)}{f(x)}.$$

4.6.2 数学期望的一般定义

在本章第一节中, 我们分别给出了离散型随机变量和连续型随机变量的数学期望的定义(定义4.1.1和4.1.4). 事实上, 这两个定义可以统一起来, 只不过需要引入Riemann-Stieltjes积分(见丁万鼎等[1]).

♣**定义4.6.3** 设F是某随机变量的分布函数, $g(x)$是$(a,b]$上的连续函数, $a=x_0<x_1<\cdots<x_n=b$为区间$(a,b]$的一个分割T_n, $\xi_k\in(x_{k-1},x_k]$, 作和

$$S_n=\sum_{k=1}^{n} g(x_k)(F(x_k)-F(x_{k-1})).$$

记$||T_n||=\max\{x_k-x_{k-1}:1\leqslant k\leqslant n\}$, 当分割无限加细时, 即当$n\to\infty$, $||T_n||\to 0$时, S_n 的极限存在, 且与x_k,ξ_k的取法无关, 则称$\lim\limits_{n\to\infty} S_n$为$g(x)$在$(a,b]$上关于$F(x)$的**Riemann-**

Stieltjes 积分, 简称为**R-S积分**, 记为

$$\int_a^b g(x)\mathrm{d}F(x) \quad 或 \int_{(a,b]} g(x)\mathrm{d}F(x),$$

即

$$\int_a^b g(x)\mathrm{d}F(x) = \lim_{||T_n||\to 0}\sum_{k=1}^n g(\xi_k)(F(x_k)-F(x_{k-1})).$$

♠**注记4.6.4** 由定义,

(1) 设$a\in\mathbb{R}^1$,

$$\lim_{\epsilon\to 0+}\int_{a-\epsilon}^a g(x)\mathrm{d}F(x) = g(a)(F(a)-F(a-0)) \triangleq \int_{\{a\}} g(x)\mathrm{d}F(x).$$

即单点集上的R-S积分可能不为0. 因而, 我们将

$$\int_{(a,b)} g(x)\mathrm{d}F(x) \quad 和 \int_{[a,b]} g(x)\mathrm{d}F(x)$$

分别写为

$$\int_a^{b-0} g(x)\mathrm{d}F(x) \quad 和 \int_{a-0}^b g(x)\mathrm{d}F(x).$$

(2) 当$g(x)=1$时,

$$\int_a^b \mathrm{d}F(x) = F(b)-F(a).$$

(3) 若极限

$$\lim_{\substack{a\to-\infty\\ b\to\infty}}\int_a^b g(x)\mathrm{d}F(x)$$

存在, 则称其极限为$g(x)$ 在$\mathbb{R}^1$上关于$F(x)$的**Riemann-Stieltjes积分**(简称为R-S积分), 记为$\int_{-\infty}^{\infty} g(x)\mathrm{d}F(x)$.

(4) 若$F(x)$为某离散型随机变量的分布函数, 该随机变量的取值点为$x_1,x_2,\ldots$, 则

$$\int_{-\infty}^{\infty} g(x)\mathrm{d}F(x) = \sum_k g(x_k)(F(x_k)-F(x_k-0)).$$

(5) 若$F(x)$为某连续型随机变量的分布函数, 对应的概率密度函数为$p(x)$, 则

$$\int_{-\infty}^{\infty} g(x)\mathrm{d}F(x) = \int_{-\infty}^{\infty} g(x)p(x)\mathrm{d}x.$$

即此时的R-S积分可化为Riemann积分.

由定义, 我们可以证明

★**定理4.6.5** **R-S积分的性质** 在以下R-S积分存在的前提下, 有

(1) $\int_a^b(\alpha g(x)+\beta h(x))\mathrm{d}F(x) = \alpha\int_a^b g(x)\mathrm{d}F(x)+\beta\int_a^b h(x)\mathrm{d}F(x)$.

(2) $\int_a^b g(x)\mathrm{d}(\alpha F_1(x)+\beta F_2(x)) = \alpha\int_a^b g(x)\mathrm{d}F_1(x)+\beta\int_a^b g(x)\mathrm{d}F_2(x)$.

(3) 若$a\leqslant c\leqslant b$, 则$\int_a^b g(x)\mathrm{d}F(x) = \int_a^c g(x)\mathrm{d}F(x)+\int_c^b g(x)\mathrm{d}F(x)$.

(4) 若$g(x)\geqslant 0$, 则$\int_a^b g(x)\mathrm{d}F(x)\geqslant 0$.

有了Riemann-Stieltjes积分的定义后, 我们可以给出随机变量的数学期望的一般定义了.

♣**定义4.6.6** 设随机变量X的分布函数为$F(x)$, 若积分$\int |x|\mathrm{d}F(x) < \infty$, 称

$$\int x\mathrm{d}F(x)$$

为X的**数学期望**, 记为$\mathrm{E}X$. 若积分$\int |x|\mathrm{d}F(x) = \infty$, 称$X$的数学期望不存在.

♠**注记4.6.7** 由注记4.6.4知, 定义4.6.6与定义4.1.1和4.1.4是相容的. 即定义4.1.1和4.1.4是定义4.6.6的特殊形式.

►**例4.6.8** 设随机变量X的分布函数为

$$F(x) = \begin{cases} 0, & x < 0, \\ \dfrac{1+2x}{5}, & 0 \leqslant x < 1, \\ 1, & x \geqslant 1. \end{cases}$$

求数学期望$\mathrm{E}X$.

解 易知X有混合型分布, 即$F(x) = \dfrac{3}{5}F_1(x) + \dfrac{2}{5}F_2(x)$, 其中$F_1(x)$为两点分布$b(1, 2/3)$的分布函数, $F_2(x)$ 为均匀分布$U(0,1)$的分布函数. 于是, 由数学期望的定义和性质知,

$$\begin{aligned}\mathrm{E}X &= \int_{-\infty}^{\infty} x\mathrm{d}F(x) = \frac{3}{5}\int_{-\infty}^{\infty} x\mathrm{d}F_1(x) + \frac{2}{5}\int_{-\infty}^{\infty} x\mathrm{d}F_2(x) \\ &= \frac{3}{5}\left(0\cdot\frac{1}{3} + 1\cdot\frac{2}{3}\right) + \frac{2}{5}\int_0^1 x\mathrm{d}x \\ &= \frac{3}{5}\cdot\frac{2}{3} + \frac{2}{5}\cdot\frac{1}{2} = \frac{3}{5}.\end{aligned}$$

□

4.6.3 条件数学期望

正如条件概率是概率一样, 条件分布是一个概率分布, 因而可以考虑条件分布的数字特征. 条件分布的数学期望称为条件数学期望, 定义如下:

♣**定义4.6.9** 设(X, Y)为二维随机变量, 称

$$\mathrm{E}(X|Y=y) = \begin{cases} \sum_i x_i P(X = x_i|Y = y), & \text{离散情形} \\ \int_{-\infty}^{\infty} x p_{X|Y}(x|y)\mathrm{d}x, & \text{连续情形} \end{cases}$$

为在$Y = y$的条件下X的**条件数学期望**.

♠**注记4.6.10** 条件数学期望的定义中我们必须注意到

(1) 只有当条件分布列$P(X = x_i|Y = y)$或条件概率密度函数$p_{X|Y}(x|y)$有意义时才有可能去考虑条件数学期望$\mathrm{E}(X|Y = y)$.

(2) 条件数学期望可能不存在, 即上述求和或积分结果可能是无穷大.

(3) 条件数学期望$\mathrm{E}(X|Y=y)$是y的函数.

▶**例4.6.11** 设(X,Y)服从二维正态分布$N(\mu_1,\sigma_1^2;\mu_2,\sigma_2^2;\rho)$, 求在$Y=y$条件下$X$的条件数学期望.

解 由例3.5.11知, 在$Y=y$条件下X的条件分布为正态分布

$$N(\mu_1+\rho\sigma_1(y-\mu_2)/\sigma_2,\sigma_1^2(1-\rho^2)),$$

故在$Y=y$ 条件下X的条件数学期望为$\mathrm{E}(X|Y=y)=\mu_1+\rho\sigma_1(y-\mu_2)/\sigma_2$. □

▶**例4.6.12** 设随机变量(X,Y)服从区域$D=\{(x,y):x^2+y^2\leqslant 1\}$上的均匀分布, $|y|\leqslant 1$, 求在给定$Y=y$条件下X 的条件数学期望.

解 由例3.5.12知, 当$|y|\leqslant 1$时, 在给定$Y=y$条件下X的条件分布为均匀分布

$$U(-\sqrt{1-y^2},\sqrt{1-y^2}),$$

故由表4-1知, 在给定$Y=y$ 条件下X的条件数学期望$\mathrm{E}(X|Y=y)=0$. □

▶**例4.6.13** 已知随机变量(X,Y)的联合概率密度函数为

$$p(x,y)=\begin{cases}\dfrac{e^{-x/y}e^{-y}}{y}, & x>0,y>0,\\ 0, & \text{其他}.\end{cases}$$

求当$y>0$时的条件数学期望$\mathrm{E}(X|Y=y)$.

解 由例3.5.13知, 当$y>0$时, 在给定$Y=y$条件下X服从指数分布$Exp\left(\dfrac{1}{y}\right)$, 故由表4-1知, 在给定$Y=y$条件下$X$ 的条件数学期望为$\mathrm{E}(X|Y=y)=y$. □

既然条件数学期望$\mathrm{E}(X|Y=y)$是y的函数, 记为$g(y)$. 我们可以考虑随机变量Y的函数$g(Y)$, 即$g(Y)=\mathrm{E}(X|Y)$, 因而$\mathrm{E}(X|Y)$是随机变量, 当$Y=y$时其取值为$\mathrm{E}(X|Y=y)$. 我们可以证明条件数学期望和数学期望有如下的关系.

★**定理4.6.14** **重期望公式** 设(X,Y)是二维随机变量, 且$\mathrm{E}X$存在, 则

$$\mathrm{E}X=\mathrm{E}(\mathrm{E}(X|Y)).$$

♠**注记4.6.15** 重期望公式的本质是全概率公式. 使用重期望公式的方法如下:

$$\mathrm{E}X=\begin{cases}\sum_i \mathrm{E}(X|Y=y_j)P(Y=y_j), & \text{离散情形},\\ \int_{-\infty}^{\infty}\mathrm{E}(X|Y=y)p_Y(y)\mathrm{d}y, & \text{连续情形}.\end{cases}$$

▶**例4.6.16** 设随机变量Y服从均匀分布$U(0,1)$, 当$Y=y(0<y<1)$时, X服从均匀分布$U(y,1)$. 求数学期望$\mathrm{E}X$.

解 当$Y=y(0<y<1)$时, X的条件分布为均匀分布$U(y,1)$. 于是条件数学期望$\mathrm{E}(X|Y=y)=\dfrac{y+1}{2}$. 故$\mathrm{E}(X|Y)=\dfrac{Y+1}{2}$, 从而

$$\mathrm{E}X=\mathrm{E}(\mathrm{E}(X|Y))=\mathrm{E}\left(\frac{Y+1}{2}\right)=\frac{3}{4}.$$

□

♠**注记4.6.17** 重期望公式是概率论中较为深刻的结果, 离散情形或连续情形由联合分布与条件分布之间的关系以及条件数学期望的定义即得, 其完整的证明需要用到实分析或测度论的知识, 这里从略.

类似地, 我们有条件方差的定义.

♣**定义4.6.18** 称

$$\mathrm{Var}(X|Y=y)=\mathrm{E}[(X-\mathrm{E}(X|Y=y))^2|Y=y]=\mathrm{E}(X^2|Y=y)-[\mathrm{E}(X|Y=y)]^2$$

为在$Y=y$的条件下X的**条件方差**, 如果存在的话. 同样, $\mathrm{Var}(X|Y)$是随机变量Y的函数, 当$Y=y$时其取值为$\mathrm{Var}(X|Y=y)$.

由条件数学期望和条件方差的定义, 我们不难得出

★**定理4.6.19** **条件方差公式**

$$\mathrm{Var}X=\mathrm{E}(\mathrm{Var}(X|Y))+\mathrm{Var}(\mathrm{E}(X|Y)).$$

证明 由定义知,

$$\mathrm{Var}(X|Y)=\mathrm{E}(X^2|Y)-(\mathrm{E}(X|Y))^2,$$

于是,

$$\mathrm{E}(\mathrm{Var}(X|Y))=\mathrm{E}(\mathrm{E}(X^2|Y)-(\mathrm{E}(X|Y))^2)=\mathrm{E}(\mathrm{E}(X^2|Y))-\mathrm{E}((\mathrm{E}(X|Y))^2).$$

又因为

$$\mathrm{Var}(\mathrm{E}(X|Y))=\mathrm{E}((\mathrm{E}(X|Y))^2)-(\mathrm{E}(\mathrm{E}(X|Y)))^2,$$

故由重期望公式

$$\begin{aligned}&\mathrm{E}(\mathrm{Var}(X|Y))+\mathrm{Var}(\mathrm{E}(X|Y))\\=&\mathrm{E}(\mathrm{E}(X^2|Y))-\mathrm{E}((\mathrm{E}(X|Y))^2)+\mathrm{E}((\mathrm{E}(X|Y))^2)-(\mathrm{E}(\mathrm{E}(X|Y)))^2\\=&\mathrm{E}(\mathrm{E}(X^2|Y))-(\mathrm{E}(\mathrm{E}(X|Y)))^2\\=&\mathrm{E}X^2-(\mathrm{E}X)^2=\mathrm{Var}X.\end{aligned}$$

□

第五章 数理统计基础

前面四章我们学习了概率论的基本内容, 从本章开始要转入数理统计的学习. 数理统计是以概率论为基础, 通过对随机现象的观察或试验来获取数据, 进而对数据的分析与推断去寻找隐藏在数据背后的统计规律性.

在概率论部分我们介绍了一些基本概念, 例如事件与概率, 随机变量及其分布, 数字特征等. 以随机变量的讨论为例, 其分布都是假设已知的, 而一切计算或推理均基于这个已知的分布进行. 在数理统计中, 我们研究的随机变量, 其分布是未知的或不完全已知的, 通过对所研究的随机变量进行重复独立的观察, 得到许多观测值, 对这些数据进行分析, 从而作出推断.

5.1 总体与样本

5.1.1 总体

♣**定义5.1.1** 研究对象的全体称为**总体**, 把组成总体的每个成员称为**个体**.

♠**注记5.1.2** 实际问题中, 人们关心的往往是研究对象的某个或几个数值指标, 因此也可以将每个研究对象的这个(或这几个)数值指标看作个体, 它们的全体看作总体.

▶**例5.1.3** 研究某学校学生身高情况. 所有学生的身高构成总体, 每个学生的身高就是个体.

▶**例5.1.4** 研究某批灯泡的质量. 该批灯泡寿命的全体就是总体, 每个灯泡的寿命就是个体.

从总体所包含的个体的个数看, 总体可以分为两类, 一类是有限总体, 一类是无限总体. 在例5.1.3中, 若该校共有5000名学生, 每个学生的身高是一个可能的观察值, 所形成的总体中共有5000个观察值, 是一个有限总体. 研究某一地点每天的最低气温, 所得总体是无限总体. 今后, 我们仅研究无限总体.

总体中的每个个体是随机试验的一个观察值, 因此它是某一随机变量X的值, 这样一个总体对应于一个随机变量X; X取值的统计规律性反映了总体中各个个体的数量指标的规律, X的分布函数和数字特征就称为总体的分布函数和数字特征.

►**例5.1.5** 若灯泡寿命这一总体服从指数分布, 则表示总体中的观察值是指数分布随机变量X的取值.

5.1.2 样本

在实际问题中, 总体的分布一般是未知的, 或只知道是某类型的分布, 但其中包含有未知参数. 在数理统计中, 人们是通过从总体中抽取一部分个体, 根据获得的观测数据来对总体信息或总体分布作出推断的.

♣**定义5.1.6** 从总体中抽出的部分个体称为**样本**, 样本中所含的个体称为**样品**, 样本中样品的个数称为**样本容量**.

♠**注记5.1.7 样本的二重性**

样本是从总体中随机抽取的, 抽取前无法预知它们的数值, 因此样本是随机变量, 用大写字母$X_1,\ldots,X_n$ 来表示; 但在抽取之后经观测就有确定的观测值, 这时就用小写字母$x_1,\ldots,x_n$表示.

►**例5.1.8** 某食品厂用自动装罐机生产净重为345克的午餐肉罐头, 由于随机性, 每只罐头的净重都有差别. 现在从生产线上随机抽取10个罐头, 称其净重, 得如下结果:

344 336 345 342 340 338 344 343 344 343

这是一个容量为10的样本观察值, 是来自该生产线罐头净重这一总体的一个样本的观察值.

为了能从样本对总体作出比较可靠的推断, 就希望样本能很好地代表总体, 即样本能够反映总体X取值的统计规律性, 所以需要一个正确的抽取样本方法. 最常用的抽取样本的方法是"简单随机抽样".

♣**定义5.1.9** 设X是具有分布函数$F(x)$的随机变量, 若$X_1,X_2,\ldots,X_n$是具有同一分布函数$F(x)$的相互独立的随机变量, 称$X_1,X_2,\ldots,X_n$是来自总体X(或分布函数$F(x)$)中的容量为n的**简单随机样本**, 简称为**样本**.

♠**注记5.1.10** 设总体X具有分布函数$F(x)$, $X_1,X_2,\ldots,X_n$是来自该总体的一组样本, 则样本的联合分布函数为

$$F(x_1,\ldots,x_n)=\prod_{i=1}^{n}F(x_i).$$

又若X具有概率密度函数$p(x)$, 则样本的联合概率密度函数为

$$p(x_1,\ldots,x_n)=\prod_{i=1}^{n}p(x_i).$$

▶**例5.1.11** 正态总体$N(\mu,\sigma^2)$下, 样本容量为n的简单随机样本的联合概率密度函数为

$$\begin{aligned}p(x_1,\ldots,x_n)=&\prod_{i=1}^{n}\frac{1}{\sqrt{2\pi}\sigma}\exp\left\{-\frac{(x_i-\mu)^2}{2\sigma^2}\right\}\\=&(2\pi\sigma^2)^{-n/2}\exp\left\{-\frac{1}{2\sigma^2}\sum_{i=1}^{n}(x_i-\mu)^2\right\}.\end{aligned}$$

5.1.3 经验分布函数

总体X的分布函数$F(x)$通常是未知的, 那么能否根据已知的样本观测值来推测总体未知的分布函数? 为回答这个问题, 我们先看一个定义.

♣**定义5.1.12** 设$x_1,\ldots,x_n$是来自总体分布函数为$F(x)$的样本, 记$I_i(x)=\begin{cases}1, & x_i\leqslant x,\\0, & x_i>x.\end{cases}$

称函数

$$F_n(x)=\frac{1}{n}\sum_{i=1}^{n}I_i(x)$$

为**经验分布函数**.

♠**注记5.1.13** 对固定的x, $F_n(x)$是样本中事件$\{x_i\leqslant x\}$发生的频率.

容易验证

♠**注记5.1.14** 经验分布函数是分布函数, 即具有单调性, 有界性和右连续性等性质.

▶**例5.1.15** 设从总体X中抽取样本得到样本观测值为$21,25,25,30$, 则经验分布函数为

$$F_4(x)=\begin{cases}0, & x<21,\\0.25, & 21\leqslant x<25,\\0.75, & 25\leqslant x<30,\\1, & x\geqslant 30.\end{cases}$$

由大数定律, 随着样本容量n的增大, 经验分布函数$F_n(x)$在概率意义下越来越“靠近”总体分布函数$F(x)$. 更一般地, 我们有下面的定理:

★**定理5.1.16** **格里纹科定理**

设$x_1,\ldots,x_n$是来自总体分布函数为$F(x)$的样本, $F_n(x)$为经验分布函数, 则当$n\to\infty$时, 有

$$P\left(\sup_{x\in\mathbb{R}}|F_n(x)-F(x)|\to 0\right)=1.$$

♠**注记5.1.17** 格里纹科定理是经典统计学中的统计推断的基础. 其证明已经超出了本书的范围, 这里略去.

习题5.1

1. 研究某工厂生产的标值为3的电阻的阻值, 试确定该问题的总体.
2. 某工厂生产的电容器的使用寿命服从指数分布, 为了解其平均寿命, 从中抽出n个产品测其实际使用寿命, 确定该问题的总体和样本.
3. 设$X_1,\ldots,X_m$是取自二项分布$b(n,p)$的一个样本, 其中$0<p<1$, 写出该样本的联合分布律.
4. 设$X_1,\ldots,X_n$是取自泊松分布$P(\lambda)$的一个样本, 其中$\lambda>0$, 写出该样本的联合分布律.
5. 设$X_1,\ldots,X_n$是取自均匀分布$U(0,\theta)$的一个样本, 其中$\theta>0$, 写出该样本的联合概率密度函数.
6. 设$X_1,\ldots,X_n$是取自指数分布$Exp(\lambda)$的一个样本, 其中$\lambda>0$, 写出该样本的联合分布函数.
7. 某样本含有如下10个观察值:

   0.5　0.7　0.2　0.7　0.5　0.5　1.5　-0.2　0.2　-0.5

   试写出经验分布函数.

5.2 统计量

样本来自总体, 样本观测值中含有总体各方面的信息, 这些信息有时较为分散, 显得杂乱无章. 为将这些分散在样本中的有关总体的信息集中起来以反映总体的各种特征, 需要对样本进行加工. 最常用的加工方法是构造样本的函数, 不同的函数反映总体的不同特征.

♣**定义5.2.1** 设$X_1,X_2,\ldots,X_n$为取自某总体的样本, 若样本函数$T=T(X_1,X_2,\ldots,X_n)$不含有任何未知参数, 则称T为**统计量**.

►**例5.2.2** 设X_1,X_2,X_3,X_4是来自正态总体$N(\mu,\sigma^2)$的一个样本, 其中μ未知, 但σ^2已知. 于是

$$\sum_{i=1}^{4}X_i^4,\qquad \frac{1}{3}\sum_{i=1}^{3}X_i,\qquad \frac{1}{\sigma^2}\sum_{i=1}^{4}\left(X_i-\frac{1}{4}\sum_{i=1}^{4}X_i\right)^2,\qquad \max(X_1,X_2,X_3,X_4)$$

都是统计量, 但是

$$\sum_{i=1}^{4}(X_i-\mu)^2,\qquad X_1+X_2-\mathrm{E}X_3$$

不是统计量.

下面我们给出后面需要经常用到的统计量.

♣**定义5.2.3** **常用统计量** 设$X_1,X_2,\ldots,X_n$是来自总体X的一个样本, 定义

- 样本均值 $\overline{X} = \frac{1}{n}\sum_{i=1}^{n} X_i$
- 样本方差 $S^2 = \frac{1}{n-1}\sum_{i=1}^{n}(X_i - \overline{X})^2 = \frac{1}{n-1}\left(\sum_{i=1}^{n} X_i^2 - n\overline{X}^2\right)$
- 样本标准差 $S = \sqrt{S^2}$
- 样本k阶原点矩 $A_k = \frac{1}{n}\sum_{i=1}^{n} X_i^k, \quad k = 1, 2, \ldots$
- 样本k阶中心矩 $B_k = \frac{1}{n}\sum_{i=1}^{n}(X_i - \overline{X})^k, \quad k = 1, 2, \ldots$

♠**注记5.2.4** 显然$A_1 = \overline{X}$, $B_1 = 0$.

♠**注记5.2.5** 称$B_2 = \frac{1}{n}\sum_{i=1}^{n}(X_i - \overline{X})^2 = \frac{n-1}{n}S^2$也是样本方差, 记为$S_n^2$. 实际中, S^2比S_n^2更常用, 因为S^2是总体方差的无偏估计(定义参见第六章§3). 今后, 除非特别说明, 样本方差都是指S^2.

在观测之前样本是随机变量, 样本均值和样本方差作为样本函数也是随机变量. 下面的定理是关于样本均值和样本方差的数字特征的刻画, 它们都不依赖于总体的分布.

★**定理5.2.6** 设$X_1, X_2, \ldots, X_n$是来自总体X的一个简单随机样本, 且$\mathrm{E}X = \mu$, $\mathrm{Var}X = \sigma^2$, 则

$$\mathrm{E}\overline{X} = \mu, \qquad \mathrm{Var}\overline{X} = \frac{\sigma^2}{n}, \qquad \mathrm{E}S^2 = \sigma^2.$$

证明 因为$X_1, X_2, \ldots, X_n$是来自总体X的一个简单随机样本, 所以$X_1, X_2, \ldots, X_n$独立同分布, 且有相同的期望μ和方差σ^2. 于是,

$$\mathrm{E}\overline{X} = \mathrm{E}\left(\frac{1}{n}\sum_{k=1}^{n} X_k\right) = \frac{1}{n}\sum_{k=1}^{n}\mathrm{E}X_k = \frac{1}{n}\sum_{k=1}^{n}\mu = \mu,$$

$$\mathrm{Var}\overline{X} = \mathrm{Var}\left(\frac{1}{n}\sum_{k=1}^{n} X_k\right) = \frac{1}{n^2}\sum_{k=1}^{n}\mathrm{Var}X_k = \frac{1}{n^2}\sum_{k=1}^{n}\sigma^2 = \frac{\sigma^2}{n}.$$

$$\begin{aligned}\mathrm{E}((n-1)S^2) =& \mathrm{E}\left(\sum_{k=1}^{n}(X_k - \overline{X})^2\right) = \mathrm{E}\left(\sum_{k=1}^{n} X_k^2 - n\overline{X}^2\right) \\ =& \sum_{k=1}^{n}\mathrm{E}X_k^2 - n\mathrm{E}\overline{X}^2 = n(\mu^2 + \sigma^2) - n\left(\mu^2 + \frac{\sigma^2}{n}\right) = (n-1)\sigma^2,\end{aligned}$$

故$\mathrm{E}S^2 = \sigma^2$. □

习题5.2

1. 设$X_1, \ldots, X_5$是取自两点分布$b(1, p)$的一个样本, 其中$0 < p < 1$未知, 指出下列样本函数中哪些是统计量, 哪些不是统计量?

$$T_1 = \frac{X_1 + \cdots + X_5}{5}, \quad T_2 = X_5 - \mathrm{E}X_1, \quad T_3 = X_1 + p, \quad T_4 = \max\{X_1, \ldots, X_5\}.$$

2. 对下列两组样本观测值, 分别求出$\overline{X}$和S^2.

(1) 5 2 3 5 8;

(2) 105 102 103 105 108.

3. 设$X_1,\ldots,X_n$是取自两点分布$b(1,p)$的一个样本, 其中$0<p<1$未知, 求

(1) $(X_1,\ldots,X_n)$的联合分布律;

(2) $\sum_{k=1}^n X_k$的分布律;

(3) $\mathrm{E}\overline{X}$, $\mathrm{Var}\overline{X}$, $\mathrm{E}S^2$.

4. 设$X_1,\ldots,X_n$是来自泊松分布$P(\lambda)$总体的一个样本, 其中$\lambda>0$未知, 求$\mathrm{E}\overline{X}$, $\mathrm{Var}\overline{X}$, $\mathrm{E}S^2$.

5. 证明$\sum\limits_{k=1}^n(X_k-\overline{X})^2=\sum\limits_{k=1}^n X_k^2-n\overline{X}^2$.

6. 设样本$X_1,\ldots,X_n$的样本均值和样本方差分别为

$$\overline{X}=\frac{1}{n}\sum_{k=1}^n X_k,\qquad S^2=\frac{1}{n-1}\sum_{k=1}^n(X_k-\overline{X})^2.$$

试用$\overline{X}$, S^2和X_{n+1}表示样本$X_1,\ldots,X_n,X_{n+1}$的样本均值和样本方差.

5.3 抽样分布

在使用统计量进行统计推断时常需要知道它的分布. 我们通常将统计量的分布称为抽样分布. 在数理统计研究中, 经常需要使用到的三个抽样分布: χ^2(卡方)分布, t 分布和F 分布. 本节我们先来介绍这三个常用分布, 最后给出正态总体下的抽样分布.

5.3.1 χ^2(卡方)分布

♣**定义5.3.1** 设随机变量$X_1,X_2,\ldots,X_n$独立同分布且都服从标准正态分布$N(0,1)$, 则称随机变量$\chi^2=\sum\limits_{i=1}^n X_i^2$服从自由度为$n$ 的χ^2 分布, 记为$\chi^2\sim\chi^2(n)$.

由例3.4.6, 我们已知若$X\sim N(0,1)$, 则$X^2\sim Ga\left(\frac{1}{2},\frac{1}{2}\right)$. 因而由Gamma分布的可加性知, $\chi^2\sim Ga\left(\frac{n}{2},\frac{1}{2}\right)$. 即

♠**注记5.3.2** 若随机变量χ^2服从卡方分布$\chi^2(n)$, 则其概率密度函数为

$$p(y)=\begin{cases}\dfrac{1}{2^{\frac{n}{2}}\Gamma\left(\frac{n}{2}\right)}y^{\frac{n}{2}-1}e^{-\frac{y}{2}}, & y>0,\\ 0, & y\leqslant 0.\end{cases}$$

图像见图5-1. 易知

(1) 数学期望为$\mathrm{E}\chi^2 = n$, 方差为$\mathrm{Var}\chi^2 = 2n$.

(2) 卡方分布具有可加性.

♠**注记5.3.3** 设$0 < \alpha < 1$, 通常将分布$\chi^2(n)$的$\alpha-$分位数记为$\chi^2_\alpha(n)$, 即若$\chi^2 \sim \chi^2(n)$, 则$P(\chi^2 \leqslant \chi^2_\alpha(n)) = \alpha$.

►**例5.3.4** 由χ^2分布函数表, 容易得到$\chi^2_{0.05}(8) = 2.73$, $\chi^2_{0.95}(8) = 15.51$.

下面这个定理在参数估计和假设检验中都需要用到, 其证明由定义即得.

★**定理5.3.5** 设$X_1, X_2, \ldots, X_n$是来自正态总体$N(\mu, \sigma^2)$的一个样本, 则

$$\sum_{i=1}^{n} \left(\frac{X_i - \mu}{\sigma}\right)^2 \sim \chi^2(n).$$

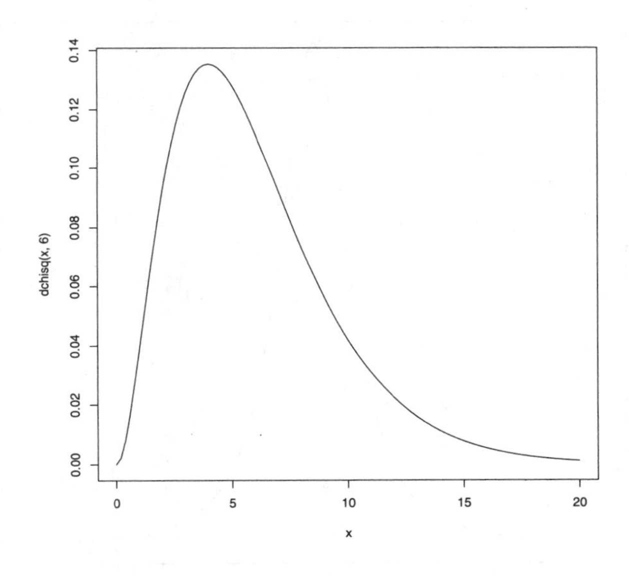

图5-1 卡方分布$\chi^2(6)$的概率密度函数

5.3.2 t分布

♣**定义5.3.6** 设随机变量$X \sim N(0,1)$, $Y \sim \chi^2(n)$, 且X与Y相互独立, 则随机变量$T = \dfrac{X}{\sqrt{Y/n}}$的分布称为自由度为$n$ 的t 分布, 记为$T \sim t(n)$.

♠**注记5.3.7** 由随机变量函数的分布, 可以求出$t(n)$分布的概率密度函数为

$$p(t) = \frac{\Gamma\left(\frac{n+1}{2}\right)}{\sqrt{n\pi}\,\Gamma\left(\frac{n}{2}\right)} \left(1 + \frac{t^2}{n}\right)^{-\frac{n+1}{2}}$$

其图像如图5-2所示.

♠**注记5.3.8** 由$t(n)$分布的概率密度函数可知,

(1) 设$T \sim t(n)$, 若$n \leqslant 1$, 则T的数学期望$\mathrm{E}T$不存在; 若$n > 1$, 则$\mathrm{E}T = 0$.

(2) 设$T\sim t(n)$, $n>1$, 则

$$\mathrm{E}|T|^k\begin{cases}<\infty, & k<n,\\ =\infty, & k\geqslant n.\end{cases}$$

(3) 设$T\sim t(n)$, $n>2$, 则$\mathrm{Var}T=\dfrac{n}{n-2}$.

(4) $t(1)$即为柯西分布, 其任意阶矩都不存在.

(5) 当n充分大时, 可以用$N(0,1)$分布来近似.

证明 留作习题. □

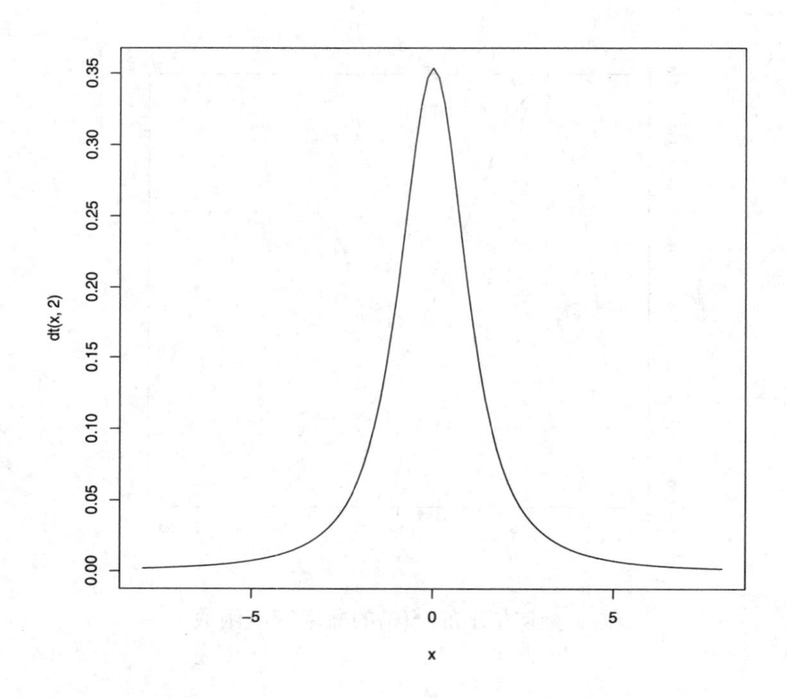

图5-2. t分布$t(2)$的概率密度函数

♠**注记5.3.9** 设$0<\alpha<1$, 通常将分布$t(n)$的$\alpha-$分位数记为$t_\alpha(n)$, 即若$T\sim t(n)$, 则$P(T\leqslant t_\alpha(n))=\alpha$. 由于$t(n)$分布为对称分布, 故$t_\alpha(n)+t_{1-\alpha}(n)=0$.

►**例5.3.10** 由$t(n)$分布函数表, 容易得到$t_{0.05}(10)=-1.8125$, $t_{0.95}(10)=-t_{0.05}(10)=1.8125$.

由χ^2分布和t分布的定义, 我们容易验证

►**例5.3.11** 设总体X与Y都是正态总体$N(0,9)$, 且相互独立. $X_1,\ldots,X_9$和$Y_1,\ldots,Y_9$分

别是来自总体X与Y的样本, 则统计量

$$Z=\frac{X_1+\cdots+X_9}{\sqrt{Y_1^2+\cdots+Y_9^2}}\sim t(9).$$

5.3.3 F分布

♣**定义5.3.12** 设随机变量$X\sim\chi^2(n)$, $Y\sim\chi^2(m)$, 且相互独立, 则$F=\dfrac{X/n}{Y/m}$的分布称为自由度为(n,m)的F分布, 记为$F\sim F(n,m)$.

♠**注记5.3.13** $F(n,m)$分布的概率密度函数为

$$p(t)=\begin{cases}\dfrac{\Gamma\left(\frac{n+m}{2}\right)}{\Gamma\left(\frac{n}{2}\right)\Gamma\left(\frac{m}{2}\right)}n^{n/2}m^{m/2}t^{n/2-1}(nt+m)^{-\frac{n+m}{2}}, & t>0,\\ 0, & t\leqslant 0.\end{cases}$$

其图像如图$5-3$所示.

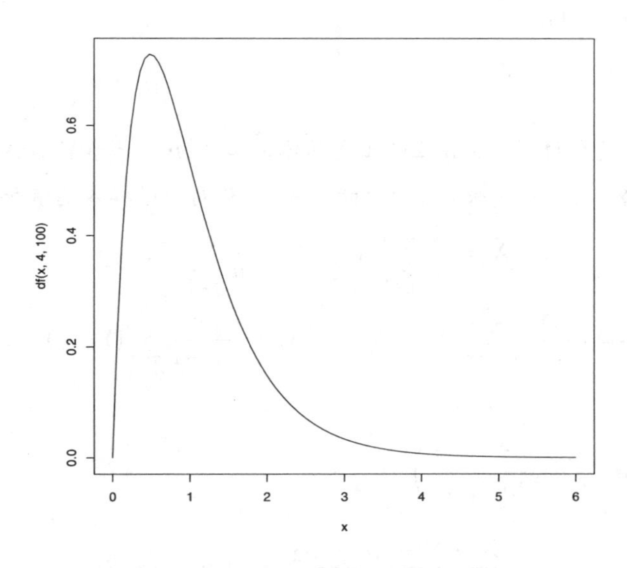

图5-3 F分布$F(4,100)$的概率密度函数

♠**注记5.3.14** 设$0<\alpha<1$, 通常将分布$F(n,m)$的$\alpha-$分位数记为$F_\alpha(n,m)$, 即若$F\sim F(n,m)$, 则

$$P(F\leqslant F_\alpha(n,m))=\alpha.$$

♠**注记5.3.15** 显然,

(1) 若X服从自由度为n的t分布, 即$X\sim t(n)$, 则X^2服从自由度为$(1,n)$的F分布, 即$X^2\sim F(1,n)$.

(2) 若$F\sim F(n,m)$, 则$1/F\sim F(m,n)$.

(3) $F_\alpha(n,m)F_{1-\alpha}(m,n)=1$.

▶**例5.3.16** 由F分布的分布函数表, 容易得到

$$F_{0.95}(10,5)=4.74, \qquad F_{0.05}(10,5)=\frac{1}{F_{0.95}(5,10)}=\frac{1}{3.33}=0.3.$$

5.3.4 正态总体下的抽样分布

在数理统计中, 很多统计推断都是基于总体服从正态分布的假设的, 下面的两个定理就是正态总体下的有关抽样分布, 它们的应用十分广泛.

★**定理5.3.17** (**Fisher定理**) 设$X_1,\dots,X_n$是来自正态总体$N(\mu,\sigma^2)$的样本, $\overline{X}$和S^2分别是其样本均值和样本方差, 则$\overline{X}$与S^2独立, 且

(1) $\overline{X}\sim N\left(\mu,\dfrac{\sigma^2}{n}\right)$;

(2) $\dfrac{(n-1)S^2}{\sigma^2}\sim\chi^2(n-1)$;

(3) $\dfrac{\overline{X}-\mu}{S}\sqrt{n}\sim t(n-1)$.

证明 见§4. □

★**定理5.3.18** 设有两个相互独立的正态总体$X\sim N(\mu_1,\sigma_1^2)$和$Y\sim N(\mu_2,\sigma_2^2)$, $X_1,\dots,X_m$是来自总体X的样本, $Y_1,\dots,Y_n$是来自总体Y的样本, 它们对应的样本均值和样本方差分别为

$$\overline{X}=\frac{1}{m}\sum_{i=1}^m X_i, \quad \overline{Y}=\frac{1}{n}\sum_{j=1}^n Y_j;$$

$$S_X^2=\frac{1}{m-1}\sum_{i=1}^m(X_i-\overline{X})^2, \quad S_Y^2=\frac{1}{n-1}\sum_{j=1}^n(Y_j-\overline{Y})^2.$$

则

(1) $\overline{X}-\overline{Y}\sim N\left(\mu_1-\mu_2,\dfrac{\sigma_1^2}{m}+\dfrac{\sigma_2^2}{n}\right)$.

(2) 当$\sigma_1=\sigma_2=\sigma$时,

$$\frac{\overline{X}-\overline{Y}-(\mu_1-\mu_2)}{S_W\sqrt{\dfrac{1}{m}+\dfrac{1}{n}}}\sim t(m+n-2),$$

其中

$$S_W^2=\frac{(m-1)S_X^2+(n-1)S_Y^2}{m+n-2}, \qquad S_W=\sqrt{S_W^2}.$$

(3) $F=\dfrac{S_X^2/\sigma_1^2}{S_Y^2/\sigma_2^2}\sim F(m-1,n-1)$.

证明 (1)由Fisher定理(1), $\overline{X}\sim N\left(\mu_1,\dfrac{\sigma_1^2}{m}\right)$, $\overline{Y}\sim N\left(\mu_2,\dfrac{\sigma_2^2}{n}\right)$. 又因为$\overline{X}$与$\overline{Y}$ 独立, 由正态分布的可加性立得.

(2)由Fisher定理(2)知, $\frac{(m-1)S_X^2}{\sigma^2} \sim \chi^2(m-1)$, $\frac{(n-1)S_Y^2}{\sigma^2} \sim \chi^2(n-1)$. 于是由卡方分布的可加性知, $\frac{(m-1)S_X^2+(n-1)S_Y^2}{\sigma^2} \sim \chi^2(m+n-2)$. 再由(1)及Fisher定理(3)知,

$$\frac{\overline{X}-\overline{Y}-(\mu_1-\mu_2)}{S_W\sqrt{\frac{1}{m}+\frac{1}{n}}} \sim t(m+n-2).$$

(3)由Fisher定理(2)知, $\frac{(m-1)S_X^2}{\sigma_1^2} \sim \chi^2(m-1)$, $\frac{(n-1)S_Y^2}{\sigma_2^2} \sim \chi^2(n-1)$. 再由$F$分布的构造知, $\frac{S_X^2/\sigma_1^2}{S_Y^2/\sigma_2^2} \sim F(m-1,n-1)$. □

习题5.3

1. 设X_1,X_2,X_3,X_4 是来自总体$N(0,4)$ 的样本, 已知$a(X_1-2X_2)^2+b(3X_3-4X_4)^2 \sim \chi^2(2)$, 求$a,b$.
2. 设$X_1,\ldots,X_{10}$是来自正态总体$N(0,0.3^2)$的样本, 求概率$P\left(\sum_{i=1}^{10} X_i^2 \geqslant 1.44\right)$.
3. 设随机变量X与Y都服从正态分布$N(0,\sigma^2)$, 且相互独立, 求概率$P\left(\frac{(X+Y)^2}{(X-Y)^2} \leqslant 4\right)$.
4. 设$X_1,\ldots,X_5$是来自正态总体$N(0,1)$的样本, 求常数C, 使得$\frac{C(X_2+X_4)}{\sqrt{X_1^2+X_3^2+X_5^2}}$ 服从t分布.
5. 查分位数表求出$t_{0.10}(18)$和$t_{0.90}(18)$.
6. 设$X \sim F(n,n)$, 求概率$P(X<1)$.
7. 证明: 若X服从自由度为n的t分布, 即$X \sim t(n)$, 则X^2服从自由度为$(1,n)$的F分布, 即$X^2 \sim F(1,n)$.
8. 证明注记5.3.8.
9. 设有来自正态总体$N(\mu,\sigma^2)$的样本$X_1,\ldots,X_n,X_{n+1}$, 样本均值和样本方差分别为
$$\overline{X}=\frac{1}{n}\sum_{k=1}^{n}X_k, \qquad S^2=\frac{1}{n-1}\sum_{k=1}^{n}(X_k-\overline{X})^2.$$
求统计量$T=\frac{X_{n+1}-\overline{X}}{S}\sqrt{\frac{n}{n+1}}$的分布.
10. 设$X_1,\ldots,X_n$是来自正态总体$N(0,1)$的样本, 样本均值和样本方差分别为
$$\overline{X}=\frac{1}{n}\sum_{k=1}^{n}X_k, \qquad S^2=\frac{1}{n-1}\sum_{k=1}^{n}(X_k-\overline{X})^2.$$
记$Y=\overline{X}^2-\frac{1}{n}S^2$, 求$Y$的数学期望和方差.

*5.4 补充

本节中, 我们首先给出Fisher定理的证明, 接着简要介绍次序统计量, 最后给出充分统计量的定义.

5.4.1 Fisher定理的证明

在给出Fisher定理的证明之前, 我们需要做点准备工作, 参见Degroot and Schervish [12].

★定理5.4.1 设$\boldsymbol{X}=(X_1,\dots,X_n)^T$为$n$维随机向量, 联合概率密度函数为

$$p(\boldsymbol{x})=(2\pi)^{-n/2}\exp\left(-\frac{1}{2}\sum_{i=1}^n x_i^2\right),$$

其中$\boldsymbol{x}=(x_1,\dots,x_n)^T$. 即$\boldsymbol{X}\sim N(\boldsymbol{0},\boldsymbol{I})$. 设$\boldsymbol{A}=(a_{ij})$为$n$ 阶正交矩阵, $\boldsymbol{Y}=\boldsymbol{AX}$, 其中$\boldsymbol{Y}=(Y_1,\dots,Y_n)^T$, 则$\boldsymbol{Y}\sim N(\boldsymbol{0},\boldsymbol{I})$, 且$\displaystyle\sum_{i=1}^n Y_i^2=\sum_{i=1}^n X_i^2$.

证明 由于$\boldsymbol{Y}=\boldsymbol{AX}$是一个线性变换, 由定理3.4.1的高维情形, 易知随机向量$\boldsymbol{Y}=(Y_1,\dots,Y_n)^T$的联合概率密度函数为

$$f(\boldsymbol{y})=|\boldsymbol{A}|^{-1}p(\boldsymbol{A}^{-1}\boldsymbol{y}).$$

由于$\boldsymbol{A}$为正交矩阵, 故$\boldsymbol{A}^{-1}=\boldsymbol{A}^T$, $\boldsymbol{AA}^T=\boldsymbol{A}^T\boldsymbol{A}=\boldsymbol{I}$, $|\boldsymbol{A}|=1$.

于是随机向量$\boldsymbol{Y}=(Y_1,\dots,Y_n)^T$ 的联合概率密度函数为

$$f(\boldsymbol{y})=(2\pi)^{-n/2}\exp\left(-\frac{1}{2}\sum_{i=1}^n y_i^2\right),$$

其中$\boldsymbol{y}=(y_1,\dots,y_n)^T$, 即$\boldsymbol{Y}\sim N(\boldsymbol{0},\boldsymbol{I})$, 且

$$\sum_{i=1}^n Y_i^2=\boldsymbol{Y}^T\boldsymbol{Y}=(\boldsymbol{AX})^T\boldsymbol{AX}=\boldsymbol{X}^T\boldsymbol{A}^T\boldsymbol{AX}=\boldsymbol{X}^T\boldsymbol{X}=\sum_{i=1}^n X_i^2.$$ □

★定理5.4.2 设$Z_1,\dots,Z_n$相互独立且都服从标准正态分布$N(0,1)$, 则$\overline{Z}=\frac{1}{n}\sum_{i=1}^n Z_i$与$\displaystyle\sum_{i=1}^n(Z_i-\overline{Z})^2$ 相互独立, 且

(1) $\sqrt{n}\,\overline{Z}\sim N(0,1)$;

(2) $\displaystyle\sum_{i=1}^n(Z_i-\overline{Z})^2\sim\chi^2(n-1)$;

(3) $\dfrac{\sqrt{n}\,\overline{Z}}{\sqrt{\sum_{i=1}^n(Z_i-\overline{Z})^2/(n-1)}}\sim t(n-1)$.

证明 对$i,j=1,2,\dots,n$, 记$a_{ij}=\begin{cases}\frac{1}{\sqrt{n}}, & i=1,\\ \frac{1}{\sqrt{i(i-1)}}, & i>1,j<i,\\ -\frac{i-1}{\sqrt{i(i-1)}}, & i>1,j=i,\\ 0, & i>1,j>i.\end{cases}$

则容易验证矩阵$\boldsymbol{A}=(a_{ij})_{n\times n}$是正交矩阵. 记$\boldsymbol{Z}=(Z_1,\dots,Z_n)^T$, $\boldsymbol{Y}=(Y_1,\dots,Y_n)^T$. 若$\boldsymbol{Y}=\boldsymbol{AZ}$, 则由定理5.4.1知, $\boldsymbol{Y}\sim N(\boldsymbol{0},\boldsymbol{I})$, 且$\sum_{i=1}^{n}Y_i^2=\sum_{i=1}^{n}Z_i^2$.

因此, $Y_1,\dots,Y_n$相互独立且都服从标准正态分布$N(0,1)$, 而

$$Y_1=\sum_{j=1}^{n}a_{1j}Z_j=\sqrt{n}\,\overline{Z},$$

$$\sum_{i=2}^{n}Y_i^2=\sum_{i=1}^{n}Y_i^2-Y_1^2=\sum_{i=1}^{n}Z_i^2-n\overline{Z}^2=\sum_{i=1}^{n}(Z_i-\overline{Z})^2,$$

故$\overline{Z}$与$\sum_{i=1}^{n}(Z_i-\overline{Z})^2$相互独立, 且$\sqrt{n}\,\overline{Z}\sim N(0,1)$. 由卡方分布的构造知, $\sum_{i=1}^{n}(Z_i-\overline{Z})^2\sim\chi^2(n-1)$. 由$t$分布的构造知, $\dfrac{\sqrt{n}\,\overline{Z}}{\sqrt{\sum_{i=1}^{n}(Z_i-\overline{Z})^2/(n-1)}}\sim t(n-1)$. □

Fisher定理的证明

令$Z_i=\dfrac{X_i-\mu}{\sigma}$, 则$Z_1,\dots,Z_n$相互独立且都服从标准正态分布$N(0,1)$. 注意到

$$X_i=\sigma Z_i+\mu,\overline{X}=\sigma\overline{Z}+\mu=\frac{\sigma}{\sqrt{n}}\sqrt{n}\,\overline{Z}+\mu,$$

$$\sum_{i=1}^{n}(X_i-\overline{X})^2=\sigma^2\sum_{i=1}^{n}(Z_i-\overline{Z})^2,$$

$$S=\sqrt{S^2}=\sqrt{\frac{\sum_{i=1}^{n}(X_i-\overline{X})^2}{n-1}},$$

由定理5.4.2知, Fisher定理结论成立. □

5.4.2 次序统计量

常见的统计量除了样本矩以外, 次序统计量也是一类常见的统计量, 在统计推断中经常需要用到.

♣定义5.4.3 设$X_1,\dots,X_n$是定义在$(\Omega,\mathcal{F},P)$中的n个随机变量, 注意到对每个固定的ω, $X_1(\omega)$, $\dots$, $X_n(\omega)$ 都是实数, 因而可以比较它们的大小. 于是我们可以把它们按照从小到大的次序排成一列(倘若有$i<j$, 使得$X_i(\omega)=X_j(\omega)$, 我们就将$X_i(\omega)$排在$X_j(\omega)$之前). 对每个ω都可以这样对$X_1(\omega),\dots,X_n(\omega)$进行排序. 将排在第$k$个位置的数记作$X_{(k)}(\omega)$, 这样

我们就定义了新的一列随机变量$X_{(1)}, X_{(2)}, \ldots, X_{(n)}$, 且对任意的$\omega \in \Omega$, 都有

$$X_{(1)}(\omega) \leqslant X_{(2)}(\omega) \leqslant \cdots \leqslant X_{(n)}(\omega).$$

我们称$X_{(1)}, X_{(2)}, \ldots, X_{(n)}$为$X_1, \ldots, X_n$的**次序统计量**.

♠**注记5.4.4** 由定义,

(1) 特别地, $X_{(1)} = \min\{X_1, \ldots, X_n\}$, $X_{(n)} = \max\{X_1, \ldots, X_n\}$.

(2) 当$X_1, \ldots, X_n$独立同分布时, 次序统计量$X_{(1)}, X_{(2)}, \ldots, X_{(n)}$一般不再独立也不再同分布.

在第三章中我们已经求出$X_{(1)}$ 和$X_{(n)}$ 的分布. 下面我们来求在已知$X_1, \ldots, X_n$ 独立同分布时, $X_{(k)}$的分布, $k = 1, \ldots, n$.

设$X_1, \ldots, X_n$的共同分布为$F(x)$, $X_{(k)}$的分布函数为$G_k(x)$. 注意到对任意的$x \in \mathbb{R}$,

$$\{X_{(k)} \leqslant x\} = \{X_1, \ldots, X_n\text{中至少有}k\text{个不超过}x\} = \sum_{j=k}^{n}\{X_1, \ldots, X_n\text{中恰好有}j\text{个不超过}x\},$$

以及$P(X_1, \ldots, X_n\text{中恰好有}j\text{个不超过}x) = C_n^j F^j(x)(1 - F(x))^{n-j}, \quad j = 1, \ldots, n.$

于是

$$G_k(x) = \sum_{j=k}^{n} P(X_1, \ldots, X_n\text{中恰好有}j\text{个不超过}x) = \sum_{j=k}^{n} C_n^j F^j(x)(1 - F(x))^{n-j}$$

$$= kC_n^k \int_0^{F(x)} t^{k-1}(1-t)^{n-k}\mathrm{d}t,$$

$k = 1, \ldots, n$.

特别地, 我们可以通过上式给出$X_{(1)}$, $X_{(n)}$, $X_{(2)}$和$X_{(n-1)}$的分布:

$$G_1(x) = 1 - (1 - F(x))^n, \quad G_n(x) = F^n(x),$$

$$G_2(x) = G_1(x) - nF(x)(1 - F(x))^{n-1} = 1 - (1 - F(x))^{n-1}(1 + (n-1)F(x)),$$

$$G_{n-1}(x) = nF^{n-1}(x)(1 - F(x)) + F^n(x) = F^{n-1}(x)(n - (n-1)F(x)).$$

对于其他情形, 请读者自行推出.

▶**例5.4.5** 设总体X服从均匀分布$U(0,1)$, $X_1, \ldots, X_n$是来自该总体的样本, 求第k个次序统计量$X_{(k)}$的概率密度函数.

解 易知总体X的分布函数为

$$F(x) = \begin{cases} 0, & x \leqslant 0, \\ x, & 0 < x < 1, \\ 1, & x \geqslant 1. \end{cases}$$

于是对$X_{(k)}$的分布函数

$$G_k(x) = kC_n^k \int_0^{F(x)} t^{k-1}(1-t)^{n-k}\mathrm{d}t$$

求导可得$X_{(k)}$的概率密度函数为

$$g_k(x) = \frac{\mathrm{d}G_k(x)}{\mathrm{d}x} = \frac{\mathrm{d}}{\mathrm{d}x}\left(kC_n^k \int_0^{F(x)} t^{k-1}(1-t)^{n-k}\mathrm{d}t\right)$$

$$= \begin{cases} kC_n^k x^{k-1}(1-x)^{n-k}, & 0 < x < 1, \\ 0, & \text{其他情形}. \end{cases}$$

□

5.4.3 充分统计量

1. 充分统计量

统计量是样本的函数, 也就是把样本中的信息进行加工处理的结果, 这种加工就是把原来为数众多且杂乱无章的样本观测值用少数几个经过加工后的统计量的值来代替. 这就意味着, 经过加工后只需保留统计量的值, 而可以丢弃样本观测值. 人们自然希望这种加工处理不会损失样本中有关总体(或有关参数)的信息, 这种不损失总体信息的统计量就是充分统计量. 为进一步说明充分性的概念, 我们来看一个例子.

►**例5.4.6** 现有一枚不均匀的硬币, 为了解其正面朝上的概率p, 将其连抛10次, 发现除了第一、二次正面朝上之外, 其余都是反面朝上(记为$X_1 = 1, X_2 = 1, X_i = 0, i = 3, 4, \ldots, 10$), 这时样本$X_1, \ldots, X_{10}$提供了两种信息:

(1) 连抛10次, 有2次正面朝上;

(2) 2次正面朝上分别出现在第一次和第二次.

第(2)种信息对了解正面朝上的概率p并没有什么帮助. 例如, 在另一次试验中, 第3次和第8次正面朝上, 其余都是反面朝上. 这两个样本观测值不同, 但它们所提供的有关p的信息是相同的. 由此看来, 由样本提供的第(2)种信息对p来说是无关紧要的.

另一方面, 统计量$T = X_1 + \cdots + X_{10}$为正面朝上的次数, 它综合了样本中有关$p$的全部信息. 统计上将这种“样本加工不损失信息”称为“充分性”.

一般地, 样本$\boldsymbol{X} = (X_1, \ldots, X_n)$有一个样本分布$F_\theta(\boldsymbol{x})$, 统计量$T = T(X_1, \ldots, X_n)$也有一个抽样分布$F_\theta^T(t)$. 当我们期望用统计量$T$去代替原始样本$\boldsymbol{X}$并且不损失任何有关$\theta$的信息时, 当然也希望用抽样分布$F_\theta^T(t)$去代替样本分布$F_\theta(\boldsymbol{x})$, 并能概括有关$\theta$的一切信息. 也就是说, 当给定$T = t$后, 样本的条件分布$F_\theta(\boldsymbol{x}|T = t)$不再依赖参数$\theta$, 此条件分布已经不再含有$\theta$的信息.

▶**例5.4.7** 设$X_1,\ldots,X_n$是来自两点分布$b(1,p)$总体的一个样本, 其中$0<p<1$, $n>2$. 考察如下两个统计量: $T_1=\sum_{i=1}^n X_i$, $\quad T_2=X_1+X_2$.

设$x_1,\ldots,x_n$非0即1, 且$\sum_{i=1}^n x_i=t$, 则在给定$T_1=t$下有

$$\begin{aligned}P(X_1=x_1,\ldots,X_n=x_n|T_1=t)=&\frac{P(X_1=x_1,\ldots,X_{n-1}=x_{n-1},X_n=t-\sum_{i=1}^{n-1}x_i)}{P(T_1=t)}\\=&\frac{\prod_{i=1}^{n-1}p^{x_i}(1-p)^{1-x_i}\cdot p^{t-\sum_{i=1}^{n-1}x_i}(1-p)^{1-t+\sum_{i=1}^{n-1}x_i}}{C_n^tp^t(1-p)^{n-t}}\\=&\frac{1}{C_n^t}.\end{aligned}$$

该条件分布与参数p无关, 它已经不含有p的相关信息了.

类似地, 设$x_1,\ldots,x_n$非0即1, 且$x_1+x_2=t$, 则在给定$T_2=t$下有

$$\begin{aligned}P(X_1=x_1,\ldots,X_n=x_n|T_2=t)=&\frac{P(X_1=x_1,X_2=t-x_1,X_3=x_3\ldots,X_n=x_n)}{P(T_2=t)}\\=&\frac{p^{t+\sum_{i=3}^n x_i}(1-p)^{n-t+\sum_{i=3}^n x_i}}{C_2^tp^t(1-p)^{2-t}}\\=&\frac{p^{\sum_{i=3}^n x_i}(1-p)^{n-2+\sum_{i=3}^n x_i}}{C_2^t}.\end{aligned}$$

由此可见, 该条件分布与参数p有关, 说明样本中有关p的信息没有完全包含在统计量T_2中.

下面我们可以给出充分统计量的定义了.

♣**定义5.4.8** 设$X_1,\ldots,X_n$是来自某总体X的样本, 总体分布函数为$F(x,\theta)$, 统计量$T=T(X_1,\ldots,X_n)$称为θ的**充分统计量**, 若给定T的取值后, $X_1,\ldots,X_n$的条件分布与θ无关.

2. 因子分解定理

在充分统计量存在的场合, 任何统计推断都可以基于充分统计量进行. 但是从定义5.4.8出发来论证一个统计量的充分性, 因涉及到条件分布的计算, 因而常常是繁琐或困难的. 但奈曼(Neyman)和哈尔姆斯(P. R. Halmos)提出并严格证明了一个判定充分统计量的法则–因子分解定理, 该定理可以比较方便地判断一个统计量是否充分. 定理的证明这里略去.

★**定理5.4.9** 设总体分布为$p(x;\theta)$(在离散情形为分布列, 连续情形为概率密度函数), 则统计量$T=T(X_1,\ldots,X_n)$为充分统计量的充要条件为: 存在两个函数$g(t,\theta)$和$h(x_1,\ldots,x_n)$ 使得对任意的θ和任意一组观测值$x_1,\ldots,x_n$有

$$p(x_1,\ldots,x_n;\theta)=g(T(x_1,\ldots,x_n),\theta)h(x_1,\ldots,x_n),$$

其中$g(t,\theta)$是通过统计量T的取值而依赖于样本的.

▶**例5.4.10** 设$X_1,\ldots,X_n$是来自泊松分布$P(\lambda)$的一个样本, 则样本的联合分布列为

$$P(X_1=x_1,\ldots,X_n=x_n)=\frac{\lambda^{\sum_{i=1}^n x_i}e^{-n\lambda}}{\prod_{i=1}^n(x_i!)}.$$

记$T(x_1,\ldots,x_n)=\sum_{i=1}^n x_i$, $h(x_1,\ldots,x_n)=\dfrac{1}{\prod_{i=1}^n(x_i!)}$, 则有

$$P(X_1=x_1,\ldots,X_n=x_n)=\left(\lambda^{T(x_1,\ldots,x_n)}e^{-n\lambda}\right)h(x_1,\ldots,x_n).$$

由因子分解定理知, $T=\sum_{i=1}^{n}X_i$是λ的充分统计量.

▶**例5.4.11** 设$X_1,\ldots,X_n$是来自正态分布$N(\mu,\sigma^2)$的一个样本, 记$\theta=(\mu,\sigma^2)$, 则样本的联合概率密度函数为

$$\begin{aligned}p(x_1,\ldots,x_n;\theta)=&(2\pi\sigma^2)^{-n/2}\exp\left\{-\frac{1}{2\sigma^2}\sum_{i=1}^{n}(x_i-\mu)^2\right\}\\=&(2\pi\sigma^2)^{-n/2}\exp\left\{-\frac{1}{2\sigma^2}\left[\sum_{i=1}^{n}x_i^2-2\mu\sum_{i=1}^{n}x_i+n\mu^2\right]\right\}\\=&(2\pi\sigma^2)^{-n/2}\exp\left\{-\frac{Q}{2\sigma^2}-\frac{n(\bar{x}-\mu)^2}{2\sigma^2}\right\},\end{aligned}$$

其中$\bar{x}=\dfrac{1}{n}\sum\limits_{i=1}^{n}x_i$, $Q=\sum\limits_{i=1}^{n}(x_i-\bar{x})^2$.

由因子分解定理知, $\left(\sum\limits_{i=1}^{n}X_i,\sum\limits_{i=1}^{n}X_i^2\right)$是参数$\theta=(\mu,\sigma^2)$的充分统计量, 且$(\overline{X},Q)$也是参数$\theta=(\mu,\sigma^2)$的充分统计量.

第六章 参数估计

设总体X的分布函数的形式已知，但其中含有未知参数，利用总体的一个样本来估计总体未知参数的值的问题称为参数估计问题. 这里的参数可以是总体分布中的未知参数θ，也可以是θ的函数，或者是总体X 的某个数字特征. 参数估计的形式有两种，一种是点估计，另一种是区间估计. 本章中，我们先讨论两种点估计方法，即矩估计和极大似然估计，并讨论评价估计量好坏的标准，最后分别讨论一个正态总体和两个正态总体中未知参数的区间估计问题.

6.1 矩估计

设总体X的分布为$F(x,\theta)$，其中θ是未知参数，参数θ的所有可能的取值组成的集合称为参数空间，常用Θ 来表示. 现有来自该总体的样本$X_1,\ldots,X_n$，点估计是要构造一个统计量$\hat{\theta}(X_1,\ldots,X_n)$作为$\theta$的估计量. 将样本观测值代入即得到$\theta$的**点估计**值$\hat{\theta}(x_1,\ldots,x_n)$.

常见的点估计方法有两种：矩估计方法和极大似然估计. 本节我们主要介绍矩估计方法.

矩估计的基本思想是用样本矩代替总体矩，用样本矩的函数代替相应的总体矩的函数. 因为总体分布中含有未知参数θ，故其$k(k\geqslant 1)$ 阶矩(若存在)$\mu_k=\mathrm{E}X^k$ 必是θ 的函数$g_k(\theta)$，解方程$A_k=g_k(\theta)$，由此解出$\theta=\hat{\theta}$ 即为θ 的矩估计.

严格的定义如下，

♣定义6.1.1 设总体X的分布为$F(x,\theta)$，其中$\theta=(\theta_1,\ldots,\theta_m)$是未知参数. 若$\mu_m=\mathrm{E}X^m$存在，记$\mu_k=\mathrm{E}X^k=g_k(\theta)$，$X_1,\ldots,X_n$来自该总体的样本，$A_k$表示$k$阶样本原点矩，即$A_k=\dfrac{1}{n}\sum\limits_{i=1}^{n}X_i^k$. 称方程组
$$\begin{cases}A_1=g_1(\theta),\\A_2=g_2(\theta),\\\cdots\\A_m=g_m(\theta)\end{cases}$$
的解$\hat{\theta}=(\hat{\theta}_1,\ldots,\hat{\theta}_m)$为$\theta$的**矩估计**，称$\hat{\theta}_k$为$\theta_k$的矩估计.

♠注记6.1.2 矩估计的前提是总体的矩存在; θ可以是多维的, 所需方程的个数取决于θ的维数.

►例6.1.3 设总体服从指数分布$Exp(\lambda)$(其中λ未知), $X_1,\ldots,X_n$是来自该总体的简单随机样本, 求λ的矩估计.

解 既然总体$X\sim Exp(\lambda)$, 易求$\mathrm{E}X=1/\lambda$. 令$\overline{X}=1/\lambda$, 解得

$$\hat{\lambda}=\frac{1}{\overline{X}}=\frac{n}{\sum_{i=1}^{n}X_i}$$

即为λ的矩估计. □

►例6.1.4 设总体服从正态分布$N(\mu,\sigma^2)$(参数μ,σ^2未知), $X_1,\ldots,X_n$是来自该总体的简单随机样本, 求μ和σ^2 的矩估计.

解 总体$X\sim N(\mu,\sigma^2)$, 易知$\mathrm{E}X=\mu$, $\mathrm{E}X^2=\mu^2+\sigma^2$. 令$\begin{cases}A_1=\mathrm{E}X,\\ A_2=\mathrm{E}X^2,\end{cases}$ 即

$$\begin{cases}\mu=\dfrac{1}{n}\displaystyle\sum_{i=1}^{n}X_i=\overline{X},\\ \mu^2+\sigma^2=\dfrac{1}{n}\displaystyle\sum_{i=1}^{n}X_i^2,\end{cases}$$

解得$\begin{cases}\hat{\mu}=\overline{X}\\ \widehat{\sigma^2}=\dfrac{1}{n}\displaystyle\sum_{i=1}^{n}X_i^2-\overline{X}^2=\dfrac{1}{n}\sum_{i=1}^{n}(X_i-\overline{X})^2=S_n^2\end{cases}$ □

♠注记6.1.5 有些时候我们也可以直接用样本中心矩代替总体中心矩, 即

$$B_r=\mathrm{E}(X-\mathrm{E}X)^r,$$

其中$B_r=\dfrac{1}{n}\displaystyle\sum_{i=1}^{n}(X_i-\overline{X})^r$.

►例6.1.6 在上例中, 我们也可以这样来求μ和σ^2的矩估计. 令$\begin{cases}A_1=\mathrm{E}X,\\ B_2=\mathrm{Var}X,\end{cases}$ 同样可以解得

$$\begin{cases}\hat{\mu}=\overline{X},\\ \widehat{\sigma^2}=B_2=S_n^2.\end{cases}$$

♠注记6.1.7 矩估计可能不唯一.

►例6.1.8 设总体X服从泊松分布$P(\lambda)$(参数λ未知), $X_1,\ldots,X_n$是来自总体X的简单随机样本, 容易验证样本均值$\overline{X}=\dfrac{1}{n}\displaystyle\sum_{k=1}^{n}X_k$和样本方差$S_n^2=\dfrac{1}{n}\displaystyle\sum_{k=1}^{n}(X_k-\overline{X})^2$都是参数$\lambda$的

矩估计.

习题6.1

1. 设$X_1,\ldots,X_n$是来自几何分布$Ge(p)$总体的一个样本, 求未知参数p的矩估计.
2. 已知总体X的概率密度函数为$p(x)=\begin{cases}\sqrt{\theta}x^{\sqrt{\theta}-1}, & 0<x<1,\\ 0, & \text{其他}.\end{cases}$ 其中$\theta>0$, 设$X_1,\ldots,X_n$是来自X 的样本, 求θ 的矩估计.
3. 设$X_1,\ldots,X_n$是来自二项分布$b(m,p)$总体的一个样本, 参数p未知, 求参数p的矩估计.
4. 设$X_1,\ldots,X_n$是来自二项分布$b(m,p)$总体的一个样本, 参数p和正整数m都未知, 求未知参数p和m的矩估计.
5. 已知总体X的概率密度函数为
$$p(x)=\begin{cases}\dfrac{2(a-x)}{a^2}, & 0<x<a,\\ 0, & \text{其他}.\end{cases}$$
其中$a>0$, 设$X_1,\ldots,X_n$是来自X的样本, 求a的矩估计.
6. 设$X_1,\ldots,X_n$是来自均匀分布$U(0,\theta)$总体的一个样本, 求θ的矩估计.
7. 随机地取8只活塞环, 测得它们的直径(单位: mm)为

74.001 74.005 74.003 74.001 74.000 73.998 74.006 74.002

已知直径服从正态分布$N(\mu,\sigma^2)$, 求μ和σ^2的矩估计值.

6.2 极大似然估计

为了叙述极大似然估计的原理, 先看一个例子.

▶**例6.2.1** 一批帽子的次品率为p(未知), 现从中抽检10个, 发现第1件, 第4件和第10件是次品. 定义$X_i=1$, 若第i件是次品; 定义$X_i=0$, 若第i 件是正品. 于是, 我们有观测值
$$(x_1,\ldots,x_{10})=(1,0,0,1,0,0,0,0,0,1).$$
由第一章我们知道频率可以作为概率的近似, 因此概率大的随机事件出现的可能性应该越大. 我们现在的问题是如何给出p的估计值使得上述样本观测值出现的可能性达到最大.

显然, 得到上述观测值的概率为
$$P((X_1,\ldots,X_{10})=(1,0,0,1,0,0,0,0,0,1))=p(1-p)(1-p)p(1-p)\ldots(1-p)p=p^3(1-p)^7,$$
我们的目标是寻求p使得函数$L(p)=p^3(1-p)^7$取得最大值. 由微积分知识, 易知$\hat{p}=\dfrac{3}{10}$是$L(p)$的最大值点.

例6.2.1中给出未知参数p的估计值的方法称为极大似然估计, 其基本思想是寻求未知参数恰当的估计值, 使得我们所观测到的样本观测值出现的可能性达到最大. 它的直观想法就是现在已经取到样本观测值$x_1, x_2, \ldots, x_n$了, 表明取到这一组样本观测值的概率$L(\theta)$比较大. 若$\theta = \theta_0 \in \Theta$使得$L(\theta)$取得较大的值, 而$\Theta$中的其他$\theta$使得$L(\theta)$取得较小的值, 自然认为$\theta_0$ 作为未知参数θ的估计值较为合理.

一般地有如下定义:

♣**定义6.2.2** 设$p(x, \theta)$(其中θ为未知参数)为总体X具有分布律(若为离散型分布)或概率密度函数(若为连续型分布), $x_1, \ldots, x_n$ 为来自总体X的样本, 称

$$L(\theta) = \prod_{i=1}^{n} p(x_i, \theta)$$

为**似然函数**; 称$L(\theta)$的极大值点$\hat{\theta}_{MLE}$为参数θ的**极大似然估计**, 即

$$L\left(\hat{\theta}_{MLE}\right) \geqslant L(\theta), \quad \text{对一切}\theta \in \Theta\text{都成立}.$$

►**例6.2.3** 设总体X服从泊松分布$P(\lambda)$(参数λ未知), $x_1, \ldots, x_n$是来自总体X的简单随机样本, 求参数λ的极大似然估计.

解 总体X的分布律为$P(X = k) = \dfrac{\lambda^k}{k!} e^{-\lambda}, \quad k = 0, 1, \ldots$

由定义知, 似然函数为

$$L(\lambda) = \prod_{i=1}^{n} P(X = x_i) = \prod_{i=1}^{n} \frac{\lambda^{x_i}}{x_i!} e^{-\lambda} = \frac{\lambda^{\sum_{i=1}^{n} x_i}}{\prod_{i=1}^{n} x_i!} e^{-n\lambda}.$$

为方便求出$L(\lambda)$的极大值点, 我们考虑对数似然函数

$$\ln L(\lambda) = \left(\sum_{i=1}^{n} x_i\right) \ln \lambda - \ln \left(\prod_{i=1}^{n} x_i!\right) - n\lambda.$$

令$\dfrac{\mathrm{d} \ln L(\lambda)}{\mathrm{d}\lambda} = 0$, 即$\dfrac{\sum_{i=1}^{n} x_i}{\lambda} - n = 0$. 解得$\lambda = \dfrac{\sum_{i=1}^{n} x_i}{n} = \bar{x}$.

注意到对数似然函数的二阶导函数$\dfrac{\mathrm{d}^2 \ln L(\lambda)}{\mathrm{d}\lambda^2} \leqslant 0$, 因此上述通过求导求得的$\lambda = \bar{x}$为$\lambda$的极大似然估计, 即$\hat{\lambda}_{MLE} = \bar{x}$. □

♠**注记6.2.4** 注意到分布律或概率密度函数$p(x, \theta)$总是非负的, 似然函数$L(\theta) = \prod_{i=1}^{n} p(x_i, \theta)$的极大值点$\hat{\theta}_{MLE}$必定使得$L\left(\hat{\theta}_{MLE}\right) > 0$. 因此, 今后为了方便, 我们通常在书写似然函数$L(\theta)$时, 只写出其非零部分. 例如, 在上例中, 严格地来说, 似然函数应为

$$L(\lambda) = \prod_{i=1}^{n} P(X = x_i) = \begin{cases} \displaystyle\prod_{i=1}^{n} \frac{\lambda^{x_i}}{x_i!} e^{-\lambda}, & \text{若}x_i\text{皆为非负整数}, \\ 0, & \text{其他}. \end{cases}$$

►**例6.2.5** 设总体X服从正态分布$N(\mu, \sigma^2)$(μ和σ^2均未知), $x_1, \ldots, x_n$是来自总体X的简单随机样本, 求参数μ 和σ^2的极大似然估计.

解 总体X的概率密度函数为$p(x)=\frac{1}{\sqrt{2\pi}\sigma}\exp\left\{-\frac{1}{2\sigma^2}(x-\mu)^2\right\}$. 于是, 似然函数为

$$L(\mu,\sigma^2)=\prod_{i=1}^n p(x_i)=\prod_{i=1}^n\frac{1}{\sqrt{2\pi}\sigma}\exp\left\{-\frac{1}{2\sigma^2}(x_i-\mu)^2\right\}$$
$$=(2\pi)^{-n/2}(\sigma^2)^{-n/2}\exp\left\{-\frac{1}{2\sigma^2}\sum_{i=1}^n(x_i-\mu)^2\right\}.$$

对数似然函数为

$$\ln L(\mu,\sigma^2)=-\frac{n}{2}\ln(2\pi)-\frac{n}{2}\ln(\sigma^2)-\frac{1}{2\sigma^2}\sum_{i=1}^n(x_i-\mu)^2.$$

解似然方程组$\begin{cases}\dfrac{\partial\ln L(\mu,\sigma^2)}{\partial\mu}=0,\\ \dfrac{\partial\ln L(\mu,\sigma^2)}{\partial\sigma^2}=0,\end{cases}$ 即$\begin{cases}\dfrac{1}{\sigma^2}\displaystyle\sum_{i=1}^n(x_i-\mu)=0,\\ -\dfrac{n}{2\sigma^2}+\dfrac{1}{2(\sigma^2)^2}\displaystyle\sum_{i=1}^n(x_i-\mu)^2=0,\end{cases}$ 解得

$$\begin{cases}\mu=\frac{1}{n}\sum_{i=1}^n x_i=\bar{x},\\ \sigma^2=\frac{1}{n}\sum_{i=1}^n(x_i-\bar{x})^2=s_n^2.\end{cases}$$

由二阶导函数矩阵(Hessian矩阵)的非正定性知, 似然函数$L(\mu,\sigma^2)$在$(\bar{x},s_n^2)$处取得极大值, 即参数μ和σ^2 的极大似然估计分别为

$$\hat{\mu}_{MLE}=\bar{x},\qquad \widehat{\sigma^2}_{MLE}=s_n^2.$$ □

♠**注记6.2.6** 求参数θ的极大似然估计, 即是求解似然函数$L(\theta)$的极大值点. 通常可以通过对似然函数求导来求. 不过, 有些场合似然函数$L(\theta)$的形式比较复杂, 求导比较麻烦. 但是对数似然函数$\ln L(\theta)$ 的形式可能相对比较简单. 注意到函数$y=\ln x$ 是严格单调增函数, 似然函数$L(\theta)$与对数似然函数$\ln L(\theta)$有相同的极大值点, 求解似然函数$L(\theta)$的极大值点转化为求解对数似然函数$\ln L(\theta)$ 的极大值点.

♠**注记6.2.7** 微积分知识告诉我们, 导数为0的点未必是极值点, 因而通过求导方式求解似然函数$L(\theta)$的极大值点时, 在求得似然方程或似然方程组解后, 必须进行验证.

♠**注记6.2.8** 虽然求导方式是求解似然函数$L(\theta)$的极大值点的最常用的方法, 但并不是所有场合都是有效的, 下面的例子说明了这个问题.

►**例6.2.9** 设总体X服从均匀分布$U[a,b]$(a和b都未知), $x_1,\ldots,x_n$是来自总体X的简单随机样本, 求参数a和b的极大似然估计.

解 易知似然函数

$$L(a,b)=\begin{cases}\dfrac{1}{(b-a)^n}, & a\leqslant x_1,\ldots,x_n\leqslant b,\\ 0, & \text{其他情形}.\end{cases}$$

要使得$L(a,b)$达到最大, 分母$b-a$必须尽可能小, 于是得到a和b的极大似然估计分别为

$$\hat{a}_{MLE}=x_{(1)}, \qquad \hat{b}_{MLE}=x_{(n)}$$

其中$x_{(1)}=\min\{x_1,\ldots,x_n\}$, $x_{(n)}=\max\{x_1,\ldots,x_n\}$. □

♠**注记6.2.10** 常见分布的未知参数的极大似然估计, 如表6-1所示.

表6-1 常见分布的未知参数的极大似然估计

分布	待估参数	MLE
$b(n,p)$	p	$\overline{X}/n$
$P(\lambda)$	λ	$\overline{X}$
$Exp(\lambda)$	λ	$1/\overline{X}$
$N(\mu,\sigma^2)$	μ	$\overline{X}$
$N(\mu.\sigma^2)$	σ^2	S_n^2

有时候我们可能需要求出参数θ的函数的极大似然估计.

♣**定义6.2.11** 设$g(\theta)$是θ的函数, $T=\{g(\theta):\theta\in\Theta\}$为$g$的值域, 对任意的$t\in T$, 记$G_t=\{\theta\in\Theta:g(\theta)=t\}$, $L^*(t)=\max_{\theta\in G_t}L(\theta)$, 其中$L(\theta)$是$\theta$的似然函数, 称使得$L^*(t)$取到最大值的$\hat{t}$ 为参数$g(\theta)$的极大似然估计, 即$\hat{t}$ 满足$L^*(\hat{t})=\max_{t\in T}L^*(t)$.

下面的定理为我们在求解θ的函数的极大似然估计时提供了一条捷径.

★**定理6.2.12 极大似然估计的不变性**

设$\hat{\theta}_{MLE}$是θ的极大似然估计, $g(\theta)$是θ的函数, 则$g(\theta)$的极大似然估计为$g\left(\hat{\theta}_{MLE}\right)$. 即

$$\widehat{g(\theta)}_{MLE}=g\left(\hat{\theta}_{MLE}\right).$$

证明 设$\hat{t}=g\left(\hat{\theta}_{MLE}\right)$, 要证$\hat{t}$满足$L^*(\hat{t})=\max_{t\in T}L^*(t)$.

先证$L^*(\hat{t})=L\left(\hat{\theta}_{MLE}\right)$. 注意到对任意的$\theta\in\Theta$, 有$L(\theta)\leqslant L\left(\hat{\theta}_{MLE}\right)$. 由于$G_{\hat{t}}\subset\Theta$, 因而对任意的$\theta\in G_{\hat{t}}$, 也有$L(\theta)\leqslant L\left(\hat{\theta}_{MLE}\right)$. 又因为$\hat{\theta}_{MLE}\in G_{\hat{t}}$, 故由$L^*$的定义知, $L^*(\hat{t})=\max_{\theta\in G_{\hat{t}}}L(\theta)\leqslant L\left(\hat{\theta}_{MLE}\right)$.

再证对任意的$t\in T$, $L^*(t)\leqslant L\left(\hat{\theta}_{MLE}\right)$. 同样因为对任意的$\theta\in\Theta$, 有$L(\theta)\leqslant L\left(\hat{\theta}_{MLE}\right)$. 由$L^*$的定义知, 对任意的$t\in T$, $G_t\subset\Theta$, $L^*(t)=\max_{\theta\in G_t}L(\theta)\leqslant L\left(\hat{\theta}_{MLE}\right)$.

综上, $\hat{t}$满足$L^*(\hat{t})=\max_{t\in T}L^*(t)$, 即$g\left(\hat{\theta}_{MLE}\right)$是$g(\theta)$的极大似然估计. □

►**例6.2.13** 设总体X服从正态分布$N(\mu,\sigma^2)$(μ和σ^2均未知), $x_1,\ldots,x_n$是来自总体X的简单随机样本, 求参数σ和概率$P(X<3)$的极大似然估计.

解 在例6.2.5中, 我们已经求得参数μ和σ^2 的极大似然估计分别为

$$\hat{\mu}_{MLE} = \bar{x}, \quad \widehat{\sigma^2}_{MLE} = s_n^2.$$

而$\sigma = \sqrt{\sigma^2}$和$P(X < 3) = \Phi\left(\dfrac{3-\mu}{\sigma}\right)$都是参数$\mu$和$\sigma^2$的函数, 于是由极大似然估计的不变性知, 参数$\sigma$和概率$P(X < 3)$的极大似然估计分别为

$$\hat{\sigma}_{MLE} = s_n, \qquad \widehat{P(X < 3)}_{MLE} = \Phi\left(\frac{3-\bar{x}}{s_n}\right).$$

□

♠**注记6.2.14** 矩估计和极大似然估计是两种常用的点估计方法, 有些场合下矩估计可能不及极大似然估计合理. 例如, 设总体X服从均匀分布$U(0,\theta)$, θ是未知参数, 由习题6.1.6知, θ的矩估计是$2\overline{X}$. 我们还可以证明θ的极大似然估计是$x_{(n)}$(参见例6.2.9或习题6.2.6). 假设$1, 3, 5, 10$是来自该总体的一组样本观测值, 计算可得θ 的矩估计值是9.5, 这显然是不合理的, 因为我们还有一个观测值是10, 其大于9.5. 因此, θ的极大似然估计值$x_{(4)} = 10$比矩估计值9.5更合理.

最后我们用一个例子指出有些情形下参数的极大似然估计可能不唯一.

►**例6.2.15** 设$x_1, \ldots, x_n$是来自均匀分布总体$U[\theta, \theta+1]$的简单随机样本, 求未知参数θ的极大似然估计.

解 易知似然函数为

$$L(\theta) = \begin{cases} 1, & \theta \leqslant x_1, \ldots, x_n \leqslant \theta + 1, \\ 0, & \text{其他情形}. \end{cases}$$

记$x_{(1)} = \min\{x_1, \ldots, x_n\}$, $x_{(n)} = \max\{x_1, \ldots, x_n\}$. 于是, 似然函数可重写为

$$L(\theta) = \begin{cases} 1, & x_{(n)} - 1 \leqslant \theta \leqslant x_{(1)}, \\ 0, & \text{其他情形}. \end{cases}$$

对任意的$\theta \in [x_{(n)} - 1, x_{(1)}]$, $L(\theta)$都取得最大值1. 故区间$[x_{(n)} - 1, x_{(1)}]$中的任一个数都是参数θ的极大似然估计值.

□

习题6.2

1. 设$X_1, \ldots, X_n$是来自几何分布$Ge(p)$总体的一个样本, 求未知参数p的极大似然估计.
2. 已知总体X的概率密度函数为$p(x) = \begin{cases} \sqrt{\theta} x^{\sqrt{\theta}-1}, & 0 < x < 1, \\ 0, & \text{其他}, \end{cases}$ 其中$\theta > 0$. 设$X_1, \ldots, X_n$ 是来自X的样本, 求θ的极大似然估计.
3. 设$X_1, \ldots, X_n$是来自二项分布$b(m, p)$总体的一个样本, 参数p未知, 求未知参数p的极大似然估计.

4. 设总体X的概率密度函数为

$$p(x)=\begin{cases}\dfrac{x}{\theta}\exp\left\{-\dfrac{x^2}{2\theta}\right\}, & x>0,\\ 0, & x\leqslant 0.\end{cases},$$

其中参数θ 未知, $X_1,\ldots,X_n$ 是来自总体X 的一个样本, 求未知参数θ 的极大似然估计.

5. 设$X_1,\ldots,X_n$ 是来自正态总体$N(\theta,\theta)$ 的样本, 求未知参数θ的极大似然估计.

6. 设$X_1,\ldots,X_n$是来自均匀分布$U[0,\theta]$总体的一个样本, 求θ的极大似然估计.

7. 随机地取8只活塞环, 测得它们的直径(单位: mm)为

74.001 74.005 74.003 74.001 74.000 73.998 74.006 74.002

已知直径服从正态分布$N(\mu,\sigma^2)$, 求μ和σ^2的极大似然估计值.

8. 设$X_1,\ldots,X_n$是来自指数分布$Exp(\lambda)$总体的一个样本, 参数$\lambda>0$未知, 求未知参数λ和λ^{-1} 的极大似然估计.

6.3 点估计的评价标准

对于同一个未知参数, 可以有不同的点估计, 矩估计和极大似然估计也只是两种常用的估计方法而已. 为了在不同的点估计间进行比较选择, 就必须给出各种点估计的好坏的评价标准. 本节介绍几个常用的评价标准.

6.3.1 无偏性

♣**定义6.3.1** 设$\hat\theta=\hat\theta(X_1,\ldots,X_n)$是$\theta$的一个点估计, 若对于任意的$\theta\in\Theta$, 有$\mathrm{E}\hat\theta=\theta$成立, 则称$\hat\theta$是$\theta$的无偏估计.

♠**注记6.3.2** 在样本观测值没有得到之前, $\hat\theta=\hat\theta(X_1,\ldots,X_n)$是随机变量, 因而用随机变量$\hat\theta$替代$\theta$, 误差是不可避免的. 无偏性准则告诉我们, 如果$\hat\theta$是无偏的, 这种误差平均来说是0, 即$\mathrm{E}(\hat\theta-\theta)=0$, 也就是没有系统误差.

▶**例6.3.3** 样本均值$\overline{X}$是总体均值μ的无偏估计, 样本方差S^2是总体方差σ^2的无偏估计, 但是S_n^2不是σ^2的无偏估计.

解 由定理5.2.6和无偏估计的定义立得. □

♠**注记6.3.4** 如果一个未知参数有两个无偏估计, 必有无穷多个无偏估计. 这是因为, 若$\hat\theta_1$和$\hat\theta_2$都是参数θ的无偏估计, 则对任意的$a:0<a<1$, $a\hat\theta_1+(1-a)\hat\theta_2$都是$\theta$的无偏估计.

6.3.2 有效性

参数的无偏估计可能不唯一, 那么该如何评判同一个参数的两个无偏估计的好坏呢? 直观的想法是希望该估计围绕参数真值的波动越小越好, 波动大小可以用方差来衡量, 方差小表明$\hat{\theta}$与θ有较大偏差的可能性就小. 这就是有效性的标准.

♣**定义6.3.5** 设$\hat{\theta}_1$和$\hat{\theta}_2$是θ的两个无偏估计, 如果对任意的$\theta \in \Theta$, 有$\mathrm{Var}\hat{\theta}_1 \leqslant \mathrm{Var}\hat{\theta}_2$成立, 且至少有一个$\theta \in \Theta$使得$\mathrm{Var}\hat{\theta}_1 < \mathrm{Var}\hat{\theta}_2$成立, 则称$\hat{\theta}_1$比$\hat{\theta}_2$**有效**.

▶**例6.3.6** 设某总体的期望和方差分别为μ和σ^2, X_1, X_2, X_3 是来自该总体的样本. 下列哪个统计量作为μ的估计更有效?

- $\hat{\theta}_1 = \frac{1}{4}X_1 + \frac{1}{2}X_2 + \frac{1}{4}X_3$
- $\hat{\theta}_2 = \frac{1}{3}X_1 + \frac{1}{3}X_2 + \frac{1}{3}X_3$
- $\hat{\theta}_3 = \frac{1}{5}X_1 + \frac{3}{5}X_2 + \frac{1}{5}X_3$

解 显然$\hat{\theta}_1, \hat{\theta}_2$和$\hat{\theta}_3$都是$\mu$的无偏估计, 但是经计算得

$$\mathrm{Var}\hat{\theta}_1 = \frac{3}{8}\sigma^2, \quad \mathrm{Var}\hat{\theta}_2 = \frac{1}{3}\sigma^2, \quad \mathrm{Var}\hat{\theta}_3 = \frac{11}{25}\sigma^2.$$

故相比之下, $\hat{\theta}_2$更有效. □

▶**例6.3.7** 设某总体的期望和方差分别为μ和σ^2, $X_1, \ldots, X_n$ 是来自该总体的样本. 显见$\hat{\mu}_1 = X_1$ 和$\hat{\mu}_2 = \overline{X}$ 都是参数μ 的无偏估计, 但$\mathrm{Var}\hat{\mu}_1 = \sigma^2$, $\mathrm{Var}\hat{\mu}_2 = \frac{\sigma^2}{n}$, 只要$n > 1$, $\hat{\mu}_2$比$\hat{\mu}_1$ 有效.

♠**注记6.3.8** 上例表明, 用全部数据的平均估计总体均值要比只使用部分数据更有效.

6.3.3 均方误差原则

对于同一个未知参数θ, 可以得到其无偏估计和有偏估计, 在某些场合下, 有偏估计可能比无偏估计更好, 这就涉及如何对有偏估计进行评价. 均方误差原则就是在有效性原则的基础上对有偏估计的评价标准.

♣**定义6.3.9** 设$\hat{\theta}$是参数θ的点估计, 称$MSE\left(\hat{\theta}\right) = \mathrm{E}\left(\hat{\theta} - \theta\right)^2$为估计$\hat{\theta}$的**均方误差**.

♠**注记6.3.10** $MSE\left(\hat{\theta}\right) = \mathrm{Var}\hat{\theta} + \left(\mathrm{E}\hat{\theta} - \theta\right)^2$. 这表明均方误差由点估计的方差和偏差的平方两个部分组成.

♣**定义6.3.11** 设$\hat{\theta}_1$和$\hat{\theta}_2$是θ的两个点估计, 如果对任意的$\theta \in \Theta$, 有$MSE\left(\hat{\theta}_1\right) \leqslant MSE\left(\hat{\theta}_2\right)$成立, 且至少有一个$\theta \in \Theta$使得$MSE\left(\hat{\theta}_1\right) < MSE\left(\hat{\theta}_2\right)$成立, 则称**在均方误差意义下$\hat{\theta}_1$比$\hat{\theta}_2$ 更优**.

♠注记6.3.12 当$\hat{\theta}_1$和$\hat{\theta}_2$是θ的两个无偏估计时, 均方误差原则即是有效性原则.

►例6.3.13 设总体X服从正态分布$N(\mu,\sigma^2)$(μ和σ^2均未知), $X_1,\ldots,X_n(n\geqslant 2)$是来自总体$X$的简单随机样本, 比较下列三个关于$\sigma^2$的点估计的均方误差, 哪个最优?

- $S^2=\dfrac{1}{n-1}\sum\limits_{i=1}^{n}(X_i-\overline{X})^2$
- $S_n^2=\dfrac{1}{n}\sum\limits_{i=1}^{n}(X_i-\overline{X})^2$
- $S_{n+1}^2=\dfrac{1}{n+1}\sum\limits_{i=1}^{n}(X_i-\overline{X})^2$

解 由于$\dfrac{\sum_{i=1}^n(X_i-\overline{X})^2}{\sigma^2}$服从卡方分布$\chi^2(n-1)$, 故

$$\mathrm{E}\left(\frac{\sum_{i=1}^n(X_i-\overline{X})^2}{\sigma^2}\right)=n-1,\qquad \mathrm{Var}\left(\frac{\sum_{i=1}^n(X_i-\overline{X})^2}{\sigma^2}\right)=2(n-1).$$

于是, $\mathrm{E}S^2=\sigma^2,\qquad \mathrm{Var}S^2=\dfrac{2}{n-1}\sigma^4.$

又注意到$S_n^2=\dfrac{n-1}{n}S^2$, $S_{n+1}^2=\dfrac{n-1}{n+1}S^2$, 故

$$MSE(S^2)=\mathrm{Var}S^2-(\mathrm{E}S^2-\sigma^2)^2=\frac{2}{n-1}\sigma^4,$$

$$MSE(S_n^2)=\mathrm{Var}S_n^2+(\mathrm{E}S_n^2-\sigma^2)^2=\frac{2(n-1)}{n^2}\sigma^4+\left(\frac{n-1}{n}\sigma^2-\sigma^2\right)^2=\frac{2n-1}{n^2}\sigma^4,$$

$$MSE(S_{n+1}^2)=\mathrm{Var}S_{n+1}^2+(\mathrm{E}S_{n+1}^2-\sigma^2)^2=\frac{2(n-1)}{(n+1)^2}\sigma^4+\left(\frac{n-1}{n+1}\sigma^2-\sigma^2\right)^2=\frac{2}{n+1}\sigma^4.$$

显然, 当$n\geqslant 2$时, $MSE(S_{n+1}^2)$最小, 即S_{n+1}^2在均方误差意义下最优. □

6.3.4 相合性

点估计是一个统计量, 因此它是一个随机变量, 我们不可能要求它完全等同于参数的真实取值. 但我们可以要求估计量随着样本量的不断增大而逼近参数真值, 使得偏差$|\hat{\theta}-\theta|$大的概率越来越小. 这就是相合性. 严格的定义如下:

♣定义6.3.14 设$\hat{\theta}_n=\hat{\theta}_n(X_1,\ldots,X_n)$是参数$\theta$的一个估计量, $\theta\in\Theta$, n是样本容量. 若对任意的$\epsilon>0$, 有

$$\lim_{n\to\infty}P\left(|\hat{\theta}_n-\theta|\geqslant\epsilon\right)=0$$

成立, 则称$\hat{\theta}_n$是参数θ 的**相合估计**.

♠注记6.3.15 相合估计意味着在样本量不断增大时, 它能把被估参数估计到任意指定的精度. 相合估计是对估计的一个最基本的要求. 通常, 不满足相合性的估计是有问题的, 因为这时不论样本容量n多大, 都不能将θ估计得足够准确.

由切比雪夫不等式和三角不等式可以证明如下定理:

★定理6.3.16 设$\hat{\theta}_n=\hat{\theta}_n(X_1,\ldots,X_n)$是参数$\theta$的一个估计量, 若当$n\to\infty$时,

$$\mathrm{E}\hat{\theta}_n\to\theta,\qquad \mathrm{Var}\hat{\theta}_n\to 0,$$

则$\hat{\theta}_n$是参数θ的相合估计.

证明 由已知, 对任意的$\epsilon>0$和$\delta>0$, 存在N, 当$n\geqslant N$时,

$$|\mathrm{E}\hat{\theta}_n-\theta|<\frac{\epsilon}{2},\quad \mathrm{Var}\hat{\theta}_n<\frac{\delta\epsilon^2}{8}.$$

于是, 当$n\geqslant N$时,

$$P\left\{|\mathrm{E}\hat{\theta}_n-\theta|\geqslant\frac{\epsilon}{2}\right\}=0<\frac{\delta}{2}.$$

由Chebyshev不等式, 对上述$\epsilon>0$, 当$n\geqslant N$时,

$$P\left\{|\hat{\theta}_n-\mathrm{E}\hat{\theta}_n|\geqslant\frac{\epsilon}{2}\right\}\leqslant\frac{\mathrm{Var}\hat{\theta}_n}{(\epsilon/2)^2}<\frac{\delta}{2}.$$

注意到

$$\{|\hat{\theta}_n-\theta|\geqslant\epsilon\}\subset\left\{|\hat{\theta}_n-\mathrm{E}\hat{\theta}_n|\geqslant\frac{\epsilon}{2}\right\}\bigcup\left\{|\mathrm{E}\hat{\theta}_n-\theta|\geqslant\frac{\epsilon}{2}\right\},$$

于是当$n\geqslant N$时,

$$P\left\{|\hat{\theta}_n-\theta|\geqslant\epsilon\right\}\leqslant P\left\{|\mathrm{E}\hat{\theta}_n-\theta|\geqslant\frac{\epsilon}{2}\right\}+P\left\{|\hat{\theta}_n-\mathrm{E}\hat{\theta}_n|\geqslant\frac{\epsilon}{2}\right\}<\frac{\delta}{2}+\frac{\delta}{2}=\delta.$$

由ϵ和δ的任意性知,

$$\lim_{n\to\infty}P\left(|\hat{\theta}_n-\theta|\geqslant\epsilon\right)=0$$

成立, 即$\hat{\theta}_n$是参数θ的相合估计. □

►例6.3.17 设总体X服从正态分布$N(\mu,\sigma^2)$(μ和σ^2均未知), $X_1,\ldots,X_n(n\geqslant 2)$是来自总体$X$的简单随机样本, 则$\overline{X}$是$\mu$的相合估计, S^2和S_n^2都是σ^2的相合估计.

证明 由定理5.2.6和定理6.3.16知, $\overline{X}$是μ的相合估计.

由例6.3.12的解的过程知, $\mathrm{E}S^2=\sigma^2$, $\mathrm{Var}S^2=\dfrac{2}{n-1}\sigma^4$. 故由定理6.3.16知, S^2是σ^2的相合估计.

因为$S_n^2=\dfrac{n-1}{n}S^2$, $\dfrac{n-1}{n}\to 1$, 由定理6.3.16知, S_n^2是σ^2的相合估计. □

习题6.3

1. 设$X_1,\ldots,X_n$是来自两点分布$b(1,p)$总体的一个样本, 参数p未知, 证明

(1) X_1是p的无偏估计;

(2) X_1^2不是p^2的无偏估计;

(3) X_1X_2是p^2的无偏估计.

2. 设$\hat{\theta}$是均匀分布$U(0,\theta)$总体中位置参数θ的极大似然估计, 试问$\hat{\theta}$是θ的无偏估计吗?
3. 设$X_1,\ldots,X_n$是来自泊松分布$P(\lambda)$总体的一个样本, 参数$\lambda>0$未知, 求参数λ^2的无偏估计.
4. 设$X_1,\ldots,X_n$是来自均匀分布$U(\theta,\theta+1)$总体的一个样本, 下列θ的估计哪个更有效?
$$\hat{\theta}_1=\overline{X}-\frac{1}{2},\qquad \hat{\theta}_2=X_{(1)}-\frac{1}{n+1},\qquad \hat{\theta}_3=X_{(n)}-\frac{n}{n+1}$$
5. 设$\hat{\theta}_1$ 和$\hat{\theta}_2$ 是参数θ 两个独立的无偏估计, 且$\mathrm{Var}\hat{\theta}_1=2\mathrm{Var}\hat{\theta}_2$. 找出$k_1,k_2$, 使得$k_1\hat{\theta}_1+k_2\hat{\theta}_2$ 也是θ 的无偏估计, 并且使它在所有这种形式的估计中的方差最小.
6. 设未知参数θ有两个估计$\hat{\theta}_1$ 和$\hat{\theta}_2$, 其中
$$\mathrm{E}\hat{\theta}_1=\theta,\qquad \mathrm{E}\hat{\theta}_2=\theta+1;$$
$$\mathrm{Var}\hat{\theta}_1=6,\qquad \mathrm{Var}\hat{\theta}_2=2.$$
试在均方误差原则下判断哪个估计较好.

6.4 区间估计

对于总体的未知参数, 点估计有使用方便、直观等优点, 但点估计给出的是未知参数的一个近似值; 而且点估计没有提供关于估计精度的任何信息. 因此我们需要给出待估参数另外的一种估计: 区间估计. 先看一个例子.

▶**例6.4.1** 已知某厂生产的水泥构件的抗压强度X服从正态分布$N(\mu,400)$, μ未知, 现抽取了25件样品进行测试, 得到25个数据$x_1,\ldots,x_{25}$, 由此算得$\bar{x}=\dfrac{1}{25}\sum\limits_{i=1}^{25}x_i=415$. 易知$\bar{x}=415$就是$\mu$的一个点估计, 那么一个合理的区间估计应该是$[\bar{x}-d,\bar{x}+d]$. 于是有两个问题需要解决:

(1) d取多大才比较合理?

(2)这样给出的区间估计的可信程度如何?

为解决这两个问题, 本节中, 我们给出区间估计的定义和构造置信区间的方法, 下一节再着重考虑正态总体的未知参数的区间估计问题.

6.4.1 置信区间的定义

♣**定义6.4.2** 设θ是总体X的分布中的一个未知参数, 其参数空间为Θ, $X_1,\ldots,X_n$是来自该总体的样本, 对给定的$\alpha(0<\alpha<1)$, 若有两个统计量$\hat{\theta}_L=\hat{\theta}_L(X_1,\ldots,X_n)$和$\hat{\theta}_U=\hat{\theta}_U(X_1,\ldots,X_n)$, 使得对任意的$\theta\in\Theta$, $P(\hat{\theta}_L\leqslant\theta\leqslant\hat{\theta}_U)\geqslant1-\alpha$成立, 则称随机区

间$[\hat{\theta}_L, \hat{\theta}_U]$为$\theta$的**置信水平为$1-\alpha$的置信区间**, $\hat{\theta}_L$和$\hat{\theta}_U$分别称为θ的**置信下限和置信上限**.

♠**注记6.4.3** 置信水平有一个频率解释: 样本容量n不变, 每抽样一次, 就得到一个区间$[\hat{\theta}_L, \hat{\theta}_U]$, 反复抽样, 就得到多个区间$[\hat{\theta}_L, \hat{\theta}_U]$. 由于$[\hat{\theta}_L, \hat{\theta}_U]$的随机性, 每个这样的区间要么包含$\theta$的真值, 要么不包含. 当抽样的次数足够多时, 平均而言包含θ的真值的区间个数约占$100(1-\alpha)\%$, 不包含的约占$100\alpha\%$. 这就是置信水平$1-\alpha$ 的直观含义.

♠**注记6.4.4** 在同一置信水平下, 同一个未知参数的置信区间不是唯一的; 置信区间的长度越短越好.

下面将要介绍寻找未知参数θ的置信区间的具体做法.

6.4.2 构造置信区间的方法

构造总体未知参数θ的置信区间最常用的方法是枢轴量法, 具体步骤如下:

(1) 构造一个样本$X_1, \ldots, X_n$与θ的函数$G = G(X_1, \ldots, X_n; \theta)$, 使得$G$ 的分布已知且不依赖于任何未知参数. 我们称G为**枢轴量**.

(2) 适当地选择两个常数c和d, 使得对给定的$\alpha(0<\alpha<1)$, 有$P(c \leqslant G \leqslant d) \geqslant 1-\alpha$成立.

(3) 若可以将不等式$c \leqslant G \leqslant d$进行等价变形, 得到$\hat{\theta}_L \leqslant \theta \leqslant \hat{\theta}_U$, 则有$P(\hat{\theta}_L \leqslant \theta \leqslant \hat{\theta}_U) \geqslant 1-\alpha$成立. 于是$[\hat{\theta}_L, \hat{\theta}_U]$为$\theta$的置信水平为$1-\alpha$的置信区间.

♠**注记6.4.5** 一般从θ的某个点估计出发来寻找枢轴量; 若枢轴量G的分布是连续分布, 通常取c为该分布的下侧$\alpha/2$分位数, d为该分布的下侧$1-\alpha/2$分位数, 这时得到的置信区间称为等尾置信区间.

习题6.4

1. 比较枢轴量与统计量的异同.
2. 如何恰当地选择枢轴量.

6.5 单个正态总体未知参数的区间估计

本节我们着重考虑正态总体的未知参数的区间估计问题. 设总体X服从正态分布$N(\mu, \sigma^2)$, 我们分情形来给出参数μ和σ^2 的置信区间.

6.5.1 σ^2已知时, 参数μ的置信区间

本节我们考虑σ^2已知时, 正态总体$N(\mu,\sigma^2)$参数μ的置信区间.

★定理6.5.1 设总体X服从正态分布$N(\mu,\sigma^2)$, σ^2已知, $X_1,\ldots,X_n$是来自X的简单随机样本, 则参数μ的置信水平为$1-\alpha$的置信区间为

$$\left[\overline{X}-\frac{\sigma}{\sqrt{n}}\cdot u_{1-\alpha/2},\overline{X}+\frac{\sigma}{\sqrt{n}}\cdot u_{1-\alpha/2}\right],$$

其中$u_{1-\alpha/2}$是标准正态分布的下侧$1-\alpha/2$分位数.

证明 注意到$\overline{X}$是μ的点估计, 且$\overline{X}\sim N(\mu,\sigma^2/n)$, 故可选取枢轴量为$G=\dfrac{\overline{X}-\mu}{\sigma}\sqrt{n}$, 则由定理5.3.17知, $G\sim N(0,1)$. 于是, 由

$$P\left(-u_{1-\alpha/2}\leqslant\frac{\overline{X}-\mu}{\sigma}\sqrt{n}\leqslant u_{1-\alpha/2}\right)=1-\alpha$$

可得,

$$P\left(\overline{X}-\frac{\sigma}{\sqrt{n}}\cdot u_{1-\alpha/2}\leqslant\mu\leqslant\overline{X}+\frac{\sigma}{\sqrt{n}}\cdot u_{1-\alpha/2}\right)=1-\alpha.$$

故参数μ的置信水平为$1-\alpha$的置信区间为

$$\left[\overline{X}-\frac{\sigma}{\sqrt{n}}\cdot u_{1-\alpha/2},\overline{X}+\frac{\sigma}{\sqrt{n}}\cdot u_{1-\alpha/2}\right].$$ □

►例6.5.2 设一个物体的称量结果服从正态分布$N(\mu,0.1^2)$, μ未知. 现对该物体称量了5次, 结果如下(单位: 克):

5.52, 5.48, 5.59, 5.51, 5.45.

试求μ的置信水平为0.95的置信区间.

解 因为总体X服从正态分布$N(\mu,\sigma^2)$, 参数$\sigma^2=0.1^2$已知, 故参数μ的置信水平为$1-\alpha$的置信区间为

$$\left[\overline{X}-\frac{\sigma}{\sqrt{n}}\cdot u_{1-\alpha/2},\overline{X}+\frac{\sigma}{\sqrt{n}}\cdot u_{1-\alpha/2}\right].$$

由已知, $\alpha=0.05$, $1-\alpha/2=0.975$, $n=5$, $\sigma=0.1$.

经计算得, 样本均值$\bar{x}=5.51$; 查表得$u_{0.975}=1.96$.

代入数据得参数μ的置信水平为0.95的置信区间为

$$\left[5.51-\frac{0.1}{\sqrt{5}}\cdot 1.96,5.51+\frac{0.1}{\sqrt{5}}\cdot 1.96\right]=[5.422,5.598].$$ □

6.5.2 σ^2未知时, 参数μ的置信区间

本节我们考虑σ^2未知时, 正态总体$N(\mu,\sigma^2)$参数μ的置信区间.

★定理6.5.3 设总体X服从正态分布$N(\mu,\sigma^2)$, σ^2未知, $X_1,\ldots,X_n$是来自X的简单随机样本, 则参数μ的置信水平为$1-\alpha$的置信区间为

$$\left[\overline{X}-\frac{S}{\sqrt{n}}\cdot t_{1-\alpha/2}(n-1),\overline{X}+\frac{S}{\sqrt{n}}\cdot t_{1-\alpha/2}(n-1)\right],$$

其中$t_{1-\alpha/2}(n-1)$是自由度为$n-1$的t分布的下侧$1-\alpha/2$ 分位数.

证明 选取枢轴量为$G=\dfrac{\overline{X}-\mu}{S}\sqrt{n}$, 则由定理5.3.17知, $G\sim t(n-1)$. 于是, 由

$$P\left(-t_{1-\alpha/2}(n-1)\leqslant\frac{\overline{X}-\mu}{S}\sqrt{n}\leqslant t_{1-\alpha/2}(n-1)\right)=1-\alpha$$

可得,

$$P\left(\overline{X}-\frac{S}{\sqrt{n}}\cdot t_{1-\alpha/2}(n-1)\leqslant\mu\leqslant\overline{X}+\frac{S}{\sqrt{n}}\cdot t_{1-\alpha/2}(n-1)\right)=1-\alpha.$$

故参数μ的置信水平为$1-\alpha$的置信区间为

$$\left[\overline{X}-\frac{S}{\sqrt{n}}\cdot t_{1-\alpha/2}(n-1),\overline{X}+\frac{S}{\sqrt{n}}\cdot t_{1-\alpha/2}(n-1)\right].$$

□

►例6.5.4 现从一批糖果中随机地抽取16袋, 称量结果(单位: 克)如下:

506, 508, 499, 503, 504, 510, 497, 512,

514, 505, 493, 496, 506, 502, 509, 496.

设称量结果近似服从正态分布$N(\mu,\sigma^2)$, 试求参数μ的置信水平为0.95的置信区间.

解 因为总体X服从正态分布$N(\mu,\sigma^2)$, 参数σ^2未知, 故参数μ的置信水平为$1-\alpha$的置信区间为

$$\left[\overline{X}-\frac{S}{\sqrt{n}}\cdot t_{1-\alpha/2}(n-1),\overline{X}+\frac{S}{\sqrt{n}}\cdot t_{1-\alpha/2}(n-1)\right].$$

由已知, $\alpha=0.05$, $1-\alpha/2=0.975$, $n=16$, 查表得$t_{0.975}(15)=2.1314$.

经计算得, 样本均值$\bar{x}=503.75$, 样本标准差$s=6.2022$.

代入数据得参数μ的置信水平为0.95的置信区间为

$$\left[503.75-\frac{6.2022}{\sqrt{16}}\cdot 2.1314,503.75+\frac{6.2022}{\sqrt{16}}\cdot 2.1314\right]=[500.4,507.1].$$

□

6.5.3 μ已知时, 参数σ^2的置信区间

本节我们考虑μ已知时, 正态总体$N(\mu,\sigma^2)$参数σ^2的置信区间.

★定理6.5.5 设$X_1,\ldots,X_n$是来自正态总体$N(\mu,\sigma^2)$的一个简单随机样本, 参数μ已知, 则参数σ^2的置信水平为$1-\alpha$ 的置信区间为

$$\left[\frac{\sum_{k=1}^n(X_k-\mu)^2}{\chi^2_{1-\alpha/2}(n)},\frac{\sum_{k=1}^n(X_k-\mu)^2}{\chi^2_{\alpha/2}(n)}\right].$$

证明 选取枢轴量

$$G = \frac{\sum_{k=1}^{n}(X_k - \mu)^2}{\sigma^2},$$

由定理5.3.17知, $G \sim \chi^2(n)$. 注意到

$$P\left(\chi^2_{\alpha/2}(n) \leqslant \frac{\sum_{k=1}^{n}(X_k - \mu)^2}{\sigma^2} \leqslant \chi^2_{1-\alpha/2}(n)\right) = 1 - \alpha,$$

即

$$P\left(\frac{\sum_{k=1}^{n}(X_k - \mu)^2}{\chi^2_{1-\alpha/2}(n)} \leqslant \sigma^2 \leqslant \frac{\sum_{k=1}^{n}(X_k - \mu)^2}{\chi^2_{\alpha/2}(n)}\right) = 1 - \alpha,$$

故σ^2的置信水平为$1-\alpha$的置信区间为

$$\left[\frac{\sum_{k=1}^{n}(X_k - \mu)^2}{\chi^2_{1-\alpha/2}(n)}, \frac{\sum_{k=1}^{n}(X_k - \mu)^2}{\chi^2_{\alpha/2}(n)}\right].$$ □

♠**注记6.5.6** 实际中, μ已知, σ^2未知的情形非常罕见.

6.5.4 μ未知时, 参数σ^2的置信区间

本节我们考虑μ未知时, 正态总体$N(\mu, \sigma^2)$参数σ^2的置信区间.

★**定理6.5.7** 设$X_1, \ldots, X_n$是来自正态总体$N(\mu, \sigma^2)$的一个样本, 则参数σ^2的置信水平为$1-\alpha$的置信区间为

$$\left[\frac{(n-1)S^2}{\chi^2_{1-\alpha/2}(n-1)}, \frac{(n-1)S^2}{\chi^2_{\alpha/2}(n-1)}\right].$$

证明 选取枢轴量

$$G = \frac{(n-1)S^2}{\sigma^2} = \frac{\sum_{k=1}^{n}(X_k - \overline{X})^2}{\sigma^2},$$

由定理5.3.17 知, $G \sim \chi^2(n-1)$. 注意到

$$P\left(\chi^2_{\alpha/2}(n-1) \leqslant \frac{(n-1)S^2}{\sigma^2} \leqslant \chi^2_{1-\alpha/2}(n-1)\right) = 1 - \alpha,$$

即

$$P\left(\frac{(n-1)S^2}{\chi^2_{1-\alpha/2}(n-1)} \leqslant \sigma^2 \leqslant \frac{(n-1)S^2}{\chi^2_{\alpha/2}(n-1)}\right) = 1 - \alpha,$$

故σ^2的置信水平为$1-\alpha$的置信区间为

$$\left[\frac{(n-1)S^2}{\chi^2_{1-\alpha/2}(n-1)}, \frac{(n-1)S^2}{\chi^2_{\alpha/2}(n-1)}\right].$$ □

♦**推论6.5.8** 设$X_1, \ldots, X_n$是来自正态总体$N(\mu, \sigma^2)$的一个样本, 则参数σ的置信水平为$1-\alpha$ 的置信区间为

$$\left[\sqrt{\frac{(n-1)S^2}{\chi^2_{1-\alpha/2}(n-1)}}, \sqrt{\frac{(n-1)S^2}{\chi^2_{\alpha/2}(n-1)}}\right].$$

▶**例6.5.9** 岩石密度的测量误差X服从正态分布$N(\mu,\sigma^2)$, 随机抽测12个样品, 算得标准差为0.2, 求σ^2的置信水平为0.9 的置信区间.

解 因为总体X服从正态分布$N(\mu,\sigma^2)$, 参数σ^2的置信水平为$1-\alpha$的置信区间为

$$\left[\frac{(n-1)S^2}{\chi^2_{1-\alpha/2}(n-1)},\frac{(n-1)S^2}{\chi^2_{\alpha/2}(n-1)}\right].$$

查表得$\chi^2_{0.05}(11)=4.575,\chi^2_{0.95}(11)=19.675$, 将之与$s=0.2$代入, 得到$\sigma^2$的置信水平为0.9的置信区间为

$$\left[\frac{(12-1)\cdot 0.2^2}{19.675},\frac{(12-1)\cdot 0.2^2}{4.575}\right]=[0.02,0.10].$$ □

习题6.5

1. 设某种清漆的9个样品, 其干燥时间(以小时计)分别为

   6.0 5.7 5.8 6.5 7.0 6.3 5.6 6.1 5.0

   设干燥时间总体服从$N(\mu,\sigma^2)$, 由以往经验知$\sigma=6$, 求μ的置信度为0.95的置信区间.
2. 铅的比重是服从正态分布$N(\mu,\sigma^2)$, 现测量16次, 计算得$\bar{x}=2.705$, $s=0.029$. 试求铅的比重的95%的置信区间.
3. 对方差σ^2为已知的正态总体来说, 问需抽取容量n为多大的样本, 才能使总体平均值置信水平为α的置信区间的长度不大于L.
4. 为了估计一批钢索所能承受的平均拉应力, 从中随机地选取了10个样品作试验, 由试验所得数据计算得$\bar{x}=6720$, $s=220$. 假定钢索所能承受的拉应力服从正态分布, 试在置信水平95%下估计这批钢索能承受的平均拉应力的范围.
5. 假定新生儿体重服从$N(\mu,\sigma^2)$, 从某医院随机抽取4个新生儿, 他们出生时的平均体重为3.3(千克), 体重的标准差为0.42千克, 试求σ^2的置信水平为0.95的置信区间.
6. 随机地抽取某种炮弹9发做试验, 得炮口速度的样本标准差为11(单位: m/s), 设这种炮弹的炮口速度服从$N(\mu,\sigma^2)$, 求这种炮弹的炮口速度的标准差σ的置信水平为0.95的置信区间.
7. 某电子产品的某一参数服从正态分布, 从某天生产的产品中抽取15只, 测得该参数为

   3.0 2.7 2.9 2.8 3.1 2.6 2.5 2.8 2.4 2.9 2.7 2.6 3.2 3.0 2.8

   试对该参数的期望值和方差作置信水平为95% 的区间估计.
8. 设0.50, 1.25, 0.80, 2.00是取自总体X的样本, 已知$Y=\ln X$服从正态分布$N(\mu,1)$.

   (1)求μ的置信水平为95%的置信区间;

   (2)求X的数学期望的置信水平为95%的置信区间.

6.6 双正态总体未知参数的区间估计

本节我们来考虑两个正态总体下的未知参数的区间估计. 设总体X服从正态分布$N(\mu_1,\sigma_1^2)$, 总体Y服从正态分布$N(\mu_2,\sigma_2^2)$, 且X与Y相互独立. 又设$X_1,\ldots,X_m$和$Y_1,\ldots,Y_n$分别是来自总体X与Y的两个相互独立的样本, 相应的样本均值和样本方差分别记为:

$$\overline{X}=\frac{1}{m}\sum_{i=1}^{m}X_i,\qquad S_X^2=\frac{1}{m-1}\sum_{i=1}^{m}(X_i-\overline{X})^2;$$
$$\overline{Y}=\frac{1}{n}\sum_{j=1}^{n}Y_j,\qquad S_Y^2=\frac{1}{n-1}\sum_{j=1}^{n}(Y_j-\overline{Y})^2.$$

我们将要考虑均值差$\mu_1-\mu_2$和方差比σ_1^2/σ_2^2的置信区间.

6.6.1 双正态总体均值差的置信区间

先来考虑均值差$\mu_1-\mu_2$的置信区间, 下面分四种情形来讨论.

1. σ_1和σ_2已知.

注意到$\overline{X}-\overline{Y}\sim N\left(\mu_1-\mu_2,\dfrac{\sigma_1^2}{m}+\dfrac{\sigma_2^2}{n}\right)$, 取枢轴量

$$U=\frac{\overline{X}-\overline{Y}-(\mu_1-\mu_2)}{\sqrt{\frac{\sigma_1^2}{m}+\frac{\sigma_2^2}{n}}}\sim N(0,1).$$

于是, 类似于单正态总体的情形, 容易得到$\mu_1-\mu_2$的置信水平$1-\alpha$的置信区间为

$$\left[\overline{X}-\overline{Y}-u_{1-\alpha/2}\sqrt{\frac{\sigma_1^2}{m}+\frac{\sigma_2^2}{n}},\overline{X}-\overline{Y}+u_{1-\alpha/2}\sqrt{\frac{\sigma_1^2}{m}+\frac{\sigma_2^2}{n}}\right].$$

2. $\sigma_1=\sigma_2$但未知.

与单正态总体一样, 在σ_1^2和σ_2^2未知时, 自然考虑用它们各自的样本方差S^2来替代. 由于样本方差

$$S_X^2=\frac{1}{m-1}\sum_{i=1}^{m}(X_i-\overline{X})^2,\quad S_Y^2=\frac{1}{n-1}\sum_{j=1}^{n}(Y_j-\overline{Y})^2$$

都是σ^2的无偏估计, 因而$S_W^2=\dfrac{(m-1)S_X^2+(n-1)S_Y^2}{m+n-2}$也是$\sigma^2$的无偏估计. 考虑到估计的相合性, 以及枢轴量的分布容易确定, 选择枢轴量为

$$T=\frac{\overline{X}-\overline{Y}-(\mu_1-\mu_2)}{S_W\sqrt{\frac{1}{m}+\frac{1}{n}}}.$$

则由t分布的构造知, T服从自由度为$m+n-2$的t分布, 即$T\sim t(m+n-2)$. 于是, 容易得到$\mu_1-\mu_2$的置信水平$1-\alpha$ 的置信区间为

$$\left[\overline{X}-\overline{Y}-t_{1-\alpha/2}(m+n-2)S_W\sqrt{\frac{1}{m}+\frac{1}{n}},\overline{X}-\overline{Y}+t_{1-\alpha/2}(m+n-2)S_W\sqrt{\frac{1}{m}+\frac{1}{n}}\right].$$

▶**例6.6.1** 已知甲乙两厂生产的灯泡寿命分别服从正态分布$N(\mu_1,\sigma^2)$和$N(\mu_2,\sigma^2)$. 现

从甲乙两厂分别抽取50个与60个样品，测得样品的寿命数据，计算得样本均值和样本标准差的观测值如下:

甲厂: $m=50, \bar{x}=1282$小时, $s_X=80$小时;

乙厂: $n=60, \bar{y}=1208$小时, $s_Y=94$小时.

试求均值差$\mu_1-\mu_2$的置信水平为$1-\alpha=0.95$的置信区间.

解 设甲乙两厂生产的灯泡寿命分别为X和Y，则X和Y依次服从正态分布$N(\mu_1,\sigma_1^2)$和$N(\mu_2,\sigma_2^2)$. 总体方差相等，即$\sigma_1=\sigma_2=\sigma$. 于是$\mu_1-\mu_2$的置信水平$1-\alpha$的置信区间为

$$\left[\overline{X}-\overline{Y}-t_{1-\alpha/2}(m+n-2)S_W\sqrt{\frac{1}{m}+\frac{1}{n}}, \overline{X}-\overline{Y}+t_{1-\alpha/2}(m+n-2)S_W\sqrt{\frac{1}{m}+\frac{1}{n}}\right].$$

当$\alpha=0.05$, $m=50$, $n=60$时，临界值$t_{0.975}(108)\approx u_{1.975}=1.96$. 代入样本数据计算可得,

$$s_W=\sqrt{\frac{49\cdot 80^2+59\cdot 94^2}{50+60-2}}=87.92$$

故$\mu_1-\mu_2$ 的置信水平0.95的置信区间为

$$\left[1282-1208-1.96\cdot 87.92\sqrt{\tfrac{1}{50}+\tfrac{1}{60}}, 1282-1208+1.96\cdot 87.92\sqrt{\tfrac{1}{50}+\tfrac{1}{60}}\right]$$
$$=[41.00, 107.00].$$ □

3. σ_1**和**σ_2**未知,** $m=n$**.**

当$m=n$时，令$Z_i=X_i-Y_i$，则$Z_1,\ldots,Z_n$可以视为是来自总体$Z=X-Y$的简单随机样本. 注意到$Z=X-Y\sim N(\mu_1-\mu_2,\sigma_1^2+\sigma_2^2)$，因此求参数$\mu_1-\mu_2$的区间估计归结为单正态总体方差未知情形下的总体均值的区间估计问题.

记$\overline{Z}$和S_Z^2分别为由样本$Z_1,\ldots,Z_n$计算所得的样本均值和样本方差，即

$$\overline{Z}=\frac{1}{n}\sum_{i=1}^{n}Z_i=\overline{X}-\overline{Y}, \quad S_Z^2=\frac{1}{n-1}\sum_{i=1}^{n}(Z_i-\overline{Z})^2.$$

选择枢轴量为

$$T=\frac{\overline{Z}-(\mu_1-\mu_2)}{S_Z}\sqrt{n},$$

则$T\sim t(n-1)$. 于是，容易得到$\mu_1-\mu_2$的置信水平$1-\alpha$的置信区间为

$$\left[\overline{Z}-t_{1-\alpha/2}(n-1)\frac{S_Z}{\sqrt{n}}, \overline{Z}+t_{1-\alpha/2}(n-1)\frac{S_Z}{\sqrt{n}}\right].$$

4. σ_1**和**σ_2**未知,** m**和**n**充分大.**

当m和n充分大时，选择枢轴量$T=\dfrac{\overline{X}-\overline{Y}-(\mu_1-\mu_2)}{\sqrt{S_X^2/m+S_Y^2/n}}$,

注意到此时T的分布并不明确，但由中心极限定理，可以近似认为T服从标准正态分布，即$T\dot{\sim}N(0,1)$. 于是，容易得到$\mu_1-\mu_2$的置信水平$1-\alpha$的置信区间为

$$\left[\overline{X}-\overline{Y}-u_{1-\alpha/2}\sqrt{S_X^2/m+S_Y^2/n}, \overline{X}-\overline{Y}+u_{1-\alpha/2}\sqrt{S_X^2/m+S_Y^2/n}\right].$$

6.6.2 双正态总体方差比的置信区间

下面考虑方差比σ_1^2/σ_2^2的区间估计, 这里仅对μ_1和μ_2皆未知情形加以考虑.

注意到S_X^2和S_Y^2分别是σ_1^2和σ_2^2的无偏估计, $(m-1)S_X^2/\sigma_1^2$服从卡方分布$\chi^2(m-1)$, $(n-1)S_Y^2/\sigma_2^2$服从卡方分布$\chi^2(n-1)$. 记$F=\dfrac{S_X^2/\sigma_1^2}{S_Y^2/\sigma_2^2}$, 由$F$分布的构造知, F服从自由度为$(m-1,n-1)$的F分布, 即$F\sim F(m-1,n-1)$. 故选择F为枢轴量, 容易得到$\frac{\sigma_1^2}{\sigma_2^2}$的置信水平$1-\alpha$的置信区间为

$$\left[\frac{S_X^2/S_Y^2}{F_{1-\alpha/2}(m-1,n-1)},\frac{S_X^2/S_Y^2}{F_{\alpha/2}(m-1,n-1)}\right].$$

♠**注记6.6.2** 读者可以自行考虑: 对μ_1和μ_2已知或有一个已知时的情形, 相应的枢轴量和置信区间.

►**例6.6.3** 甲乙两台机床加工某种零件, 零件的直径服从正态分布, 其中方差反映了加工精度. 现从各自加工的零件中分别抽取了8件和7件样品, 测得直径(单位: 毫米)为

机床甲: 20.5 19.8 19.7 20.4 20.1 20.0 19.0 19.9

机床乙: 20.7 19.8 19.5 20.8 20.4 20.2 19.6

试求置信水平$1-\alpha=0.95$下这两台机床加工的零件方差比的置信区间.

解 设甲乙两机床生产的零件直径分别为X和Y, 则X和Y依次服从正态分布$N(\mu_1,\sigma_1^2)$和$N(\mu_2,\sigma_2^2)$. 总体均值μ_1和μ_2皆未知, 则$\frac{\sigma_1^2}{\sigma_2^2}$的置信水平$1-\alpha$的置信区间为

$$\left[\frac{S_X^2/S_Y^2}{F_{1-\alpha/2}(m-1,n-1)},\frac{S_X^2/S_Y^2}{F_{\alpha/2}(m-1,n-1)}\right].$$

经计算得$s_X^2=0.2164$, $s_Y^2=0.2729$. 于是$F=\dfrac{0.2164}{0.2729}=0.793$.

当$\alpha=0.05$时, 查表得$F_{0.975}(7,6)=5.70$, 而$F_{0.025}(7,6)=\dfrac{1}{F_{0.975}(6,7)}=\dfrac{1}{5.12}=0.195$.

故$\dfrac{\sigma_1^2}{\sigma_2^2}$的置信水平0.95的置信区间为$\left[\dfrac{0.793}{5.70},\dfrac{0.793}{0.195}\right]=[0.139,4.067]$. □

习题6.6

1. 求来自正态总体$N(20,3)$的容量分别为10和15的两个独立样本的均值差的绝对值大于0.3的概率.
2. 研究两种固体燃料火箭推进器的燃烧率(单位: cm/s), 设两者都服从正态分布, 并且已知燃烧率的标准差的近似值为0.05. 取样本容量分别为$m=n=20$的两个独立的燃烧率样本, 样本均值分别为18和24. 求两燃烧率总体均值差$\mu_1-\mu_2$的置信水平为0.99的置信区间.

3. 某电子产品只有两种型号，为比较它们的某项参数值，我们分别从这两种型号的电子产品中随机抽取若干个，分别测量其该项参数值，数据如下:

   型号A：10.1,　10.3,　10.4,　9.7,　9.8

   型号B：12.5,　12.2,　12.1,　12.0,　11.9,　11.8,　12.3

   假设这两种型号的电子产品的该项参数值皆服从正态分布, 并且它们的方差相等. 试求它们的平均参数之差的置信水平为95%的置信区间.

4. 甲、乙两台机床加工同一种零件, 在两台机床加工的零件中分别抽取6个样品, 并分别测量它们的长度(单位: 毫米), 假定测量值都服从正态分布, 方差分别为σ_1^2和σ_2^2. 由所得数据算得样本标准差分别为$s_1 = 0.245$和$s_2 = 0.357$. 试在置信水平0.95下求这两台机床加工精度之比σ_1/σ_2的置信区间.

5. 假设人体身高服从正态分布, 今抽测甲、乙两地区18岁至25岁女青年身高的数据如下: 甲地区抽取10名, 样本均值1.64 米, 样本标准差0.2米; 乙地区抽取10名, 样本均值1.62米, 样本标准差0.4米, 求两正态总体方差比的95%的置信区间.

*6.7　补充

本节中, 我们主要补充介绍下单侧置信区间估计和贝叶斯估计.

6.7.1　单侧置信区间

在一些实际问题中, 我们往往只关心某些未知参数的上限或下限. 例如对于设备或元件的寿命来说, 平均寿命我们当然是希望越长越好, 因而我们只需估计平均寿命的下限; 而对某厂生产的零件的次品率来说, 我们则希望越小越好, 这时次品率的上限才是我们所关心的. 这就引出了单侧置信区间的概念.

♣定义6.7.1　设θ是总体X的某一未知参数, 对给定的$\alpha(0 < \alpha < 1)$, 由来自该总体的简单随机样本$X_1, \ldots, X_n$确定的统计量$\theta_L = \theta_L(X_1, \ldots, X_n)$满足

$$P(\theta \geqslant \theta_L) \geqslant 1 - \alpha,$$

则称随机区间$[\theta_L, \infty)$是θ的置信水平为$1-\alpha$的**单侧置信区间**, θ_L是θ的置信水平为$1-\alpha$的**单侧置信下限**.

若统计量$\theta_U = \theta_U(X_1, \ldots, X_n)$满足

$$P(\theta \leqslant \theta_U) \geqslant 1 - \alpha,$$

则称随机区间$(-\infty, \theta_U]$是θ的置信水平为$1-\alpha$的**单侧置信区间**, θ_U是θ的置信水平为$1-\alpha$的**单侧置信上限**.

►**例6.7.2** 从一批灯泡中随机地取5只, 测得其寿命(以小时计)分别为

$$1050 \quad 1100 \quad 1120 \quad 1250 \quad 1280$$

设灯泡寿命服从正态分布, 求灯泡寿命均值的置信水平为95%的单侧置信下限.

解 设灯泡寿命X服从正态分布$N(\mu,\sigma^2)$, 由于σ^2未知, 选择$T=\dfrac{\overline{X}-\mu}{S}\sqrt{n}$作为枢轴量. 由于$T\sim t(n-1)$, 于是

$$P(T\leqslant t_{1-\alpha}(n-1))=P\left(\frac{\overline{X}-\mu}{S}\sqrt{n}\leqslant t_{1-\alpha}(n-1)\right)=1-\alpha.$$

即

$$P\left(\mu\geqslant \overline{X}-\frac{S}{\sqrt{n}}t_{1-\alpha}(n-1)\right)=1-\alpha.$$

故μ的置信水平为$1-\alpha$的置信下限为

$$\mu_L=\overline{X}-\frac{S}{\sqrt{n}}t_{1-\alpha}(n-1).$$

本例中, $n=5$, $1-\alpha=95\%$, 查表得$t_{0.95}(4)=2.1318$. 由样本数据计算得$\bar{x}=1160$, $s^2=9950$, 代入求得μ的置信水平为95%的置信下限为

$$\mu_L=1160-\sqrt{\frac{9950}{5}}\cdot 2.1318=1065.$$

□

♠**注记6.7.3** 在求正态总体的单侧置信上限或下限时, 只要将由枢轴量法得到的双侧置信区间中的$\alpha/2$分位数或$1-\alpha/2$分位数分别替换为α 分位数或$1-\alpha$ 分位数, 便可由双侧置信区间得到未知参数的单侧置信上下限.

6.7.2 贝叶斯估计

统计学中有两大学派: 频率学派(又称经典学派)和贝叶斯学派, 本节以贝叶斯估计为题对贝叶斯统计作一些介绍.

1. 统计推断的三种信息

经典学派是基于总体信息和样本信息进行统计推断, 而贝叶斯学派认为, 除上述两种信息外, 统计推断还应该使用第三种信息: 先验信息.

下面分别介绍这三种信息.

(1) 总体信息

总体信息即总体或总体所属分布提供的信息. 例如, “总体是正态分布”或“总体是均匀分布”在统计推断中都发挥重要作用.

(2) 样本信息

样本信息即抽取样本所得观测值提供的信息. 例如有了样本观测值后可以大概知道总体均值、总体方差等一些特征数, 所以样本信息是对统计推断很重要的一种信息.

(3) 先验信息

先验信息是抽样之前有关统计推断问题的一些信息，它来源于经验和历史资料. 例如某工程师根据自己多年积累的经验对正在设计的某种彩色电视机的平均寿命给出的估计就是一种先验信息.

贝叶斯学派的基本观点是: 任一未知量θ都可看作随机变量，可用一个概率分布去描述，这个分布称为先验分布; 在获得样本后,总体分布、样本与先验分布通过贝叶斯公式结合起来得到θ的后验分布. 任何关于θ的统计推断都是基于θ的后验分布. 下面我们将介绍贝叶斯公式的密度函数形式.

2. 贝叶斯公式的密度函数形式

下面我们将结合贝叶斯统计学的基本观点来给出贝叶斯公式的密度函数形式.

(1) 随机变量X有一个概率密度函数$p(x;\theta)$，其中θ是一个参数，不同的θ对应着不同的密度函数. 在贝叶斯统计中记为$p(x|\theta)$，表示给定θ后的一个条件密度函数，它提供的信息就是总体信息.

(2) 给定θ后，从总体X中随机抽取一个样本$X_1,\ldots,X_n$，它提供的就是样本信息.

将总体信息和样本信息综合起来，得到给定θ后样本的条件概率密度函数为

$$p(x_1,\ldots,x_n|\theta)=\prod_{i=1}^{n}p(x_i|\theta).$$

(3) 根据参数θ的先验信息确定先验分布$\pi(\theta)$.

贝叶斯统计不仅使用总体信息和样本信息，而且也使用先验信息，把这三种信息综合起来，可得到样本和θ的联合概率密度函数为

$$p(x_1,\ldots,x_n,\theta)=p(x_1,\ldots,x_n|\theta)\pi(\theta).$$

我们的目标是对θ作统计推断，故需要在样本给定后，给出θ的条件概率密度函数，即$\pi(\theta|x_1,\ldots,x_n)$. 容易得到

$$\pi(\theta|x_1,\ldots,x_n)=\frac{p(x_1,\ldots,x_n,\theta)}{p(x_1,\ldots,x_n)}$$

或

$$\pi(\theta|x_1,\ldots,x_n)=\frac{p(x_1,\ldots,x_n|\theta)\pi(\theta)}{\int_{\Theta}p(x_1,\ldots,x_n|\theta)\pi(\theta)\mathrm{d}\theta}.$$

这是贝叶斯公式的密度函数形式，称$\pi(\theta|x_1,\ldots,x_n)$为$\theta$的**后验概率密度函数或后验分布**.

♠**注记6.7.4** 对θ的统计推断应建立在后验分布基础上.

3. 贝叶斯估计

由后验分布$\pi(\theta|x_1,\ldots,x_n)$估计$\theta$，用得最多的是后验期望估计，即使用后验分布的均值作为θ的点估计，简称为**贝叶斯估计**.

►**例6.7.5** 设$x_1,\ldots,x_n$是来自正态总体$N(\mu,\sigma^2)$的一个样本，其中σ^2已知，μ未知. 设μ的先验分布为$N(\theta,\tau^2)$，θ和τ^2均已知，求μ的贝叶斯估计.

解 样本$x_1,\ldots,x_n$的分布和μ的先验分布分别为

$$p(x_1,\ldots,x_n|\mu)=(2\pi\sigma^2)^{-n/2}\exp\left\{-\frac{1}{2\sigma^2}\sum_{i=1}^{n}(x_i-\mu)^2\right\},$$

$$\pi(\mu)=(2\pi\tau^2)^{-1/2}\exp\left\{-\frac{1}{2\tau^2}(\mu-\theta)^2\right\}.$$

由此可得到样本$x_1,\ldots,x_n$和μ的联合概率密度函数为

$$p(x_1,\ldots,x_n,\mu)=L\exp\left\{-\frac{1}{2}\left[\frac{n\mu^2-2n\mu\bar{x}+\sum_{i=1}^n x_i^2}{\sigma^2}+\frac{\mu^2-2\theta\mu+\theta^2}{\tau^2}\right]\right\},$$

其中$\bar{x}=\frac{1}{n}\sum_{i=1}^n x_i$, $L=(2\pi)^{-(n+1)/2}\tau^{-1}\sigma^{-n}$, 又记

$$A=\frac{n}{\sigma^2}+\frac{1}{\tau^2},\quad B=\frac{n\bar{x}}{\sigma^2}+\frac{\theta}{\tau^2},\quad C=\frac{\sum_{i=1}^n x_i^2}{\sigma^2}+\frac{\theta^2}{\tau^2},$$

则有

$$\begin{aligned}p(x_1,\ldots,x_n,\mu)=&L\exp\left\{-\frac{1}{2}(A\mu^2-2B\mu+C)\right\}\\=&L\exp\left\{-\frac{(\mu-B/A)^2}{2/A}-\frac{C-B^2/A}{2}\right\},\end{aligned}$$

从而得到样本的边际密度函数为

$$p(x_1,\ldots,x_n)=\int_{-\infty}^{\infty}p(x_1,\ldots,x_n,\mu)\mathrm{d}\mu=L\exp\left\{-\frac{C-B^2/A}{2}\right\}(2\pi/A)^{1/2}.$$

所以μ的后验分布为

$$\pi(\mu|x_1,\ldots,x_n)=\frac{p(x_1,\ldots,x_n,\mu)}{p(x_1,\ldots,x_n)}=(2\pi/A)^{-1/2}\exp\left\{-\frac{(\mu-B/A)^2}{2/A}\right\}.$$

即$\mu|(x_1,\ldots,x_n)\sim N(B/A,1/A)$, 于是后验均值即为$\mu$的贝叶斯估计亦即

$$\hat{\mu}=\frac{B}{A}=\frac{n/\sigma^2}{n/\sigma^2+1/\tau^2}\bar{x}+\frac{1/\tau^2}{n/\sigma^2+1/\tau^2}\theta,$$

它是样本均值$\bar{x}$与先验均值θ的加权平均. □

第七章　假设检验

在总体的分布函数未知或已知其形式但不知其参数的情况下, 为了推断总体的某些未知特性, 提出某些关于总体的假设或论断, 然后根据样本对所提出的假设作出是接受还是拒绝的决策. 这一决策的过程就是假设检验. 假设检验是统计推断的主要内容之一.

统计推断中的假设检验包括两个方面: 一是依据样本对总体未知参数的某种假设作出真伪判断, 这是参数检验. 二是依据样本对总体的分布的某种假设作出真伪判断, 这是分布检验或非参数检验. 本章主要考虑参数检验问题.

7.1　假设检验的基本原理和步骤

7.1.1　假设检验的原理和思想

下面先通过一个例子来具体说明假设检验的基本思想.

▶例7.1.1　某车间用一台包装机包装洗衣粉, 每袋洗衣粉的净重是一个随机变量, 服从正态分布$N(\mu,\sigma^2)$, 根据长期的生产经验知其标准差$\sigma=15$(克), 而洗衣粉额定标准为每袋净重500克. 为判断包装机工作是否正常, 每天都需要进行抽样检验. 设某天随机抽取它所包装的9袋洗衣粉, 称得净重(单位: 克)为:

$$497 \quad 506 \quad 518 \quad 524 \quad 498 \quad 511 \quad 520 \quad 515 \quad 512$$

问当天包装机工作是否正常?

这里我们所关心的问题是这天生产的洗衣粉平均净重是否仍为500克, 即$\mu=500$或$\mu\neq 500$. 于是我们对该天生产的洗衣粉净重提出了一个假设: $\mu=500$. 要求我们根据抽样观测值来对假设$\mu=500$进行检验. 这是在正态总体标准差σ已知不变的情形下, 检验假设

$$H_0:\mu=\mu_0=500, \qquad vs \qquad H_1:\mu\neq\mu_0$$

这里H_0正是我们所要验证的**原假设**, 而H_1称为**备择假设或对立假设**, 是指经过验证H_0不正确时, 我们所作出的选择, 通常H_1是和H_0相互对立的.

下面我们来说明如何进行检验该假设, 先需要给出检验所依赖的准则.

由于$\overline{X}$是μ的无偏估计, $\overline{X}$的观察值的大小在一定程度上反映了μ的大小. 由于样本的随机性, 即使H_0为真, 也不代表$\overline{X}$恰好等于$\mu_0 = 500$. 但是我们可以要求, 当H_0 为真时$|\overline{X} - \mu_0|$一般不应太大. 倘若$|\overline{X} - \mu_0|$过大, 我们就怀疑H_0 的真实性而拒绝H_0.

于是, 我们可以选择一个临界值c, 依照下列规则作出决策:

当$|\overline{X} - 500| \geqslant c$时, 拒绝$H_0$;

当$|\overline{X} - 500| < c$时, 接受H_0.

也就是利用已知样本对原假设H_0作出真伪判断, 这里c是一个待定常数. 通常称

$W = \{(x_1, \ldots, x_n) : |\overline{X} - 500| \geqslant c\}$ 为**拒绝域**;

$\overline{W} = \{(x_1, \ldots, x_n) : |\overline{X} - 500| < c\}$ 为**接受域**.

由于作出接受或者拒绝原假设H_0的推断的依据是样本, 但是样本具有随机性和局限性, 这就使得我们在作推断时不可避免的会发生错误. 问题是我们会犯什么样的错误以及如何降低犯错误的可能. 通常, 假设检验可能会有两类错误:

(1)**拒真**: 原假设H_0成立, 但是依据样本拒绝了H_0.

(2)**存伪**: 原假设H_0不成立, 但是依据样本接受了H_0.

我们称拒真为**第一类错误**, 存伪为**第二类错误**.

在例7.1.1中, 当H_0成立时, 即$\mu = 500$时, 若依据样本观测值使得$|\overline{X} - 500| \geqslant c$, 则拒绝$H_0$, 这就表明犯了第一类错误, 由此可知犯第一类错误的概率为

$$\alpha = P(|\overline{X} - 500| \geqslant c|\mu = \mu_0 = 500),$$

即在H_0成立的条件下, 样本落在W中的概率. 一般地, 若W是假设检验H_0的拒绝域时, 犯第一类错误等价于当H_0成立时样本观测值落入拒绝域内的概率, 即$\alpha = P((X_1, \ldots, X_n) \in W|H_0)$.

类似地, 在例7.1.1中, 当H_0不成立时, 即$\mu \neq 500$时, 若依据样本观测值使得$|\overline{X} - 500| < c$, 则接受H_0, 这就表明犯了第二类错误, 由此可知犯第二类错误的概率为

$$\beta = P(|\overline{X} - 500| < c|\mu \neq 500),$$

即在H_1成立的条件下, 样本落在W之外的概率. 一般地, 若W是假设检验H_0的拒绝域时, 则犯第二类错误等价于当H_0不成立(H_1 成立)时样本观测值落入接受域内的概率, 即$\beta = P((X_1, \ldots, X_n) \notin W|H_1)$.

很自然, 在作假设检验时, 我们当然希望犯第一类错误和第二类错误的概率越小越好. 但实际上在样本容量固定时, 犯两类错误的概率是相互影响的, α减小, β就会增大; 反之亦然. 即同时使得α和β变小是做不到的. 例如在例7.1.1中,

$$\alpha = P(|\overline{X} - 500| \geqslant c|\mu = \mu_0 = 500) = 2\left[1 - \Phi\left(\frac{c\sqrt{n}}{15}\right)\right],$$

$$\beta = P(|\overline{X} - 500| < c|\mu \neq 500) = \Phi\left(\frac{500 + c - \mu}{15}\sqrt{n}\right) - \Phi\left(\frac{500 - c - \mu}{15}\sqrt{n}\right).$$

显然, 当c和n确定时, β是μ的函数, 且当α减小时, 势必要求增大c, 这将引起β 增大.

这里我们要特别注意, 因为α和β都是条件概率, 故有如下结论:

♠**注记7.1.2** $\alpha+\beta$可能不等于1.

由上述可知, 如果要同时减少犯两类错误的概率, 只有增加样本容量n, 但这在实际应用中可能会费时费财费力. 因此, 通常我们采取的一般原则是, 固定样本容量n和犯第一类错误概率α的条件下, 尽量使得犯第二类错误的概率β达到最小. 给定样本容量n 和犯第一类错误概率α的假设检验称为**显著性检验**, 称α为**显著性水平**或**检验水平**.

假设检验中, 显著性水平α是事先给定的, 由具体的实际问题和利益相关各方协商确定, 通常比较小, 一般取α为$0.1, 0.05, 0.025, 0.01$等数值.

下面我们根据给定的显著性水平α和样本观测值来看如何推断H_0是否成立.

在例7.1.1中, $n=9$, 设$\alpha=0.05$, 为了方便, 我们令$U=\dfrac{\overline{X}-\mu_0}{\sigma}\sqrt{n}$. 显然, 当$H_0$为真时, $U\sim N(0,1)$. 于是,

$$\alpha=P(|\overline{X}-500|\geqslant c|\mu=500)=P\left(|U|\geqslant\frac{c\sqrt{n}}{15}\right),$$

从而$\Phi\left(\dfrac{c\sqrt{n}}{15}\right)=1-\alpha/2$, 故$\dfrac{c\sqrt{n}}{15}=u_{1-\alpha/2}$为标准正态分布的$1-\alpha/2$ 分位数. 当$\alpha=0.05$时, 查表得$u_{0.975}=1.96$, 由此得$c=1.96\cdot\frac{15}{\sqrt{9}}$.

既然衡量$|\overline{X}-\mu_0|$的大小可以归结为衡量$|U|$的大小, 为了方便, 我们用U来刻画拒绝域

$$W=\{(x_1,\dots,x_n):|\overline{X}-500|\geqslant c\}=\{|U|\geqslant u_{1-\alpha/2}\}.$$

我们称$U=\dfrac{\overline{X}-\mu_0}{\sigma}\sqrt{n}$为**检验统计量**.

通过对样本观测值的计算, 我们得到$\bar{x}=511.22$, 代入到检验统计量U中,

$$|U|=\left|\frac{511.22-500}{15}\sqrt{9}\right|=2.2$$

而$2.2>1.96$, 于是样本观测值落入拒绝域W内, 从而拒绝H_0, 即认为当天包装机工作不正常.

通过上面对例7.1.1的阐述, 我们可以得出如下结论:

♠**注记7.1.3 假设检验的基本原理**

假设检验的基本原理是**实际推断原理: 小概率事件在一次试验中不会发生**. 因为α通常取很小的值, 则相应的拒绝域W就很小, 即样本观测值落在W中的概率就很小. 实际推断原理表明, 假定H_0为真, 在一次试验或观察中, 小概率(α)事件发生了, 这是不合常理的. 这就表明我们的假设H_0是有问题的, 从而拒绝H_0. 这个推断过程类似于我们在求证一般的数学结论时所使用的反证法.

此外, 我们还需特别注意当我们作出接受H_0的推断时, 并不代表H_0的确为真, 只是基于我们收集到的样本数据不能作出拒绝H_0的推断. 这类似于在判断某数学命题是否成立时, 如果我们不能给出一个反例, 不代表这个命题一定正确, 转而暂时性地承认这个命题是正确的. 从这个角度来说, 拒绝H_0 时理由是充分的, 接受H_0是“被迫”的.

7.1.2 假设检验问题的类型

假设检验首先需要对总体未知参数给出某种假设或论断. 这个假设一般用H_0来表示, 称之为**原假设或零假设**. 设Θ是参数空间, $\Theta_0 \subset \Theta$是H_0中参数可选择的空间. 故通常这样来描述原假设, $H_0: \theta \in \Theta_0$. 记$\Theta_1 = \Theta - \Theta_0$, 称$H_1: \theta \in \Theta_1$是$H_0$的**对立假设或备择假设**. 综合起来, 我们将假设检验问题记为

$$H_0: \theta \in \Theta_0 \qquad vs \qquad H_1: \theta \in \Theta_1.$$

特别地, 我们经常考虑三种特殊形式的假设检验问题:

(i) $H_0: \theta \leqslant \theta_0 \quad vs \quad H_1: \theta > \theta_0$.

(ii) $H_0: \theta \geqslant \theta_0 \quad vs \quad H_1: \theta < \theta_0$.

(iii) $H_0: \theta = \theta_0 \quad vs \quad H_1: \theta \neq \theta_0$.

一般称检验(i)和(ii)为单边检验, (iii)为双边检验. 例如, 在例7.1.1中的假设检验问题就是一个关于参数μ的双边检验问题.

7.1.3 假设检验的一般步骤

假设检验的主要步骤有:

(1) **提出假设**

假设检验首先要根据实际问题对总体未知参数给出某种假设或论断, 即写出H_0和H_1.

(2) **选择检验统计量, 确定拒绝域形式**

一旦确定了原假设H_0和备择假设H_1后, 我们可以选择恰当的样本函数G(即**检验统计量**), 使得在H_0成立时, G的分布是确定的且不依赖于任何未知参数. 然后根据检验统计量G的分布, 给出拒绝域W的形式, 即原假设H_0被拒绝的样本观测值所在区域.

(3) **根据显著性水平, 给出临界值**

对给定的显著性水平α, 查相应的分布函数表或分位数表, 得到临界值, 写出拒绝域W的具体形式.

(4) **代入样本观测值, 作出判断**

代入样本观测值$x_1, \ldots, x_n$, 计算检验统计量G的观测值并与临界值进行比较, 以判断$(x_1, \ldots, x_n)$是否落入拒绝域W内. 若$(x_1, \ldots, x_n)$落入拒绝域W中, 则拒绝原假设H_0; 否则接受H_0.

7.1.4 检验的p值

我们上面所述的假设检验方法是先构建检验统计量, 建立拒绝域, 再代入样本观测值

计算看是否落入拒绝域而加以判断. 在给定显著性水平α下, 依据样本观测值要么拒绝原假设H_0, 要么接受H_0. 显然, α越大, 就越容易拒绝H_0; α 越小, 就越不容易拒绝H_0. 实际应用中, 为了便于使用假设检验, 我们有下面的定义.

♣**定义7.1.4** 在假设检验问题中, 由样本观测值能够作出拒绝原假设的最小显著性水平称为该**检验的p值**.

♠**注记7.1.5** 有了检验的p值, 只需要将检验水平α与p值进行对照比较大小, 即可方便地作出拒绝或接受H_0的推断:

(1) 若$\alpha \geqslant p$, 则在显著性水平α下拒绝H_0.

(2) 若$\alpha < p$, 则在显著性水平α下接受H_0.

在实践中, 当$\alpha = p$时, 为慎重起见, 通常需要增加样本容量n, 重新进行抽样检验.

►**例7.1.6** 在例7.1.1中, 检验统计量为$U = \dfrac{\overline{X} - \mu_0}{\sigma}\sqrt{n}$, 在显著性水平$\alpha$下, 拒绝域为$W = \{|U| \geqslant u_{1-\alpha/2}\}$. 代入样本观测值计算可得$|U| = 2.2$. 据此可以由$u_{1-p/2} = 2.2$, 查标准正态分布函数表, 得到$p = 0.0278$. 此即为该假设检验的$p$值. 题目中给定$\alpha = 0.05$, 而$0.05 > 0.0278$, 故拒绝$H_0$. 倘若现在给定显著性水平为0.01, 则由于$0.01 < 0.0278$, 从而接受$H_0$.

习题7.1

1. 在假设检验问题中, 若检验结果是接受原假设, 则检验可能犯哪一类错误? 若检验结果是拒绝原假设, 则又可能犯哪一类错误?
2. 在假设检验问题中, 检验水平α的意义是什么?
3. 设$X_1, \ldots, X_n$是来自正态总体$N(\mu, 1)$的样本, 考虑如下假设检验问题
$$H_0 : \mu = 2, \qquad H_1 : \mu = 3$$
若检验由拒绝域$W = \{\overline{X} \geqslant 2.6\}$确定.
(1)当$n = 20$时, 求检验犯两类错误的概率;
(2)证明当$n \to \infty$时, $\alpha \to 0$, $\beta \to 0$.
(3)如果要使得检验犯第二类错误的概率$\beta \leqslant 0.01$, n 最小应取多少?
4. 在一个检验问题中采用u检验, 其拒绝域为$W = \{U \geqslant 1.645\}$, 据样本求得$U = 2.94$, 求检验的$p$值.

7.2 单个正态总体未知参数的假设检验问题

本节我们来考虑单个正态总体的未知参数的假设检验问题. 设总体X服从正态分

布$N(\mu,\sigma^2)$, 我们分别来考虑参数μ和参数σ^2 的假设检验问题.

7.2.1 单个正态总体均值的假设检验

设$X_1,\ldots,X_n$是来自正态总体$N(\mu,\sigma^2)$的简单随机样本, 我们考虑如下三种关于参数μ的假设检验问题:

(i) $H_0:\mu\leqslant\mu_0 \quad vs \quad H_1:\mu>\mu_0$.

(ii) $H_0:\mu\geqslant\mu_0 \quad vs \quad H_1:\mu<\mu_0$.

(iii) $H_0:\mu=\mu_0 \quad vs \quad H_1:\mu\neq\mu_0$.

这三种假设检验所采用的检验统计量都是相同的, 差别在拒绝域上.

1. u-检验: σ^2已知时, 参数μ的假设检验问题

我们仅以双边检验(检验(iii))为例来分析.

(1)提出原假设H_0和备择假设H_1.

$$H_0:\mu=\mu_0,\qquad H_1:\mu\neq\mu_0$$

(2)选取检验统计量.

由上一节的讨论知, 应选取

$$U=\frac{\overline{X}-\mu_0}{\sigma}\cdot\sqrt{n}$$

作为统计量. 在H_0成立的条件下, $U\sim N(0,1)$. 既然样本均值$\overline{X}$是总体均值的点估计, 因此在H_0成立时, U应在0点附近取值, 故拒绝域应形如$W_3=\{|U|\geqslant c\}$.

(3) 对给定的检验水平α, 查标准正态分布函数表, 得临界值$u_{1-\alpha/2}$, 使得

$$P(|U|\geqslant u_{1-\alpha/2})=\alpha.$$

即拒绝域$W_3=\{|U|\geqslant u_{1-\alpha/2}\}$.

(4)代入样本观测值$x_1,\ldots,x_n$, 计算U的值. 若$|U|\geqslant u_{1-\alpha/2}$, 则拒绝$H_0$; 否则, 接受$H_0$.

类似地, 对单边检验(i)和(ii)问题, 检验统计量也是$U=\dfrac{\overline{X}-\mu_0}{\sigma}\cdot\sqrt{n}$, 对给定的检验水平$\alpha$, 相应的拒绝域分别为

$$W_1=\{U\geqslant u_{1-\alpha}\},$$

和

$$W_2=\{U\leqslant -u_{1-\alpha}\}.$$

这里注意, 由于标准正态分布$N(0,1)$为对称型分布, $-u_{1-\alpha}=u_\alpha$.

当σ^2已知, 参数μ的检验问题都是利用统计量$U=\dfrac{\overline{X}-\mu_0}{\sigma}\cdot\sqrt{n}$来确定拒绝域的, 这种检验方法称为$u-$检验.

▶**例7.2.1** 要求一种元件使用寿命不得低于1000小时，今从一批这种元件中随机抽取25件，测得其寿命平均值为950小时，已知该种元件寿命服从正态分布$N(\mu, 100^2)$，试在检验水平$\alpha = 0.05$下判断这批元件是否合格.

解 我们分四步来求解.

(1)考虑假设检验问题

$$H_0: \mu \geqslant \mu_0 = 1000, \qquad H_1: \mu < \mu_0.$$

(2)$\sigma^2 = 100^2$已知，选用检验统计量$U = \dfrac{\overline{X} - \mu_0}{\sigma} \cdot \sqrt{n}$.

(3)在检验水平α下，拒绝域为$W = \{U \leqslant -u_{1-\alpha}\}$.

(4)当$\alpha = 0.05$时，查表得$u_{0.95} = 1.645$；代入样本数据$\overline{x} = 950$，计算得

$$U = \frac{950 - 1000}{100}\sqrt{25} = -2.5 < -1.645.$$

即样本落在拒绝域内，从而拒绝H_0. 故在检验水平$\alpha = 0.05$下判断这批元件不合格. □

2. t-检验：σ^2未知时，参数μ的假设检验问题

在总体方差σ^2未知时，我们仍以双边检验(检验(iii))为例来分析.

(1)提出原假设H_0和备择假设H_1.

$$H_0: \mu = \mu_0, \qquad H_1: \mu \neq \mu_0$$

(2)选取检验统计量.

由于现在σ^2未知，因而不能采用u-检验方法中的统计量$U = \dfrac{\overline{X} - \mu_0}{\sigma} \cdot \sqrt{n}$，此时$U$中含有未知参数$\sigma$. 注意到样本方差$S^2$是总体方差$\sigma^2$的无偏估计，自然地，用$S$代替$U$中的$\sigma$. 于是，我们选取检验统计量为

$$t = \frac{\overline{X} - \mu_0}{S} \cdot \sqrt{n}, \qquad 其中S^2 = \frac{1}{n-1}\sum_{k=1}^{n}(X_k - \overline{X})^2.$$

在H_0成立时，由定理5.3.17知，t服从自由度为$n-1$的t分布，即$t \sim t(n-1)$.

同样，样本均值$\overline{X}$是总体均值的点估计，因此在H_0成立时，t应在0点附近取值，即t过分大时就拒绝H_0，故拒绝域应形如$W_3 = \{|t| \geqslant c\}$.

(3) 对给定的检验水平α，查t分布分位数表，得临界值$t_{1-\alpha/2}(n-1)$，使得

$$P(|t| \geqslant t_{1-\alpha/2}(n-1)) = \alpha.$$

即拒绝域$W_3 = \{|t| \geqslant t_{1-\alpha/2}(n-1)\}$.

(4) 代入样本观测值$x_1, \ldots, x_n$，计算t的值. 若$|t| \geqslant t_{1-\alpha/2}(n-1)$，则拒绝$H_0$；否则，接受$H_0$.

类似地，对单边检验(i)和(ii)问题，检验统计量也是$t = \dfrac{\overline{X} - \mu_0}{S} \cdot \sqrt{n}$，对给定的检验水

平α, 相应的拒绝域分别为

$$W_1 = \{t \geqslant t_{1-\alpha}(n-1)\},$$

和

$$W_2 = \{t \leqslant -t_{1-\alpha}(n-1)\}.$$

这里也是由于t分布为对称型分布, $-t_{1-\alpha}(n-1) = t_{\alpha}(n-1)$.

上述利用t统计量得出的检验方法称为$t-$检验法.

▶**例7.2.2** 假设某产品的重量服从正态分布, 现在从一批产品中随机抽取16件, 测得平均重量为820克, 标准差为60 克, 试在显著性水平$\alpha = 0.05$ 下检验这批产品的平均重量是否是800克.

解 注意到总体分布中的方差σ^2未知.

(1)考虑关于参数μ的假设检验问题:

$$H_0: \mu = \mu_0 = 800, \qquad H_1: \mu \neq \mu_0.$$

(2) σ^2未知, 采用t-检验, 检验统计量为$t = \dfrac{\overline{X} - \mu_0}{S}\sqrt{n}$.

(3)在检验水平α下, 拒绝域$W = \{|t| \geqslant t_{1-\alpha/2}(n-1)\}$.

(4)当$\alpha = 0.05$时, 查表得$t_{0.975}(15) = 2.1314$; 代入样本数据$\bar{x} = 820$, $s = 60$, 计算得

$$|t| = \left|\frac{820-800}{60}\sqrt{16}\right| < 2.1314$$

落在拒绝域之外, 故接受原假设H_0. 即在显著性水平$\alpha = 0.05$下认为这批产品的平均重量为800克. □

▶**例7.2.3** 一个中学校长在报纸上看到这样的报导: “这一城市的初中学生平均每周收看8小时电视节目”. 他认为他所领导的学校中的学生看电视的时间明显小于该数字. 为此他向100个学生作调查, 得知平均每周收看电视的时间$\bar{x} = 6.5$小时, 标准差$s = 2$小时. 问是否可以认为这位校长的看法是正确的? (假定该校学生收看电视时间服从正态分布$N(\mu, \sigma^2)$, 检验水平$\alpha = 0.05$.)

解 注意到总体分布中的方差σ^2未知.

(1)考虑关于参数μ的假设检验问题:

$$H_0: \mu = \mu_0 = 8, \qquad H_1: \mu < \mu_0.$$

(2)总体方差σ^2未知, 选取检验统计量$t = \dfrac{\overline{X} - \mu_0}{S}\sqrt{n}$.

(3)在检验水平α下, 拒绝域$W = \{t \leqslant -t_{1-\alpha}(n-1)\}$.

(4)当$\alpha = 0.05$时, $t_{0.95}(99) \approx u_{0.95} = 1.645$; 代入样本数据$\bar{x} = 6.5$, $s = 2$计算得

$$t = \frac{6.5 - 8}{2}\sqrt{8} < -1.645.$$

即样本落在拒绝域内, 从而拒绝H_0. 所以在检验水平$\alpha = 0.05$下可认为这位校长的看法是正确的. □

♠**注记7.2.4** 在上例中, 我们注意到:

(1)备择假设H_1是根据实际情况而定, 并非一定是与H_0完全对立的.

(2)拒绝域的选择取决于备择假设H_1.

(3)当自由度很大时, 由中心极限定理, t分布的分位数可以由标准正态分布分位数来替代.

7.2.2 单个正态总体方差的假设检验

设$X_1, \ldots, X_n$是来自正态总体$N(\mu, \sigma^2)$的简单随机样本, 我们考虑如下三种关于参数σ^2的假设检验问题:

(i) $H_0 : \sigma^2 \leqslant \sigma_0^2 \quad vs \quad H_1 : \sigma^2 > \sigma_0^2.$

(ii) $H_0 : \sigma^2 \geqslant \sigma_0^2 \quad vs \quad H_1 : \sigma^2 < \sigma_0^2.$

(iii) $H_0 : \sigma^2 = \sigma_0^2 \quad vs \quad H_1 : \sigma^2 \neq \sigma_0^2.$

与检验μ时一样, 检验σ^2的三种假设检验所采用的检验统计量都是相同的, 差别在拒绝域上.

1. χ^2-检验: μ已知时, 参数σ^2的假设检验问题

我们仅对双边检验(检验(iii))来具体分析.

(1)提出原假设H_0和备择假设H_1:

$$H_0 : \sigma^2 = \sigma_0^2, \qquad H_1 : \sigma^2 \neq \sigma_0^2.$$

(2)选取检验统计量.

当总体均值μ已知时, 易知

$$S_0^2 = \frac{1}{n}\sum_{k=1}^{n}(X_k - \mu)^2,$$

是参数σ^2的极大似然估计和无偏估计. 于是可以用S_0^2 来替代σ^2与σ_0^2进行比较. 一般地, 为了方便, 将$\frac{S_0^2}{\sigma_0^2}$作为检验统计量来判断H_0是否成立. 注意到在H_0成立时,

$$\chi^2 = \frac{nS_0^2}{\sigma_0^2} = \frac{\sum_{k=1}^{n}(X_k - \mu)^2}{\sigma_0^2}$$

服从自由度为n的卡方分布, 即$\chi^2 \sim \chi^2(n)$, 故自然将χ^2选作检验统计量.

既然S_0^2是σ^2的点估计, 于是在H_0成立的条件下, 统计量χ^2的值应该在n的附近. 因此拒绝域的形式应为$\{\chi^2 \leqslant c_1$或$\chi^2 \geqslant c_2\}$, 其中$c_1 < c_2$是常数.

(3) 对给定的检验水平α, 理论上c_1和c_2有多种选择, 但是我们为了方便, 通常使得在H_0成立的条件下$\{\chi^2 \leqslant c_1\}$和$\{\chi^2 \geqslant c_2\}$发生的概率都是$\alpha/2$, 即选择$c_1 = \chi^2_{\alpha/2}(n)$和$c_2 = \chi^2_{1-\alpha/2}(n)$. 故拒绝域

$$W_3 = \{\chi^2 \leqslant \chi^2_{\alpha/2}(n)\text{或}\chi^2 \geqslant \chi^2_{1-\alpha/2}(n)\}.$$

(4)代入样本观测值$x_1, \dots, x_n$, 计算χ^2的值. 若$\chi^2 \leqslant \chi^2_{\alpha/2}(n)$或$\chi^2 \geqslant \chi^2_{1-\alpha/2}(n)$, 则拒绝$H_0$; 否则, 接受$H_0$.

类似地, 对单边检验(i)和(ii)问题, 检验统计量也是$\chi^2 = \dfrac{\sum_{k=1}^{n}(X_k-\mu)^2}{\sigma_0^2}$, 对给定的检验水平$\alpha$, 相应的拒绝域分别为

$$W_1 = \{\chi^2 \geqslant \chi^2_{1-\alpha}(n)\},$$

和

$$W_2 = \{\chi^2 \leqslant \chi^2_{\alpha}(n)\}.$$

♠**注记7.2.5** 实际中, μ已知, σ^2未知的情形非常罕见.

上述利用χ^2统计量得出的检验方法称为χ^2–检验法.

2. χ^2-检验: μ未知时, 参数σ^2的假设检验问题

在总体均值μ未知时, 我们仍以双边检验(检验(iii))为例来分析.

(1)提出原假设H_0和备择假设H_1:

$$H_0: \sigma^2 = \sigma_0^2, \qquad H_1: \sigma^2 \neq \sigma_0^2.$$

(2)选取检验统计量.

由于现在μ未知, 因而不能采用μ已知时的检验统计量. 注意到μ未知时, 样本方差

$$S^2 = \frac{1}{n-1}\sum_{k=1}^{n}(X_k - \overline{X})^2$$

是σ^2的无偏估计, 因此选择检验统计量为

$$\chi^2 = \frac{(n-1)S^2}{\sigma_0^2} = \frac{\sum_{k=1}^{n}(X_k-\overline{X})^2}{\sigma_0^2}.$$

由定理5.3.17知, 在H_0成立的条件下, χ^2服从自由度为$n-1$的卡方分布, 即$\chi^2 \sim \chi^2(n-1)$. 同样的理由, 拒绝域的形式应为$\{\chi^2 \leqslant c_1\text{或}\chi^2 \geqslant c_2\}$, 其中$c_1 < c_2$是常数.

(3) 对给定的检验水平α, 为了方便, 通常使得在H_0成立的条件下$\{\chi^2 \leqslant c_1\}$和$\{\chi^2 \geqslant c_2\}$发生的概率都是$\alpha/2$, 即选择$c_1 = \chi^2_{\alpha/2}(n-1)$和$c_2 = \chi^2_{1-\alpha/2}(n-1)$. 故拒绝域

$$W_3 = \{\chi^2 \leqslant \chi^2_{\alpha/2}(n-1)\text{或}\chi^2 \geqslant \chi^2_{1-\alpha/2}(n-1)\}.$$

(4)代入样本观测值$x_1, \dots, x_n$, 计算χ^2的值. 若$\chi^2 \leqslant \chi^2_{\alpha/2}(n-1)$或$\chi^2 \geqslant \chi^2_{1-\alpha/2}(n-1)$, 则拒绝$H_0$; 否则, 接受$H_0$.

类似地, 对单边检验(i)和(ii)问题, 检验统计量也是$\chi^2 = \dfrac{(n-1)S^2}{\sigma_0^2} = \dfrac{\sum_{k=1}^{n}(X_k-\overline{X})^2}{\sigma_0^2}$,

对给定的检验水平α, 相应的拒绝域分别为

$$W_1 = \{\chi^2 \geqslant \chi^2_{1-\alpha}(n-1)\},$$

和

$$W_2 = \{\chi^2 \leqslant \chi^2_{\alpha}(n-1)\}.$$

▶**例7.2.6** 某种导线电阻服从正态分布, 生产标准要求其电阻的标准差不得超过0.005欧姆, 今在生产的一批这种导线中取样品9根, 测得$s = 0.007$欧姆, 问在显著性水平$\alpha = 0.05$下能否认为这批导线的标准差显著偏大?

解 注意到总体分布中的均值μ未知.

(1)考虑关于参数σ的假设检验问题.

$$H_0 : \sigma \leqslant \sigma_0 = 0.005, \qquad H_1 : \sigma > \sigma_0.$$

(2)总体均值μ未知, 选取检验统计量$\chi^2 = \dfrac{(n-1)S^2}{\sigma_0^2}$.

(3)在检验水平α下, 拒绝域$W = \{\chi^2 \geqslant \chi^2_{1-\alpha}(n-1)\}$.

(4)当$\alpha = 0.05$时, 查卡方分布分位数表得$\chi^2_{0.95}(8) = 15.5073$; 代入样本数据$s = 0.007$计算得

$$\chi^2 = \frac{(9-1)\cdot 0.007^2}{0.005^2} = 15.68 > 15.5073.$$

即样本落在拒绝域内, 从而拒绝H_0. 故在显著性水平$\alpha = 0.05$下能认为这批导线的标准差显著偏大. □

♠**注记7.2.7** 正态总体的参数假设检验与其区间估计是相互对应的. 置信水平为$1-\alpha$的置信区间对应同一参数显著性水平为α的双边检验的接受域, 枢轴量与检验统计量相对应. 例如, 当σ已知时, 参数μ的置信水平为$1-\alpha$的置信区间是

$$\left[\overline{X} - u_{1-\alpha/2}\frac{\sigma}{\sqrt{n}}, \overline{X} + u_{1-\alpha/2}\frac{\sigma}{\sqrt{n}}\right].$$

其正好与参数μ的u-检验相对应.

习题7.2

1. 某电器零件的平均电阻(单位:欧姆)一直保持在2.64, 改变加工工艺后，测得100个零件的平均电阻为2.62, 如改变工艺前后电阻的标准差保持在0.06, 问新工艺对此零件的电阻有无显著影响(假设检验水平为0.01).
2. 某工厂宣称该厂日用水量平均为350公升, 抽查11天的日用水量的记录为

   340 344 362 375 356 380 354 364 332 402 340

   假设用水量服从正态分布, 能否同意该厂的看法?(设检验水平为0.05, 用水越少越好)

3. 根据去年的调查, 某城市一个家庭每月的耗电量服从正态分布$N(32,10^2)$, 为了确定今年家庭平均每月耗电量有否提高, 随机抽查100个家庭, 统计得他们每月的耗电量的平均值为34.25, 你能作出什么样的结论(检验水平取为0.05)?
4. 假设某产品的重量服从正态分布, 现在从一批产品中随机抽取16件, 测得平均重量为820克, 标准差为60克, 试以显著性水平$\alpha = 0.05$检验这批产品的平均重量是否是800克.
5. 测定某种溶液中的水分, 它的10个测定值给出样本均值$\bar{x} = 0.452\%$, 样本标准差$s = 0.037\%$, 设测定值总体为正态分布, σ^2为总体方差. 试在水平5% 下检验假设

$$H_0 : \sigma = 0.04\% \quad vs \quad H_1 : \sigma \neq 0.04\%.$$

6. 某工厂所生产的某种细纱支数的标准差为1.2, 现从某日生产的一批产品中随机抽16缕进行支数测量, 求得样本标准差为2.1, 问纱的均匀度是否变劣(假设检验水平为0.05).

7.3 双正态总体未知参数的假设检验问题

本节我们来考虑两个正态总体下的未知参数的假设检验问题. 设总体X服从正态分布$N(\mu_1, \sigma_1^2)$, 总体Y服从正态分布$N(\mu_2, \sigma_2^2)$, 且X与Y相互独立. 又设$X_1, \ldots, X_m$和$Y_1, \ldots, Y_n$分别是来自总体X 与Y 的两个相互独立的样本, 相应的样本均值和样本方差分别记为:

$$\overline{X} = \frac{1}{m}\sum_{i=1}^{m} X_i, \qquad S_X^2 = \frac{1}{m-1}\sum_{i=1}^{m}(X_i - \overline{X})^2;$$

$$\overline{Y} = \frac{1}{n}\sum_{j=1}^{n} Y_j, \qquad S_Y^2 = \frac{1}{n-1}\sum_{j=1}^{n}(Y_j - \overline{Y})^2.$$

我们将要考虑关于参数$\mu_1 - \mu_2$和σ_1^2/σ_2^2的假设检验问题.

7.3.1 双正态总体均值差的假设检验问题

本小节中, 记$\theta = \mu_1 - \mu_2$, $\theta_0 = 0$, 考虑如下的三类假设检验问题:

(i) $H_0 : \theta \leqslant \theta_0 \quad vs \quad H_1 : \theta > \theta_0$;

(ii) $H_0 : \theta \geqslant \theta_0 \quad vs \quad H_1 : \theta < \theta_0$;

(iii) $H_0 : \theta = \theta_0 \quad vs \quad H_1 : \theta \neq \theta_0$.

这三类假设检验所采用的检验统计量都是相同的, 差别在拒绝域上.

下面分四种情形来考虑, 为节约篇幅, 我们仅简要地给出检验统计量和三个拒绝域.

1. σ_1**和**σ_2**已知**

注意到$\overline{X}-\overline{Y}\sim N\left(\mu_1-\mu_2,\frac{\sigma_1^2}{m}+\frac{\sigma_2^2}{n}\right)$, 在$H_0$成立, 即$\theta=\mu_1-\mu_2=0$时,

$$U=\frac{\overline{X}-\overline{Y}}{\sqrt{\frac{\sigma_1^2}{m}+\frac{\sigma_2^2}{n}}}\sim N(0,1).$$

于是, 可以选择U作为检验统计量, 在显著性水平α下, 三类假设的拒绝域依次为

$$W_1=\{U\geqslant u_{1-\alpha}\},$$

$$W_2=\{U\leqslant -u_{1-\alpha}\}$$

和

$$W_3=\{|U|\geqslant u_{1-\alpha/2}\}.$$

►**例7.3.1** 为比较吸烟与否对人的寿命的影响, 专家从不吸烟的成人人群和吸烟的成人人群中各抽取400名和600名跟踪调查, 测得其平均寿命分别是78.2岁和70.4岁. 已知两种情形下人的寿命都服从正态分布, 且标准差分别为8.5岁和8.8岁. 试问能否认为不吸烟的成人人群的寿命比吸烟的成人人群的寿命要高?(检验水平$\alpha=0.05$)

解 设X与Y分别表示不吸烟的成人人群的寿命和吸烟的成人人群的寿命, 则$X\sim N(\mu_1,8.5^2)$, $Y\sim N(\mu_2,8.8^2)$. 考虑假设检验问题:

$$H_0:\mu_1\leqslant\mu_2,\qquad H_1:\mu_1>\mu_2.$$

σ_1,σ_2已知, 采用u-检验, 选取检验统计量为

$$U=\frac{\overline{X}-\overline{Y}}{\sqrt{\frac{\sigma_1^2}{m}+\frac{\sigma_2^2}{n}}}.$$

在显著性水平α下, 拒绝域为$W=\{U\geqslant u_{1-\alpha}\}$.

当$\alpha=0.05$时, 查表得$u_{0.95}=1.645$. 代入样本数据计算得

$$U=\frac{78.2-70.4}{\sqrt{\frac{8.5^2}{400}+\frac{8.8^2}{600}}}=14.016>1.645,$$

故拒绝原假设H_0, 即在显著性水平$\alpha=0.05$下可以认为不吸烟的成人人群的寿命比吸烟的成人人群的寿命要高. □

2. $\sigma_1=\sigma_2$**但未知**

与单正态总体一样, 在σ_1^2和σ_2^2未知时, 自然考虑用它们各自的样本方差S^2来替代. 在$\sigma_1=\sigma_2=\sigma$时, 首先有$\overline{X}-\overline{Y}\sim N\left(\mu_1-\mu_2,\left(\frac{1}{m}+\frac{1}{n}\right)\sigma^2\right)$, 同时样本方差

$$S_X^2=\frac{1}{m-1}\sum_{i=1}^{m}(X_i-\overline{X})^2,\quad S_Y^2=\frac{1}{n-1}\sum_{j=1}^{n}(Y_j-\overline{Y})^2$$

都是σ^2的无偏估计, 因而

$$S_W^2=\frac{(m-1)S_X^2+(n-1)S_Y^2}{m+n-2}$$

也是σ^2的无偏估计. 考虑到估计的相合性, 以及统计量的分布容易确定, 选择检验统计量为

$$T=\frac{\overline{X}-\overline{Y}}{S_W\sqrt{\frac{1}{m}+\frac{1}{n}}}.$$

在H_0成立的条件下, $T\sim t(m+n-2)$. 于是, 在显著性水平α下, 三类假设的拒绝域依次为

$$W_1=\{T\geqslant t_{1-\alpha}(m+n-2)\},$$

$$W_2=\{T\leqslant -t_{1-\alpha}(m+n-2)\}$$

和

$$W_3=\{|T|\geqslant t_{1-\alpha/2}(m+n-2)\}.$$

▶**例7.3.2** 已知甲乙两厂生产的灯泡寿命都服从正态分布. 现从甲乙两厂分别抽取50个与60个样品, 测得样品的寿命数据, 计算得样本均值和样本标准差的观测值如下:

甲厂: $m=50,\bar{x}=1282$小时, $s_X=80$小时;

乙厂: $n=60,\bar{y}=1208$小时, $s_Y=94$小时.

试在显著性水平$\alpha=0.05$下判断两厂生产的灯泡寿命是否相同.

解 设甲乙两厂生产的灯泡寿命分别为X和Y, 则X服从正态分布$N(\mu_1,\sigma_1^2)$, Y服从正态分布$N(\mu_2,\sigma_2^2)$. 假定方差相等, 即$\sigma_1=\sigma_2=\sigma$. 考虑假设检验问题:

$$H_0:\mu_1=\mu_2,\qquad H_1:\mu_1\neq\mu_2$$

采用t检验, 检验统计量为

$$T=\frac{\overline{X}-\overline{Y}}{S_W\sqrt{\frac{1}{m}+\frac{1}{n}}}.$$

在显著性水平α下, 拒绝域为$W_3=\{|T|\geqslant t_{1-\alpha/2}(m+n-2)\}$.

当$\alpha=0.05$, $m=50$, $n=60$时, 临界值$t_{0.975}(108)\approx u_{1.975}=1.96$. 代入样本数据计算得

$$T=\frac{1282-1208}{\sqrt{\frac{49\cdot 80^2+59\cdot 94^2}{50+60-2}\left(\frac{1}{50}+\frac{1}{60}\right)}}=4.395.$$

由于$|T|=4.395>1.96\approx t_{0.975}(108)$, 故拒绝$H_0$, 即认为两厂生产的灯泡寿命有显著差异. □

3. σ_1和σ_2未知, $m=n$

当$m=n$时, 令$Z_i=X_i-Y_i$, 则$Z_1,\ldots,Z_n$可以视为是来自总体$Z=X-Y$的简单随机样本. 注意到$Z=X-Y\sim N(\mu_1-\mu_2,\sigma_1^2+\sigma_2^2)$, 因此参数$\mu_1-\mu_2$的假设检验问题归结为单正态总体方差未知情形下的检验均值的t检验.

记$\overline{Z}$和S_Z^2分别为由样本$Z_1,\dots,Z_n$计算所得的样本均值和样本方差. 选择检验统计量为

$$T=\frac{\overline{Z}}{S_Z}\sqrt{n},$$

在H_0成立即$\mu_1=\mu_2$时, $T\sim t(n-1)$.

在显著性水平α下, 三类假设检验问题的拒绝域依次为

$$W_1=\{T\geqslant t_{1-\alpha}(n-1)\},$$
$$W_2=\{T\leqslant -t_{1-\alpha}(n-1)\}$$

和

$$W_3=\{|T|\geqslant t_{1-\alpha/2}(n-1)\}.$$

4. σ_1和σ_2未知, m和n充分大

当m和n充分大时, 选择检验统计量

$$T=\frac{\overline{X}-\overline{Y}-\theta_0}{\sqrt{S_X^2/m+S_Y^2/n}},$$

注意到此时T的分布并不明确, 但由中心极限定理, 可以近似认为T服从标准正态分布, 即$T\dot{\sim}N(0,1)$. 在显著性水平α下, 三类假设检验问题的拒绝域依次为

$$W_1=\{T\geqslant u_{1-\alpha}\},$$
$$W_2=\{T\leqslant -u_{1-\alpha}\}$$

和

$$W_3=\{|T|\geqslant u_{1-\alpha/2}\}.$$

7.3.2 双正态总体方差比的假设检验问题

本小节中, 记$\theta=\frac{\sigma_1^2}{\sigma_2^2}$, $\theta_0=1$, 考虑如下的三类假设检验问题:

(i) $H_0:\theta\leqslant\theta_0\quad vs\quad H_1:\theta>\theta_0$.

(ii) $H_0:\theta\geqslant\theta_0\quad vs\quad H_1:\theta<\theta_0$.

(iii) $H_0:\theta=\theta_0\quad vs\quad H_1:\theta\neq\theta_0$.

同样, 这三类假设检验所采用的检验统计量都是相同的, 差别在拒绝域上. 这里我们仅考虑μ_1和μ_2都是未知的情形.

注意到S_X^2和S_Y^2分别是σ_1^2和σ_2^2的无偏估计, $(m-1)S_X^2/\sigma_1^2$服从卡方分布$\chi^2(m-1)$, $(n-1)S_Y^2/\sigma_2^2$服从卡方分布$\chi^2(n-1)$. 记$F=\frac{S_X^2}{S_Y^2}$, 由F分布的构造知, 当$\sigma_1^2=\sigma_2^2$时, F服从自由度为$(m-1,n-1)$的F分布, 即

$$F=\frac{S_X^2}{S_Y^2}\sim F(m-1,n-1).$$

故选择F为检验统计量, 在显著性水平α下, 三类假设检验问题的拒绝域依次为

$$W_1=\{F\geqslant F_{1-\alpha}(m-1,n-1)\},$$
$$W_2=\{F\leqslant F_{\alpha}(m-1,n-1)\}$$

和$W_3=\{F\leqslant F_{\alpha/2}(m-1,n-1)$或$F\geqslant F_{1-\alpha/2}(m-1,n-1)\}$.

上述利用F统计量得出的检验方法称为$F-$检验法.

♠**注记7.3.3** 读者可以自行考虑: 对μ_1和μ_2已知或有一个已知时的情形, 该如何选用检验统计量和相应的拒绝域.

►**例7.3.4** 甲乙两台机床加工某种零件, 零件的直径服从正态分布, 其中方差反映了加工精度. 现从各自加工的零件中分别抽取了8件和7件样品, 测得直径(单位: 毫米)为

机床甲: 20.5 19.8 19.7 20.4 20.1 20.0 19.0 19.9

机床乙: 20.7 19.8 19.5 20.8 20.4 20.2 19.6

试问在显著性水平$\alpha=0.05$下可否认为这两台机床加工的零件精度一致?

解 设甲乙两机床生产的零件直径分别为X和Y, 则X和Y依次服从正态分布$N(\mu_1,\sigma_1^2)$和$N(\mu_2,\sigma_2^2)$. 考虑假设检验问题:

$$H_0:\sigma_1=\sigma_2,\qquad H_1:\sigma_1\neq\sigma_2$$

采用F检验, 检验统计量为$F=\dfrac{S_X^2}{S_Y^2}$, 在显著性水平α下, 拒绝域为

$$W=\{F\leqslant F_{\alpha/2}(m-1,n-1)\text{或}F\geqslant F_{1-\alpha/2}(m-1,n-1)\}.$$

经计算得$s_X^2=0.2164$, $s_Y^2=0.2729$. 于是$F=\dfrac{0.2164}{0.2729}=0.793$.

当$\alpha=0.05$时, 查表得$F_{0.975}(7,6)=5.70$, 而

$$F_{0.025}(7,6)=\frac{1}{F_{0.975}(6,7)}=\frac{1}{5.12}=0.195.$$

由于$0.195<0.793<5.70$, 故接受H_0, 即在显著性水平$\alpha=0.05$下可认为这两台机床加工的零件精度一致. □

习题7.3

1. 甲、乙两厂生产相同规格的灯泡, 寿命X与Y分别服从正态分布$N(\mu_1,84^2)$和$N(\mu_2,96^2)$. 现从两厂生产的灯泡中各取60只, 测得甲厂灯泡平均寿命为1295小时, 乙厂灯泡平均寿命为1230小时, 问在检验水平$\alpha=0.05$下能否认为两厂灯泡寿命无显著差异.
2. 假设甲、乙两煤矿所出煤的含灰率分别服从正态分布$N(\mu_1,\sigma_1^2)$和$N(\mu_2,\sigma_2^2)$. 为检验这两个煤矿的含灰率有无显著差异, 从两矿中各取若干份, 分析结果为:

   甲矿：24.3, 18.8, 22.7, 19.3, 20.4 (%)

乙矿：25.2, 28.9, 24.2, 26.7, 22.3, 20.4 (%)

试在水平$\alpha = 0.05$之下, 检验“含灰量无差异”这个假设.

3. 随机地挑选20位失眠者, 分别服用甲、乙两种安眠药, 记录下他们睡眠的延长时间(单位: 小时), 得到数据如下:

   服用甲药：1.9, 0.8, 1.1, 0.1, -0.1, 4.4, 5.6, 1.6, 4.6, 3.4

   服用乙药：0.7, -1.6, -0.2, -0.1, 3.4, 3.7, 0.8, 0, 2.0, -1.2

   试问水平$\alpha = 0.05$下能否认为甲药的疗效显著地高于乙药? (提示: 考虑假设检验问题$H_0 : \mu_1 = \mu_2, \qquad H_1 : \mu_1 > \mu_2$.)

4. 从某锌矿的东西两支矿脉中, 各抽取样本容量分别为8与9的样本进行测试, 计算得样本含锌平均数及样本方差如下:

   东支: $\bar{x} = 0.269, s_1^2 = 0.1736$

   西支: $\bar{x} = 0.230, s_2^2 = 0.1337$

   问东西两支矿脉含锌量的平均值是否可以看作一样(假设检验水平$\alpha = 0.10$)?

5. 有两台机器生产金属部件, 重量都服从正态分布, 分别在两台机器所生产的部件中各取一容量$m = 60$ 和$n = 40$的样本, 测得部件重量的样本方差分别为$s_1^2 = 15.46$和$s_2^2 = 9.66$, 设两样本相互独立, 试在水平$\alpha = 0.05$下检验两台机器生产金属部件的重量方差是否相等.

6. 用两种方法生产某种化工产品的产量均服从正态分布, 需要检验这两种方法的产量的方差是否相同, 为此用第一种方法生产10 批, 其样本方差为0.14, 用第二种方法生产11批, 其样本方差为0.25, 你能得出什么结论?(设检验水平$\alpha = 0.05$)

7. 某种作物有甲、乙两个品种, 为了比较它们的优劣, 两个品种各种10亩, 假设亩产量服从正态分布, 收获后测得甲品种的亩产量(单位:千克)的均值为30.97, 标准差为26.7; 乙品种的亩产量的均值为21.79, 标准差为12.1, 取检验水平为0.01, 能否认为这两个品种的产量没有差别?(提示：先检验两个品种的亩产量的方差是否相等, 再检验均值是否相等.)

*7.4 补充

前面讨论的假设检验问题, 总体服从的分布类型是已知的, 只是分布中的某个参数未知, 例如知道总体服从正态分布$N(\mu, \sigma^2)$, 但μ 或σ^2未知, 这类已知分布检验参数的假设检验问题, 我们称之为参数假设检验问题. 但是在实际问题中, 总体的分布类型常常是不知道的, 这类在未确切了解总体的分布类型的情形下, 需要根据样本对总体的分布类型的各种假设进行检验的问题, 就是非参数检验. 本节我们补充讲述两种非参数检验: 分布检验和独立性检验.

7.4.1 分布检验

分布检验是关于总体分布类型的假设检验, 其基本思想是用样本确定的经验分布替代总体分布, 并与假设的理论分布进行比较. 由于样本的随机性, 不可避免地, 这种替代会出现偏差. 分布检验的核心问题是选取恰当的统计量来衡量这种偏差的大小. 由K. Pearson提出的χ^2 拟合优度检验是一种常用的分布检验方法. 下面具体介绍此种方法.

设总体X的分布函数$F(x)$未知, $X_1,\dots,X_n$是来自该总体的样本. 考虑假设检验问题:

$$H_0: F(x)=F_0(x) \qquad vs \qquad H_1: F(x)\neq F_0(x)$$

这里$F_0(x)$是某个已知的分布函数.

选取$k-1$个实数$a_1,\dots,a_{k-1}$将$\mathbb{R}^1$分成k个区间

$$(-\infty,a_1],(a_1,a_2],\dots,(a_{k-1},\infty)$$

当样本观测值落入第i个区间, 就将其视为i类. 由此, 这k个区间将样本观测值划分为k个类, 各类的频数记为$n_1,\dots,n_k$. 显然, $n=\sum_{i=1}^k n_i$.

当H_0 成立时, 总体X 落入第i 类的概率为

$$p_i=P(a_{i-1}<X\leqslant a_i)=F_0(a_i)-F_0(a_{i-1}),\quad i=1,2,\dots,k.$$

其中记$a_0=-\infty, a_k=\infty$. 因此, 当H_0成立时, n个观测值落入第i类的理论频数应为np_i. 故H_0成立时, np_i应与频数n_i 相差不大, 为此, K. Pearson提出如下的检验统计量

$$\chi^2=\sum_{i=1}^k\frac{(n_i-np_i)^2}{np_i}$$

来衡量观察频数和理论频数的相对差异的总和. K. Pearson给出了著名的Pearson定理, 证明了当n充分大时, 上述检验统计量χ^2渐近服从自由度为$k-1$ 的χ^2分布.

当H_0为真时, 相对差异的总和$\chi^2=\sum_{i=1}^k\dfrac{(n_i-np_i)^2}{np_i}$应该不能太大, 若太大, 就有理由怀疑原假设$H_0$ 的正确性. 故对给定的显著性水平α, 拒绝域$W=\{\chi^2\geqslant\chi^2_{1-\alpha}(k-1)\}$.

由样本观测值计算统计量χ^2的值, 若$\chi^2\geqslant\chi^2_{1-\alpha}(k-1)$, 则拒绝$H_0$; 若$\chi^2<\chi^2_{1-\alpha}(k-1)$, 则接受$H_0$.

*♠**注记7.4.1** 1924年, 英国统计学家R.A. Fisher推广了Pearson定理. 当在总体分布F_0中含有s个独立的未知参数时, 先用这s个未知参数的极大似然估计来代替这些未知参数, 从而得到p_i的相应的估计量$\hat{p}_i$. Fisher证明了当n 充分大且H_0为真时,*

$$\chi^2=\sum_{i=1}^k\frac{(n_i-n\hat{p}_i)^2}{n\hat{p}_i}$$

渐近服从自由度为$k-s-1$的χ^2分布, 其中k为样本观测值被分的类数, s为待估计参数的个数. 故对给定的显著性水平α, 拒绝域$W=\{\chi^2\geqslant\chi^2_{1-\alpha}(k-s-1)\}$.

*♠**注记7.4.2** 使用χ^2 拟合优度检验时, 通常不仅要求样本容量n充分大, 且理论频数np_i不能过少, 一般来说要求$np_i\geqslant 5$. 若理论频数小于5 时, 将其并入相邻的类别.*

►**例7.4.3** 在一批灯泡中抽取300只测得其寿命数据如下:

寿命t(小时)	$t \leqslant 100$	$100 < t \leqslant 200$	$200 < t \leqslant 300$	$t > 300$
灯泡数n_i(只)	121	78	43	58

试在显著性水平$\alpha = 0.05$下检验假设: 这批灯泡的寿命服从指数分布$Exp(0.005)$.

解 记$F_0(x)$为指数分布$Exp(0.005)$的分布函数, 考虑假设检验

$$H_0: F(x) = F_0(x) \qquad vs \qquad H_1: F(x) \neq F_0(x)$$

若H_0为真, 容易求得

$$p_1 = P(t \leqslant 100) = 0.393, \quad p_2 = P(100 < t \leqslant 200) = 0.239,$$
$$p_3 = P(200 < t \leqslant 300) = 0.145, \quad p_4 = P(t > 300) = 0.233.$$

代入样本数据计算得

$$\chi^2 = \sum_{i=1}^{4} \frac{(n_i - np_i)^2}{np_i} = 1.825$$

又查表得$\chi^2_{0.95}(3) = 7.815$. 故样本落在拒绝域之外, 从而接受H_0. 即这批灯泡的寿命服从指数分布$Exp(0.005)$. □

7.4.2 独立性检验

拟合优度检验是对一个分类变量的检验, 有时我们会遇到两个分类变量的问题, 需要考察这两个分类变量是否存在联系. 对于两个分类变量的分析和检验, 称为**独立性检验**, 分析过程可以通过列联表的形式呈现. 列联表是将观测数据按照两个或更多属性分类时所列出的频数表.

设总体中的个体按照两个属性A和B分类, A有r类$A_1, \ldots, A_r$, B有c类$B_1, \ldots, B_c$. 现有来自总体的容量为n的样本, 将它们按照所属类别进行分类, 频数列表如表7-1所示.

表7-1 $r \times c$列联表

A \ B	1	2	…	c	合计
1	n_{11}	n_{12}	…	n_{1c}	$n_{1\cdot}$
2	n_{21}	n_{22}	…	n_{2c}	$n_{2\cdot}$
⋮	⋮	⋮	…	⋮	⋮
r	n_{r1}	n_{r2}	…	n_{rc}	$n_{r\cdot}$
合计	$n_{\cdot 1}$	$n_{\cdot 2}$	…	$n_{\cdot c}$	n

利用列联表可以考察各属性之间有无关联, 即判别两属性是否独立.

记总体为X, 设

$$p_{ij} = P(X \in A_iB_j), \qquad i=1,\ldots,r, j=1,\ldots,c$$

$$p_{i\cdot} = P(X \in A_i) = \sum_{j=1}^{c} p_{ij}, \quad i=1,\ldots,r; \quad p_{\cdot j} = P(X \in B_j) = \sum_{i=1}^{r} p_{ij}, \quad j=1,\ldots,c$$

考虑假设检验问题

$$H_0: p_{ij} = p_{i\cdot} \cdot p_{\cdot j}, \qquad i=1,\ldots,r, j=1,\ldots,c$$

检验统计量为

$$\chi^2 = \sum_{i=1}^{r}\sum_{j=1}^{c} \frac{(n_{ij} - n\hat{p}_{ij})^2}{n\hat{p}_{ij}}$$

其中$\hat{p}_{ij}$是H_0为真时p_{ij}的极大似然估计, 即

$$\hat{p}_{ij} = \hat{p}_{i\cdot} \cdot \hat{p}_{\cdot j} = \frac{n_{i\cdot}}{n} \cdot \frac{n_{\cdot j}}{n}.$$

当H_0为真时, rc个参数p_{ij}由$r+c$个参数$p_{1\cdot},\ldots,p_{r\cdot}$和$p_{\cdot 1},\ldots,p_{\cdot c}$决定, 又因为

$$\sum_{i=1}^{r} p_{i\cdot} = 1, \quad \sum_{j=1}^{c} p_{\cdot j} = 1,$$

故这rc个参数p_{ij}实际上由$r+c-2$ 个独立参数确定. 于是, 在H_0 为真时, 上述统计量χ^2近似服从自由度为$rc-(r+c-2)-1=(r-1)(c-1)$的χ^2分布. 故对给定的显著性水平α, 拒绝域为

$$W = \{\chi^2 \geqslant \chi^2_{1-\alpha}((r-1)(c-1))\}.$$

►**例7.4.4** 为调查吸烟与患慢性气管炎的关系情况, 现有339名50岁以上公民的部分数据如下:

	患慢性气管炎	未患慢性气管炎	总计
吸烟	43	162	205
不吸烟	13	121	134
总计	56	283	339

试问: 吸烟与患慢性气管炎是否有关?(显著性水平$\alpha=0.05$)

解 考虑假设检验问题H_0:吸烟与患慢性气管炎无关.

检验统计量为

$$\chi^2 = \sum_{i=1}^{r}\sum_{j=1}^{c} \frac{(n_{ij} - n\hat{p}_{ij})^2}{n\hat{p}_{ij}} = \sum_{i=1}^{2}\sum_{j=1}^{2} \frac{(n_{ij} - n_{i\cdot}n_{\cdot j}/n)^2}{n_{i\cdot}n_{\cdot j}/n}$$

代入数据计算得$\chi^2 = 6.674$. 当显著性水平$\alpha = 0.05$时, 查表得$\chi^2_{0.95}(1) = 3.841$. 因为$6.674 > 3.841$, 故拒绝H_0, 即认为吸烟与患慢性气管炎有关. □

参考文献

[1] 丁万鼎, 等. 概率论与数理统计[M]. 上海: 上海科学技术出版社, 1988.

[2] 李少辅, 等. 概率论[M]. 北京: 科学出版社, 2011.

[3] 李贤平. 概率论基础[M]. 3版. 北京: 高等教育出版社, 2010.

[4] 茆诗松, 程依明, 濮晓龙. 概率论与数理统计教程[M]. 2版. 北京: 高等教育出版社, 2011.

[5] 苏淳. 概率论[M]. 2版. 北京: 科学出版社, 2010.

[6] A·施利亚耶夫. 概率论习题集[M]. 苏淳, 译. 北京: 高等教育出版社, 2008.

[7] 匡继昌. 常用不等式[M]. 3版. 济南: 山东科学技术出版社, 2004.

[8] Anirban DasGupya. *Fundamentals of Probability: A First Course*, Springer, 2010.

[9] Béla Bollobás. *Random Graphs*(2nd ed.), Cambridge University Press, 2011.

[10] Boccaletti, B. *et al.* Complex networks: Structure and dynamics, *Physics Reports* 424, 175-308, 2006.

[11] Durrett, R. *Probability: Theory and Examples*(4th ed.), Cambridge University Press, 2013.

[12] Morris H. Degroot and Mark J. Schervish. *Probability and Statistics*(4th ed.), Pearson Education, 2012.

[13] Mario Lefebvre. *Basic Probability Theory with Applications*, Springer, 2009.

[14] Zhengyan Lin and Zhidong Bai. *Probability Inequalities*, Springer, 2010.

附表　常用统计表

附表1　泊松分布函数表

$$P(X \leqslant k)=\sum_{i=0}^{k} \frac{\lambda^{i}}{i!} e^{-\lambda}$$

k \ λ	0.1	0.2	0.3	0.4	0.5	0.6
0	0.904837	0.818731	0.740818	0.670320	0.606531	0.548812
1	0.995321	0.982477	0.963064	0.938448	0.909796	0.878099
2	0.999845	0.998852	0.996401	0.992074	0.985612	0.976885
3	0.999996	0.999943	0.999734	0.999224	0.998248	0.996642
4	1.000000	0.999998	0.999984	0.999939	0.999828	0.999606
5	1.000000	1.000000	0.999999	0.999996	0.999986	0.999961
6	1.000000	1.000000	1.000000	1.000000	0.999999	0.999997
7	1.000000	1.000000	1.000000	1.000000	1.000000	1.000000

k \ λ	0.7	0.8	0.9	1	1.5	2
0	0.496585	0.449329	0.406570	0.367879	0.223130	0.135335
1	0.844195	0.808792	0.772482	0.735759	0.557825	0.406006
2	0.965858	0.952577	0.937143	0.919699	0.808847	0.676676
3	0.994247	0.990920	0.986541	0.981012	0.934358	0.857123
4	0.999214	0.998589	0.997656	0.996340	0.981424	0.947347
5	0.999910	0.999816	0.999657	0.999406	0.995544	0.983436
6	0.999991	0.999979	0.999957	0.999917	0.999074	0.995466
7	0.999999	0.999998	0.999995	0.999990	0.999830	0.998903
8	1.000000	1.000000	1.000000	0.999999	0.999972	0.999763
9	1.000000	1.000000	1.000000	1.000000	0.999996	0.999954
10	1.000000	1.000000	1.000000	1.000000	0.999999	0.999992
11	1.000000	1.000000	1.000000	1.000000	1.000000	0.999999
12	1.000000	1.000000	1.000000	1.000000	1.000000	1.000000

(转下页)

(接上页)

k \ λ	2.5	3	3.5	4	4.5	5	6	7	8	9	10
0	0.082085	0.049787	0.030197	0.018316	0.011109	0.006738	0.002479	0.000912	0.000335	0.000123	0.000045
1	0.287297	0.199148	0.135888	0.091578	0.061099	0.040428	0.017351	0.007295	0.003019	0.001234	0.000499
2	0.543813	0.423190	0.320847	0.238103	0.173578	0.124652	0.061969	0.029636	0.013754	0.006232	0.002769
3	0.757576	0.647232	0.536633	0.433470	0.342296	0.265026	0.151204	0.081765	0.042380	0.021226	0.010336
4	0.891178	0.815263	0.725445	0.628837	0.532104	0.440493	0.285057	0.172992	0.099632	0.054964	0.029253
5	0.957979	0.916082	0.857614	0.785130	0.702930	0.615961	0.445680	0.300708	0.191236	0.115691	0.067086
6	0.985813	0.966491	0.934712	0.889326	0.831051	0.762183	0.606303	0.449711	0.313374	0.206781	0.130141
7	0.995753	0.988095	0.973261	0.948866	0.913414	0.866628	0.743980	0.598714	0.452961	0.323897	0.220221
8	0.998860	0.996197	0.990126	0.978637	0.959743	0.931906	0.847237	0.729091	0.592547	0.455653	0.332820
9	0.999723	0.998898	0.996685	0.991868	0.982907	0.968172	0.916076	0.830496	0.716624	0.587408	0.457930
10	0.999938	0.999708	0.998981	0.997160	0.993331	0.986305	0.957379	0.901479	0.815886	0.705988	0.583040
11	0.999987	0.999929	0.999711	0.999085	0.997596	0.994547	0.979908	0.946650	0.888076	0.803008	0.696776
12	0.999998	0.999984	0.999924	0.999726	0.999195	0.997981	0.991173	0.973000	0.936203	0.875773	0.791556
13	1.000000	0.999997	0.999981	0.999924	0.999748	0.999302	0.996372	0.987189	0.965819	0.926149	0.864464
14	1.000000	0.999999	0.999996	0.999980	0.999926	0.999774	0.998600	0.994283	0.982743	0.958534	0.916542
15	1.000000	1.000000	0.999999	0.999995	0.999980	0.999931	0.999491	0.997593	0.991769	0.977964	0.951260
16	1.000000	1.000000	1.000000	0.999999	0.999995	0.999980	0.999825	0.999042	0.996282	0.988894	0.972958
17	1.000000	1.000000	1.000000	1.000000	0.999999	0.999995	0.999943	0.999638	0.998406	0.994680	0.985722
18	1.000000	1.000000	1.000000	1.000000	1.000000	0.999999	0.999982	0.999870	0.999350	0.997574	0.992813
19	1.000000	1.000000	1.000000	1.000000	1.000000	1.000000	0.999995	0.999956	0.999747	0.998944	0.996546
20	1.000000	1.000000	1.000000	1.000000	1.000000	1.000000	0.999999	0.999986	0.999906	0.999561	0.998412
21	1.000000	1.000000	1.000000	1.000000	1.000000	1.000000	1.000000	0.999995	0.999967	0.999825	0.999300
22	1.000000	1.000000	1.000000	1.000000	1.000000	1.000000	1.000000	0.999999	0.999989	0.999933	0.999704
23	1.000000	1.000000	1.000000	1.000000	1.000000	1.000000	1.000000	1.000000	0.999996	0.999975	0.999880
24	1.000000	1.000000	1.000000	1.000000	1.000000	1.000000	1.000000	1.000000	0.999999	0.999991	0.999953
25	1.000000	1.000000	1.000000	1.000000	1.000000	1.000000	1.000000	1.000000	1.000000	0.999997	0.999982
26	1.000000	1.000000	1.000000	1.000000	1.000000	1.000000	1.000000	1.000000	1.000000	0.999999	0.999994
27	1.000000	1.000000	1.000000	1.000000	1.000000	1.000000	1.000000	1.000000	1.000000	1.000000	0.999998
28	1.000000	1.000000	1.000000	1.000000	1.000000	1.000000	1.000000	1.000000	1.000000	1.000000	0.999999
29	1.000000	1.000000	1.000000	1.000000	1.000000	1.000000	1.000000	1.000000	1.000000	1.000000	1.000000
30	1.000000	1.000000	1.000000	1.000000	1.000000	1.000000	1.000000	1.000000	1.000000	1.000000	1.000000

附表2 标准正态分布函数表

$$\Phi(x)=\frac{1}{\sqrt{2\pi}}\int_{-\infty}^{x}e^{-t^2/2}\mathrm{d}t$$

x	0	0.01	0.02	0.03	0.04	0.05	0.06	0.07	0.08	0.09
0.0	0.5000	0.5040	0.5080	0.5120	0.5160	0.5199	0.5239	0.5279	0.5319	0.5359
0.1	0.5398	0.5438	0.5478	0.5517	0.5557	0.5596	0.5636	0.5675	0.5714	0.5753
0.2	0.5793	0.5832	0.5871	0.5910	0.5948	0.5987	0.6026	0.6064	0.6103	0.6141
0.3	0.6179	0.6217	0.6255	0.6293	0.6331	0.6368	0.6406	0.6443	0.6480	0.6517
0.4	0.6554	0.6591	0.6628	0.6664	0.6700	0.6736	0.6772	0.6808	0.6844	0.6879
0.5	0.6915	0.6950	0.6985	0.7019	0.7054	0.7088	0.7123	0.7157	0.7190	0.7224
0.6	0.7257	0.7291	0.7324	0.7357	0.7389	0.7422	0.7454	0.7486	0.7517	0.7549
0.7	0.7580	0.7611	0.7642	0.7673	0.7704	0.7734	0.7764	0.7794	0.7823	0.7852
0.8	0.7881	0.7910	0.7939	0.7967	0.7995	0.8023	0.8051	0.8078	0.8106	0.8133
0.9	0.8159	0.8186	0.8212	0.8238	0.8264	0.8289	0.8315	0.8340	0.8365	0.8389
1.0	0.8413	0.8438	0.8461	0.8485	0.8508	0.8531	0.8554	0.8577	0.8599	0.8621
1.1	0.8643	0.8665	0.8686	0.8708	0.8729	0.8749	0.877	0.8790	0.8810	0.8830
1.2	0.8849	0.8869	0.8888	0.8907	0.8925	0.8944	0.8962	0.8980	0.8997	0.9015
1.3	0.9032	0.9049	0.9066	0.9082	0.9099	0.9115	0.9131	0.9147	0.9162	0.9177
1.4	0.9192	0.9207	0.9222	0.9236	0.9251	0.9265	0.9279	0.9292	0.9306	0.9319
1.5	0.9332	0.9345	0.9357	0.9370	0.9382	0.9394	0.9406	0.9418	0.9429	0.9441
1.6	0.9452	0.9463	0.9474	0.9484	0.9495	0.9505	0.9515	0.9525	0.9535	0.9545
1.7	0.9554	0.9564	0.9573	0.9582	0.9591	0.9599	0.9608	0.9616	0.9625	0.9633
1.8	0.9641	0.9649	0.9656	0.9664	0.9671	0.9678	0.9686	0.9693	0.9699	0.9706
1.9	0.9713	0.9719	0.9726	0.9732	0.9738	0.9744	0.9750	0.9756	0.9761	0.9767
2.0	0.9772	0.9778	0.9783	0.9788	0.9793	0.9798	0.9803	0.9808	0.9812	0.9817
2.1	0.9821	0.9826	0.9830	0.9834	0.9838	0.9842	0.9846	0.9850	0.9854	0.9857
2.2	0.9861	0.9864	0.9868	0.9871	0.9875	0.9878	0.9881	0.9884	0.9887	0.9890
2.3	0.9893	0.9896	0.9898	0.9901	0.9904	0.9906	0.9909	0.9911	0.9913	0.9916
2.4	0.9918	0.9920	0.9922	0.9925	0.9927	0.9929	0.9931	0.9932	0.9934	0.9936
2.5	0.9938	0.9940	0.9941	0.9943	0.9945	0.9946	0.9948	0.9949	0.9951	0.9952
2.6	0.9953	0.9955	0.9956	0.9957	0.9959	0.9960	0.9961	0.9962	0.9963	0.9964
2.7	0.9965	0.9966	0.9967	0.9968	0.9969	0.9970	0.9971	0.9972	0.9973	0.9974
2.8	0.9974	0.9975	0.9976	0.9977	0.9977	0.9978	0.9979	0.9979	0.9980	0.9981
2.9	0.9981	0.9982	0.9982	0.9983	0.9984	0.9984	0.9985	0.9985	0.9986	0.9986
3.0	0.9987	0.9987	0.9987	0.9988	0.9988	0.9989	0.9989	0.9990	0.9990	0.9990

附表3 χ^2分布$1-\alpha$分位数表 $P(\chi^2 > \chi^2_{1-\alpha}(n)) = \alpha$

n \ α	0.005	0.01	0.025	0.05	0.10	0.90	0.95	0.975	0.99	0.995
1	7.8794	6.6349	5.0239	3.8415	2.7055	0.0158	0.0039	0.0010	0.0002	0.0000
2	10.5966	9.2103	7.3778	5.9915	4.6052	0.2107	0.1026	0.0506	0.0201	0.0100
3	12.8382	11.3449	9.3484	7.8147	6.2514	0.5844	0.3518	0.2158	0.1148	0.0717
4	14.8603	13.2767	11.1433	9.4877	7.7794	1.0636	0.7107	0.4844	0.2971	0.2070
5	16.7496	15.0863	12.8325	11.0705	9.2364	1.6103	1.1455	0.8312	0.5543	0.4117
6	18.5476	16.8119	14.4494	12.5916	10.6446	2.2041	1.6354	1.2373	0.8721	0.6757
7	20.2777	18.4753	16.0128	14.0671	12.0170	2.8331	2.1673	1.6899	1.2390	0.9893
8	21.9550	20.0902	17.5345	15.5073	13.3616	3.4895	2.7326	2.1797	1.6465	1.3444
9	23.5894	21.6660	19.0228	16.9190	14.6837	4.1682	3.3251	2.7004	2.0879	1.7349
10	25.1882	23.2093	20.4832	18.3070	15.9872	4.8652	3.9403	3.2470	2.5582	2.1559
11	26.7568	24.7250	21.9200	19.6751	17.2750	5.5778	4.5748	3.8157	3.0535	2.6032
12	28.2995	26.2170	23.3367	21.0261	18.5493	6.3038	5.2260	4.4038	3.5706	3.0738
13	29.8195	27.6882	24.7356	22.3620	19.8119	7.0415	5.8919	5.0088	4.1069	3.5650
14	31.3193	29.1412	26.1189	23.6848	21.0641	7.7895	6.5706	5.6287	4.6604	4.0747
15	32.8013	30.5779	27.4884	24.9958	22.3071	8.5468	7.2609	6.2621	5.2293	4.6009
16	34.2672	31.9999	28.8454	26.2962	23.5418	9.3122	7.9616	6.9077	5.8122	5.1422
17	35.7185	33.4087	30.1910	27.5871	24.7690	10.0852	8.6718	7.5642	6.4078	5.6972
18	37.1565	34.8053	31.5264	28.8693	25.9894	10.8649	9.3905	8.2307	7.0149	6.2648
19	38.5823	36.1909	32.8523	30.1435	27.2036	11.6509	10.1170	8.9065	7.6327	6.8440
20	39.9968	37.5662	34.1696	31.4104	28.4120	12.4426	10.8508	9.5908	8.2604	7.4338
21	41.4011	38.9322	35.4789	32.6706	29.6151	13.2396	11.5913	10.2829	8.8972	8.0337
22	42.7957	40.2894	36.7807	33.9244	30.8133	14.0415	12.3380	10.9823	9.5425	8.6427
23	44.1813	41.6384	38.0756	35.1725	32.0069	14.8480	13.0905	11.6886	10.1957	9.2604
24	45.5585	42.9798	39.3641	36.4150	33.1962	15.6587	13.8484	12.4012	10.8564	9.8862
25	46.9279	44.3141	40.6465	37.6525	34.3816	16.4734	14.6114	13.1197	11.5240	10.5197
26	48.2899	45.6417	41.9232	38.8851	35.5632	17.2919	15.3792	13.8439	12.1981	11.1602
27	49.6449	46.9629	43.1945	40.1133	36.7412	18.1139	16.1514	14.5734	12.8785	11.8076
28	50.9934	48.2782	44.4608	41.3371	37.9159	18.9392	16.9279	15.3079	13.5647	12.4613
29	52.3356	49.5879	45.7223	42.5570	39.0875	19.7677	17.7084	16.0471	14.2565	13.1211
30	53.6720	50.8922	46.9792	43.7730	40.2560	20.5992	18.4927	16.7908	14.9535	13.7867

附表4　t分布$1-\alpha$分位数表　　$P(t > t_{1-\alpha}(n)) = \alpha$

n \ α	0.005	0.01	0.025	0.05	0.10	0.25
1	63.6567	31.8205	12.7062	6.3138	3.0777	1.000
2	9.9248	6.9646	4.3027	2.92	1.8856	0.8165
3	5.8409	4.5407	3.1824	2.3534	1.6377	0.7649
4	4.6041	3.7469	2.7764	2.1318	1.5332	0.7407
5	4.0321	3.3649	2.5706	2.015	1.4759	0.7267
6	3.7074	3.1427	2.4469	1.9432	1.4398	0.7176
7	3.4995	2.998	2.3646	1.8946	1.4149	0.7111
8	3.3554	2.8965	2.306	1.8595	1.3968	0.7064
9	3.2498	2.8214	2.2622	1.8331	1.383	0.7027
10	3.1693	2.7638	2.2281	1.8125	1.3722	0.6998
11	3.1058	2.7181	2.201	1.7959	1.3634	0.6974
12	3.0545	2.681	2.1788	1.7823	1.3562	0.6955
13	3.0123	2.6503	2.1604	1.7709	1.3502	0.6938
14	2.9768	2.6245	2.1448	1.7613	1.345	0.6924
15	2.9467	2.6025	2.1314	1.7531	1.3406	0.6912
16	2.9208	2.5835	2.1199	1.7459	1.3368	0.6901
17	2.8982	2.5669	2.1098	1.7396	1.3334	0.6892
18	2.8784	2.5524	2.1009	1.7341	1.3304	0.6884
19	2.8609	2.5395	2.093	1.7291	1.3277	0.6876
20	2.8453	2.528	2.086	1.7247	1.3253	0.687
21	2.8314	2.5176	2.0796	1.7207	1.3232	0.6864
22	2.8188	2.5083	2.0739	1.7171	1.3212	0.6858
23	2.8073	2.4999	2.0687	1.7139	1.3195	0.6853
24	2.7969	2.4922	2.0639	1.7109	1.3178	0.6848
25	2.7874	2.4851	2.0595	1.7081	1.3163	0.6844
26	2.7787	2.4786	2.0555	1.7056	1.315	0.684
27	2.7707	2.4727	2.0518	1.7033	1.3137	0.6837
28	2.7633	2.4671	2.0484	1.7011	1.3125	0.6834
29	2.7564	2.462	2.0452	1.6991	1.3114	0.683
30	2.75	2.4573	2.0423	1.6973	1.3104	0.6828
31	2.744	2.4528	2.0395	1.6955	1.3095	0.6825
32	2.7385	2.4487	2.0369	1.6939	1.3086	0.6822
33	2.7333	2.4448	2.0345	1.6924	1.3077	0.682
34	2.7284	2.4411	2.0322	1.6909	1.307	0.6818
35	2.7238	2.4377	2.0301	1.6896	1.3062	0.6816
36	2.7195	2.4345	2.0281	1.6883	1.3055	0.6814
37	2.7154	2.4314	2.0262	1.6871	1.3049	0.6812
38	2.7116	2.4286	2.0244	1.686	1.3042	0.681
39	2.7079	2.4258	2.0227	1.6849	1.3036	0.6808
40	2.7045	2.4233	2.0211	1.6839	1.3031	0.6807

附表5 F分布0.90分位数表 $P(F > F_{0.90}(m,n)) = 0.10$

m \ n	1	2	3	4	5	6	7	8	9	10	12	15	20	24	30	40	60	120	∞
1	39.86	8.53	5.54	4.54	4.06	3.78	3.59	3.46	3.36	3.29	3.18	3.07	2.97	2.93	2.88	2.84	2.79	2.75	2.71
2	49.50	9.00	5.46	4.32	3.78	3.46	3.26	3.11	3.01	2.92	2.81	2.70	2.59	2.54	2.49	2.44	2.39	2.35	2.30
3	53.59	9.16	5.39	4.19	3.62	3.29	3.07	2.92	2.81	2.73	2.61	2.49	2.38	2.33	2.28	2.23	2.18	2.13	2.08
4	55.83	9.24	5.34	4.11	3.52	3.18	2.96	2.81	2.69	2.61	2.48	2.36	2.25	2.19	2.14	2.09	2.04	1.99	1.95
5	57.24	9.29	5.31	4.05	3.45	3.11	2.88	2.73	2.61	2.52	2.39	2.27	2.16	2.10	2.05	2.00	1.95	1.90	1.85
6	58.20	9.33	5.28	4.01	3.40	3.05	2.83	2.67	2.55	2.46	2.33	2.21	2.09	2.04	1.98	1.93	1.87	1.82	1.77
7	58.91	9.35	5.27	3.98	3.37	3.01	2.78	2.62	2.51	2.41	2.28	2.16	2.04	1.98	1.93	1.87	1.82	1.77	1.72
8	59.44	9.37	5.25	3.95	3.34	2.98	2.75	2.59	2.47	2.38	2.24	2.12	2.00	1.94	1.88	1.83	1.77	1.72	1.67
9	59.86	9.38	5.24	3.94	3.32	2.96	2.72	2.56	2.44	2.35	2.21	2.09	1.96	1.91	1.85	1.79	1.74	1.68	1.63
10	60.19	9.39	5.23	3.92	3.30	2.94	2.70	2.54	2.42	2.32	2.19	2.06	1.94	1.88	1.82	1.76	1.71	1.65	1.60
12	60.71	9.41	5.22	3.90	3.27	2.90	2.67	2.50	2.38	2.28	2.15	2.02	1.89	1.83	1.77	1.71	1.66	1.60	1.55
15	61.22	9.42	5.20	3.87	3.24	2.87	2.63	2.46	2.34	2.24	2.10	1.97	1.84	1.78	1.72	1.66	1.60	1.55	1.49
20	61.74	9.44	5.18	3.84	3.21	2.84	2.59	2.42	2.30	2.20	2.06	1.92	1.79	1.73	1.67	1.61	1.54	1.48	1.42
24	62.00	9.45	5.18	3.83	3.19	2.82	2.58	2.40	2.28	2.18	2.04	1.90	1.77	1.70	1.64	1.57	1.51	1.45	1.38
30	62.26	9.46	5.17	3.82	3.17	2.80	2.56	2.38	2.25	2.16	2.01	1.87	1.74	1.67	1.61	1.54	1.48	1.41	1.34
40	62.53	9.47	5.16	3.80	3.16	2.78	2.54	2.36	2.23	2.13	1.99	1.85	1.71	1.64	1.57	1.51	1.44	1.37	1.30
60	62.79	9.47	5.15	3.79	3.14	2.76	2.51	2.34	2.21	2.11	1.96	1.82	1.68	1.61	1.54	1.47	1.40	1.32	1.24
120	63.06	9.48	5.14	3.78	3.12	2.74	2.49	2.32	2.18	2.08	1.93	1.79	1.64	1.57	1.50	1.42	1.35	1.26	1.17
∞	63.33	9.49	5.13	3.76	3.11	2.72	2.47	2.29	2.16	2.06	1.90	1.76	1.61	1.53	1.46	1.38	1.29	1.19	1.01

附表6　F分布0.95分位数表　$P(F > F_{0.95}(m,n)) = 0.05$

m \ n	1	2	3	4	5	6	7	8	9	10	12	15	20	24	30	40	60	120	∞
1	161.45	18.51	10.13	7.71	6.61	5.99	5.59	5.32	5.12	4.96	4.75	4.54	4.35	4.26	4.17	4.08	4.00	3.92	3.84
2	199.50	19.00	9.55	6.94	5.79	5.14	4.74	4.46	4.26	4.10	3.89	3.68	3.49	3.40	3.32	3.23	3.15	3.07	3.00
3	215.71	19.16	9.28	6.59	5.41	4.76	4.35	4.07	3.86	3.71	3.49	3.29	3.10	3.01	2.92	2.84	2.76	2.68	2.61
4	224.58	19.25	9.12	6.39	5.19	4.53	4.12	3.84	3.63	3.48	3.26	3.06	2.87	2.78	2.69	2.61	2.53	2.45	2.37
5	230.16	19.30	9.01	6.26	5.05	4.39	3.97	3.69	3.48	3.33	3.11	2.90	2.71	2.62	2.53	2.45	2.37	2.29	2.21
6	233.99	19.33	8.94	6.16	4.95	4.28	3.87	3.58	3.37	3.22	3.00	2.79	2.60	2.51	2.42	2.34	2.25	2.18	2.10
7	236.77	19.35	8.89	6.09	4.88	4.21	3.79	3.50	3.29	3.14	2.91	2.71	2.51	2.42	2.33	2.25	2.17	2.09	2.01
8	238.88	19.37	8.85	6.04	4.82	4.15	3.73	3.44	3.23	3.07	2.85	2.64	2.45	2.36	2.27	2.18	2.10	2.02	1.94
9	240.54	19.38	8.81	6.00	4.77	4.10	3.68	3.39	3.18	3.02	2.80	2.59	2.39	2.30	2.21	2.12	2.04	1.96	1.88
10	241.88	19.40	8.79	5.96	4.74	4.06	3.64	3.35	3.14	2.98	2.75	2.54	2.35	2.25	2.16	2.08	1.99	1.91	1.83
12	243.91	19.41	8.74	5.91	4.68	4.00	3.57	3.28	3.07	2.91	2.69	2.48	2.28	2.18	2.09	2.00	1.92	1.83	1.75
15	245.95	19.43	8.70	5.86	4.62	3.94	3.51	3.22	3.01	2.85	2.62	2.40	2.20	2.11	2.01	1.92	1.84	1.75	1.67
20	248.01	19.45	8.66	5.80	4.56	3.87	3.44	3.15	2.94	2.77	2.54	2.33	2.12	2.03	1.93	1.84	1.75	1.66	1.57
24	249.05	19.45	8.64	5.77	4.53	3.84	3.41	3.12	2.90	2.74	2.51	2.29	2.08	1.98	1.89	1.79	1.70	1.61	1.52
30	250.10	19.46	8.62	5.75	4.50	3.81	3.38	3.08	2.86	2.70	2.47	2.25	2.04	1.94	1.84	1.74	1.65	1.55	1.46
40	251.14	19.47	8.59	5.72	4.46	3.77	3.34	3.04	2.83	2.66	2.43	2.20	1.99	1.89	1.79	1.69	1.59	1.50	1.39
60	252.20	19.48	8.57	5.69	4.43	3.74	3.30	3.01	2.79	2.62	2.38	2.16	1.95	1.84	1.74	1.64	1.53	1.43	1.32
120	253.25	19.49	8.55	5.66	4.40	3.70	3.27	2.97	2.75	2.58	2.34	2.11	1.90	1.79	1.68	1.58	1.47	1.35	1.22
∞	254.31	19.50	8.53	5.63	4.37	3.67	3.23	2.93	2.71	2.54	2.30	2.07	1.84	1.73	1.62	1.51	1.39	1.25	1.02

附表7　F分布0.975分位数表　　$P(F > F_{0.975}(m,n)) = 0.025$

m \ n	1	2	3	4	5	6	7	8	9	10	12	15	20	24	30	40	60	120	∞
1	647.79	38.51	17.44	12.22	10.01	8.81	8.07	7.57	7.21	6.94	6.55	6.20	5.87	5.72	5.57	5.42	5.29	5.15	5.02
2	799.50	39.00	16.04	10.65	8.43	7.26	6.54	6.06	5.71	5.46	5.10	4.77	4.46	4.32	4.18	4.05	3.93	3.80	3.69
3	864.16	39.17	15.44	9.98	7.76	6.60	5.89	5.42	5.08	4.83	4.47	4.15	3.86	3.72	3.59	3.46	3.34	3.23	3.12
4	899.58	39.25	15.10	9.60	7.39	6.23	5.52	5.05	4.72	4.47	4.12	3.80	3.51	3.38	3.25	3.13	3.01	2.89	2.79
5	921.85	39.30	14.88	9.36	7.15	5.99	5.29	4.82	4.48	4.24	3.89	3.58	3.29	3.15	3.03	2.90	2.79	2.67	2.57
6	937.11	39.33	14.73	9.20	6.98	5.82	5.12	4.65	4.32	4.07	3.73	3.41	3.13	2.99	2.87	2.74	2.63	2.52	2.41
7	948.22	39.36	14.62	9.07	6.85	5.70	4.99	4.53	4.20	3.95	3.61	3.29	3.01	2.87	2.75	2.62	2.51	2.39	2.29
8	956.66	39.37	14.54	8.98	6.76	5.60	4.90	4.43	4.10	3.85	3.51	3.20	2.91	2.78	2.65	2.53	2.41	2.30	2.19
9	963.28	39.39	14.47	8.90	6.68	5.52	4.82	4.36	4.03	3.78	3.44	3.12	2.84	2.70	2.57	2.45	2.33	2.22	2.11
10	968.63	39.40	14.42	8.84	6.62	5.46	4.76	4.30	3.96	3.72	3.37	3.06	2.77	2.64	2.51	2.39	2.27	2.16	2.05
12	976.71	39.41	14.34	8.75	6.52	5.37	4.67	4.20	3.87	3.62	3.28	2.96	2.68	2.54	2.41	2.29	2.17	2.05	1.95
15	984.87	39.43	14.25	8.66	6.43	5.27	4.57	4.10	3.77	3.52	3.18	2.86	2.57	2.44	2.31	2.18	2.06	1.94	1.83
20	993.10	39.45	14.17	8.56	6.33	5.17	4.47	4.00	3.67	3.42	3.07	2.76	2.46	2.33	2.20	2.07	1.94	1.82	1.71
24	997.25	39.46	14.12	8.51	6.28	5.12	4.41	3.95	3.61	3.37	3.02	2.70	2.41	2.27	2.14	2.01	1.88	1.76	1.64
30	1001.41	39.46	14.08	8.46	6.23	5.07	4.36	3.89	3.56	3.31	2.96	2.64	2.35	2.21	2.07	1.94	1.82	1.69	1.57
40	1005.60	39.47	14.04	8.41	6.18	5.01	4.31	3.84	3.51	3.26	2.91	2.59	2.29	2.15	2.01	1.88	1.74	1.61	1.48
60	1009.80	39.48	13.99	8.36	6.12	4.96	4.25	3.78	3.45	3.20	2.85	2.52	2.22	2.08	1.94	1.80	1.67	1.53	1.39
120	1014.02	39.49	13.95	8.31	6.07	4.90	4.20	3.73	3.39	3.14	2.79	2.46	2.16	2.01	1.87	1.72	1.58	1.43	1.27
∞	1018.24	39.50	13.90	8.26	6.02	4.85	4.14	3.67	3.33	3.08	2.73	2.40	2.09	1.94	1.79	1.64	1.48	1.31	1.02

附表8　F分布0.99分位数表　　$P(F > F_{0.99}(m,n)) = 0.01$

m \ n	1	2	3	4	5	6	7	8	9	10	12	15	20	24	30	40	60	120	∞
1	4052.18	98.50	34.12	21.20	16.26	13.75	12.25	11.26	10.56	10.04	9.33	8.68	8.10	7.82	7.56	7.31	7.08	6.85	6.64
2	4999.50	99.00	30.82	18.00	13.27	10.92	9.55	8.65	8.02	7.56	6.93	6.36	5.85	5.61	5.39	5.18	4.98	4.79	4.61
3	5403.35	99.17	29.46	16.69	12.06	9.78	8.45	7.59	6.99	6.55	5.95	5.42	4.94	4.72	4.51	4.31	4.13	3.95	3.78
4	5624.58	99.25	28.71	15.98	11.39	9.15	7.85	7.01	6.42	5.99	5.41	4.89	4.43	4.22	4.02	3.83	3.65	3.48	3.32
5	5763.65	99.30	28.24	15.52	10.97	8.75	7.46	6.63	6.06	5.64	5.06	4.56	4.10	3.90	3.70	3.51	3.34	3.17	3.02
6	5858.99	99.33	27.91	15.21	10.67	8.47	7.19	6.37	5.80	5.39	4.82	4.32	3.87	3.67	3.47	3.29	3.12	2.96	2.80
7	5928.36	99.36	27.67	14.98	10.46	8.26	6.99	6.18	5.61	5.20	4.64	4.14	3.70	3.50	3.30	3.12	2.95	2.79	2.64
8	5981.07	99.37	27.49	14.80	10.29	8.10	6.84	6.03	5.47	5.06	4.50	4.00	3.56	3.36	3.17	2.99	2.82	2.66	2.51
9	6022.47	99.39	27.35	14.66	10.16	7.98	6.72	5.91	5.35	4.94	4.39	3.89	3.46	3.26	3.07	2.89	2.72	2.56	2.41
10	6055.85	99.40	27.23	14.55	10.05	7.87	6.62	5.81	5.26	4.85	4.30	3.80	3.37	3.17	2.98	2.80	2.63	2.47	2.32
12	6106.32	99.42	27.05	14.37	9.89	7.72	6.47	5.67	5.11	4.71	4.16	3.67	3.23	3.03	2.84	2.66	2.50	2.34	2.19
15	6157.28	99.43	26.87	14.20	9.72	7.56	6.31	5.52	4.96	4.56	4.01	3.52	3.09	2.89	2.70	2.52	2.35	2.19	2.04
20	6208.73	99.45	26.69	14.02	9.55	7.40	6.16	5.36	4.81	4.41	3.86	3.37	2.94	2.74	2.55	2.37	2.20	2.03	1.88
24	6234.63	99.46	26.60	13.93	9.47	7.31	6.07	5.28	4.73	4.33	3.78	3.29	2.86	2.66	2.47	2.29	2.12	1.95	1.79
30	6260.65	99.47	26.50	13.84	9.38	7.23	5.99	5.20	4.65	4.25	3.70	3.21	2.78	2.58	2.39	2.20	2.03	1.86	1.70
40	6286.78	99.47	26.41	13.75	9.29	7.14	5.91	5.12	4.57	4.17	3.62	3.13	2.69	2.49	2.30	2.11	1.94	1.76	1.59
60	6313.03	99.48	26.32	13.65	9.20	7.06	5.82	5.03	4.48	4.08	3.54	3.05	2.61	2.40	2.21	2.02	1.84	1.66	1.47
120	6339.39	99.49	26.22	13.56	9.11	6.97	5.74	4.95	4.40	4.00	3.45	2.96	2.52	2.31	2.11	1.92	1.73	1.53	1.33
∞	6365.76	99.50	26.13	13.46	9.02	6.88	5.65	4.86	4.31	3.91	3.36	2.87	2.42	2.21	2.01	1.81	1.60	1.38	1.03

部分记号列表

$A, B, C, \ldots$	随机事件或集合
Ω	样本空间, 必然事件
$\emptyset$	不可能事件
ω	样本点
$\mathcal{F}$	事件域
P	概率
$\mathbb{R}$	实数集
$\mathbb{Q}$	有理数集
e	自然常数
$X, Y, Z, T, \ldots$	随机变量
$F(x),\ F(x,y)$	分布函数
$p(x),\ p(x,y)$	概率密度函数
$\mathrm{E}X$	随机变量X的数学期望
$\mathrm{Var}X$	随机变量X的方差
$\mathrm{Cov}(X,Y)$	随机变量X与Y的协方差
$\mathrm{Corr}(X,Y),\ \rho_{XY}$	随机变量X与Y的相关系数